认识星座

RENSHI XINGZUO

李德生 何 毅 编著

SPM 南方传媒 | 广东省地图出版社

·广州·

图书在版编目（CIP）数据

认识星座 / 李德生，何毅编著. —广州：广东省地图出版社，2018.9（2022.10重印）
ISBN 978-7-80721-714-5

Ⅰ. ①认… Ⅱ. ①李… ②何… Ⅲ. ①星座—普及读物 Ⅳ. ①P151-49

中国版本图书馆 CIP 数据核字（2018）第225176号

责任编辑：张超荣
责任校对：钟迪桑
封面设计：古若琪
版式设计：付娟娟　谢秋曦

认识星座
RENSHI XINGZUO
李德生　何　毅　编著

出 版 人：李希希
出版发行：广东省地图出版社
地　　址：广州市水荫路35号
开　　本：880毫米×1230毫米　1/32
印　　张：7.5
版　　次：2018年9月第1版
书　　号：ISBN 978-7-80721-714-5
电　　话：020-87768354（发行部）
　　　　　020-87768880
印　　刷：广州市岭美文化科技有限公司
字　　数：170千
印　　次：2022年10月第5次印刷
定　　价：68.00元

网　　址：http://www.gdmappress.com
本书如有印装质量问题，请与我社发行部联系调换。

序

“天街夜色凉如水，卧看牵牛织女星”，从古到今，人们对神秘的星空充满着好奇和想象，也从未停止过对浩瀚宇宙的向往和探索。特别是在祖国天文事业腾飞发展的今天，神舟系列飞船的升空、载人航天的实现等，吸引了越来越多的人对神秘太空的关注，观测星空，认识星空，谈论星空，已然成为现代文化生活的时尚。然而社会发展所带来的光污染和空气污染使生活在城市的人们几乎无缘观测到美丽的星空，无缘了解星空的神秘。但这些丝毫没有阻碍人们了解星空、探索星空的热情，越来越多的大人和孩子加入了天文爱好者的行列，对适合自己的天文科普读物的需求也越来越强烈。

《认识星座》是一本认识和了解星空的入门级天文科普读物。本书抓住了天文入门者对一般星图与真实天空难以“对号入座”的特点，采用了真实星空图片作背景，把全天88个星座按真实星空逐个对号解读，引导读者认识星空和了解星座，足不出户“观测”星空，并可依照本书到户外对比星空。本书星空图片真实，星座介绍简练，科普特点显著，适合初级爱好者观测学习使用，也特别适合家长带着孩子共同阅读，共同认识神秘的夜空。

作者李德生先生和何毅老师都是业余天文爱好者。何老师对天文观测颇有心得，经常组织和参加一些天文科普活动；李先生出版过《全天星图》和《天之图》，后者是国家出版基金资助项目。他们利用业余时间为天文科普尽心尽力，特别是李先生笔耕不辍，深深地感动着我，特为此书作序！

广州大学地理学院 潘文彬

2018年3月 于广州

前　言

本书是一本以真实星空为背景的认识星空的科普书，分为星座和附录两部分。星座部分包含了88个星座的88片星空，分左右两图阅读。左图是一张真实星空的图片，图片内包含一个星座，只标有星座的名称；右图则是以左图为基础，标注了星座的主要信息，包括星座的中英文名称、观测月份、可见地点、星座位置、星座范围、目测宽度和深度、面积位次、主要恒星数量、拜耳/佛氏恒星数量、有行星的恒星、3等以上亮星、最亮恒星、梅西耶天体、重点观测的天体、流星雨和星座想象图等；附录部分包含一些相关的天文知识、观测知识、观测设备简介、星图和星表等内容。

本书的特点是左右两页对比阅读，目的就是解决读者在阅读普通星图后到室外观测星空，发现星图与真实星空差别较大而很难找到星座的问题。通过本书左右两页对比阅读，读者可以预先“观测”一下左页没有信息的星空，验证一下自己对该星空的了解情况，或在阅读了右页相关信息后再回到左页检验一下自己是否真正地掌握了该星座的信息，以达到快速识别星座、了解星座的目的。

本书由李德生和何毅两位作者合著。何毅负责星空星座图片的制作，李德生负责对星座信息的标注及其相关介绍。本书星座信息内容简练，科普特点显著，星空图片的星体最暗以6等星为限，节点为历元J2000。书中的相关数据多采自英文维基百科及一些参考书，在此向这些资料的原作者表示感谢！

本书适合学生识别星座之用，对天文爱好者也有一定的参考价值。由于两位作者是业余天文爱好者，掌握的天文知识尚为粗浅，观星经历不足，书中难免出现错漏，敬请广大读者批评指正。

李德生　何　毅

2018年1月　于广州

阅读说明

本书星座部分的每个星座是由左图和右图构成的。左图为该星座的真实星空区域，右图是在左图基础上增加了星座信息。右图框内黑色部分为该星座的范围，蓝色字为星座的西方名称，绿色字为中国星名，绿色线为星座内亮星连线，灰色字为相邻星座及赤经赤纬度，红色字为梅西耶天体位置。本书没有标注NGC天体。

星座部分左图

星座部分右图

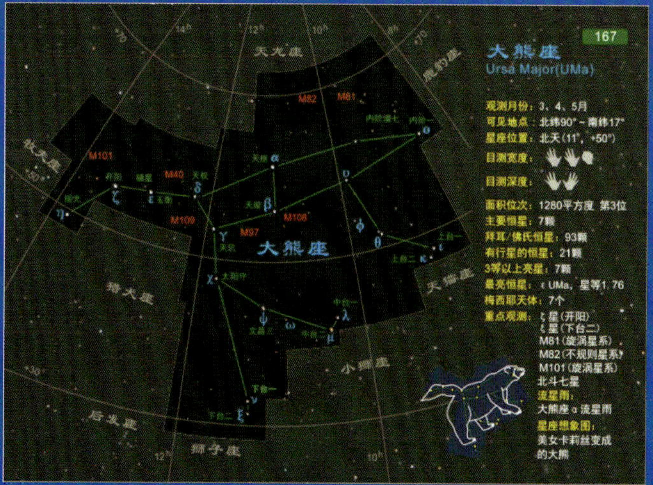

观测月份：指最适合观测这个星座的月份。

可见地点：指在地球上什么纬度范围可以观测到该星座。

星座位置：指星座中心在天球上的大约赤经和赤纬位置。

目测宽度和深度：指星座的东西和南北目视宽度和深度。

面积位次：指星座的面积（平方度）和面积大小的名次。

拜耳/佛氏恒星：指拜耳以希腊字母加星座名称命名的恒星和佛兰斯蒂德以数字加星座名称命名的恒星。

有行星的恒星：指星座内类似太阳的有行星的恒星数量。

3等以上亮星：指星座内目视星等在3等以上的恒星数量。

最亮恒星：指星座内视星等最亮的星及其亮度的等级。

梅西耶天体：指星座内梅西耶天体的数量。

重点观测：指星座内用望远镜重点观测的天体名称。

流星雨：指星座内发生的流星雨名称。

星座想象图：指根据星座内亮星的构成而想象的形象图。

目 录

一、星座

And 仙女座

真实星空……2
星座信息……3

Ant 唧筒座

真实星空……4
星座信息……5

Aps 天燕座

真实星空……6
星座信息……7

Aqr 宝瓶座

真实星空……8
星座信息……9

Aql 天鹰座

真实星空……10
星座信息……11

Ara 天坛座

真实星空……12
星座信息……13

Ari 白羊座

真实星空……14
星座信息……15

Aur 御夫座

真实星空……16
星座信息……17

Boo 牧夫座

真实星空……18
星座信息……19

Cae 雕具座

真实星空……20
星座信息……21

Cam 鹿豹座

真实星空……22
星座信息……23

Cnc 巨蟹座

真实星空……24
星座信息……25

CVn 猎犬座

真实星空……26
星座信息……27

CMa 大犬座

真实星空……28
星座信息……29

CMi 小犬座

真实星空……30
星座信息……31

Cap 摩羯座

真实星空……32
星座信息……33

Car 船底座 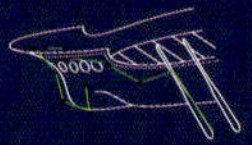
真实星空 …… 34
星座信息 …… 35

Cas 仙后座 
真实星空 …… 36
星座信息 …… 37

Cen 半人马座 
真实星空 …… 38
星座信息 …… 39

Cep 仙王座 
真实星空 …… 40
星座信息 …… 41

Cet 鲸鱼座 
真实星空 …… 42
星座信息 …… 43

Cha 蝘蜓座 
真实星空 …… 44
星座信息 …… 45

Cir 圆规座 
真实星空 …… 46
星座信息 …… 47

Col 天鸽座 
真实星空 …… 48
星座信息 …… 49

Com 后发座 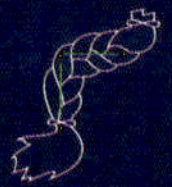
真实星空 …… 50
星座信息 …… 51

CrA 南冕座 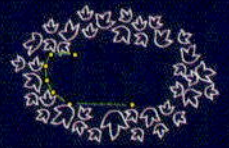
真实星空 …… 52
星座信息 …… 53

CrB 北冕座 
真实星空 …… 54
星座信息 …… 55

Crv 乌鸦座 
真实星空 …… 56
星座信息 …… 57

Crt 巨爵座 
真实星空 …… 58
星座信息 …… 59

Cru 南十字座 
真实星空 …… 60
星座信息 …… 61

Cyg 天鹅座 
真实星空 …… 62
星座信息 …… 63

Del 海豚座 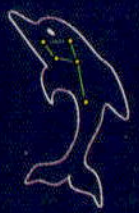
真实星空 …… 64
星座信息 …… 65

Dor 剑鱼座 
真实星空 …… 66
星座信息 …… 67

Dra 天龙座 
真实星空 …… 68
星座信息 …… 69

Equ 小马座 
真实星空 ······ 70
星座信息 ······ 71

Eri 波江座 
真实星空 ······ 72
星座信息 ······ 73

For 天炉座 
真实星空 ······ 74
星座信息 ······ 75

Gem 双子座 
真实星空 ······ 76
星座信息 ······ 77

Gru 天鹤座 
真实星空 ······ 78
星座信息 ······ 79

Her 武仙座 
真实星空 ······ 80
星座信息 ······ 81

Hor 时钟座 
真实星空 ······ 82
星座信息 ······ 83

Hya 长蛇座 
真实星空 ······ 84
星座信息 ······ 85

Hyi 水蛇座 
真实星空 ······ 86
星座信息 ······ 87

Ind 印第安座 
真实星空 ······ 88
星座信息 ······ 89

Lac 蝎虎座 
真实星空 ······ 90
星座信息 ······ 91

Leo 狮子座 
真实星空 ······ 92
星座信息 ······ 93

LMi 小狮座 
真实星空 ······ 94
星座信息 ······ 95

Lep 天兔座 
真实星空 ······ 96
星座信息 ······ 97

Lib 天秤座 
真实星空 ······ 98
星座信息 ······ 99

Lup 豺狼座 
真实星空 ······ 100
星座信息 ······ 101

Lyn 天猫座 
真实星空 ······ 102
星座信息 ······ 103

Lyr 天琴座 
真实星空 ······ 104
星座信息 ······ 105

Men 山案座

真实星空 …… 106
星座信息 …… 107

Mic 显微镜座
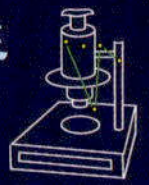
真实星空 …… 108
星座信息 …… 109

Mon 麒麟座

真实星空 …… 110
星座信息 …… 111

Mus 苍蝇座

真实星空 …… 112
星座信息 …… 113

Nor 矩尺座

真实星空 …… 114
星座信息 …… 115

Oct 南极座

真实星空 …… 116
星座信息 …… 117

Oph 蛇夫座

真实星空 …… 118
星座信息 …… 119

Ori 猎户座

真实星空 …… 120
星座信息 …… 121

Pav 孔雀座
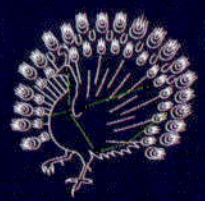
真实星空 …… 122
星座信息 …… 123

Peg 飞马座

真实星空 …… 124
星座信息 …… 125

Per 英仙座

真实星空 …… 126
星座信息 …… 127

Phe 凤凰座

真实星空 …… 128
星座信息 …… 129

Pic 绘架座

真实星空 …… 130
星座信息 …… 131

Psc 双鱼座

真实星空 …… 132
星座信息 …… 133

PsA 南鱼座

真实星空 …… 134
星座信息 …… 135

Pup 船尾座

真实星空 …… 136
星座信息 …… 137

Pyx 罗盘座

真实星空 …… 138
星座信息 …… 139

Ret 网罟座
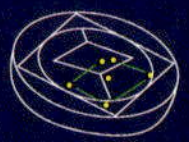
真实星空 …… 140
星座信息 …… 141

Sge 天箭座 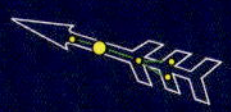
真实星空 ················ 142
星座信息 ················ 143

Sgr 人马座 
真实星空 ················ 144
星座信息 ················ 145

Sco 天蝎座 
真实星空 ················ 146
星座信息 ················ 147

Scl 玉夫座 
真实星空 ················ 148
星座信息 ················ 149

Sct 盾牌座 
真实星空 ················ 150
星座信息 ················ 151

Ser 巨蛇座 
真实星空 ················ 152
星座信息 ················ 153

Sex 六分仪座 
真实星空 ················ 154
星座信息 ················ 155

Tau 金牛座 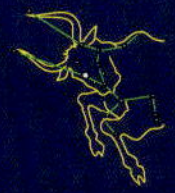
真实星空 ················ 156
星座信息 ················ 157

Tel 望远镜座 
真实星空 ················ 158
星座信息 ················ 159

Tri 三角座 
真实星空 ················ 160
星座信息 ················ 161

TrA 南三角座 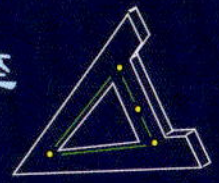
真实星空 ················ 162
星座信息 ················ 163

Tuc 杜鹃座 
真实星空 ················ 164
星座信息 ················ 165

UMa 大熊座 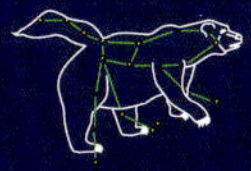
真实星空 ················ 166
星座信息 ················ 167

UMi 小熊座 
真实星空 ················ 168
星座信息 ················ 169

Vel 船帆座 
真实星空 ················ 170
星座信息 ················ 171

Vir 室女座 
真实星空 ················ 172
星座信息 ················ 173

Vol 飞鱼座 
真实星空 ················ 174
星座信息 ················ 175

Vul 狐狸座 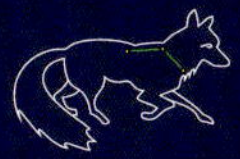
真实星空 ················ 176
星座信息 ················ 177

二、附录

肉眼和望远镜看到的星星…………181
星空观测的范围…………182
星空观测的深度…………183
北极星的位置…………184
周日视运动及恒显圈…………185
星等…………186
星星的三维分布…………187
天体的角距…………188
全天星图…………189
星座…………190
梅西耶天体和NGC天体…………191
中国的星宿…………192
中国星宫与西方星宫…………193
星座子夜上中天日期…………194
秋冬星象…………196
春夏星象…………197
望远镜的构造…………198
折射式望远镜…………199
反射式望远镜…………200
折反射式望远镜…………201
望远镜的物镜、倍率等…………202
望远镜的目镜…………203
望远镜的极限星等…………204
全天星图…………205
北天极区…………206
南天极区…………207
全天星座表…………216
梅西耶星团星云图表…………220
已知彗星回归周期表…………222
流星雨表…………223
2016—2100年中国可见日食时间表 罗马数字表 英语字母表…………224
希腊字母表 2017—2100年月食时间表…………225
全天88个星座的来源表 全天30颗目视亮星排名表…………226
黄道星宫和星座的日期…………227
宇宙天体的组成…………228

一、星座

2
仙女座
Andromeda(And)

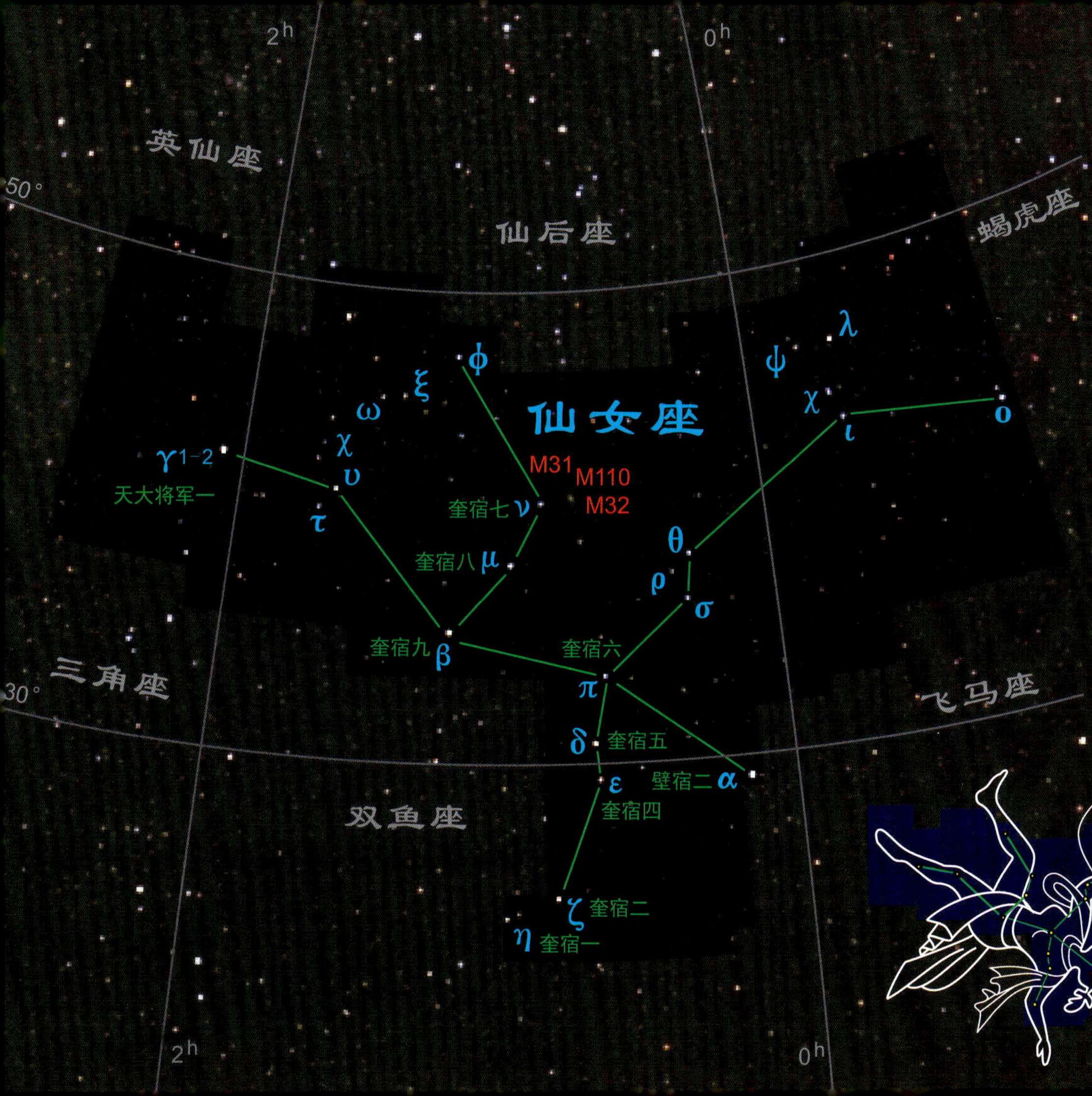

仙女座

Andromeda(And)

观测月份：10—11月

可见地点：北纬90°～南纬37°

星座位置：北天（1^h，+40°）

目测宽度：

目测深度：

面积位次：722平方度　第19位

主要恒星：16颗

拜耳/佛氏恒星：65颗

有行星的恒星：16颗

3等以上亮星：3颗

最亮恒星：β And，星等2.07

梅西耶天体：3个

重点观测：γ星（天大将军一）
M31（旋涡星系）
NGC752
NGC7662

流星雨：
仙女座流星雨

星座想象图：
安德罗墨达公主

# 唧筒座
Antlia(Ant)

唧筒座

Antlia(Ant)

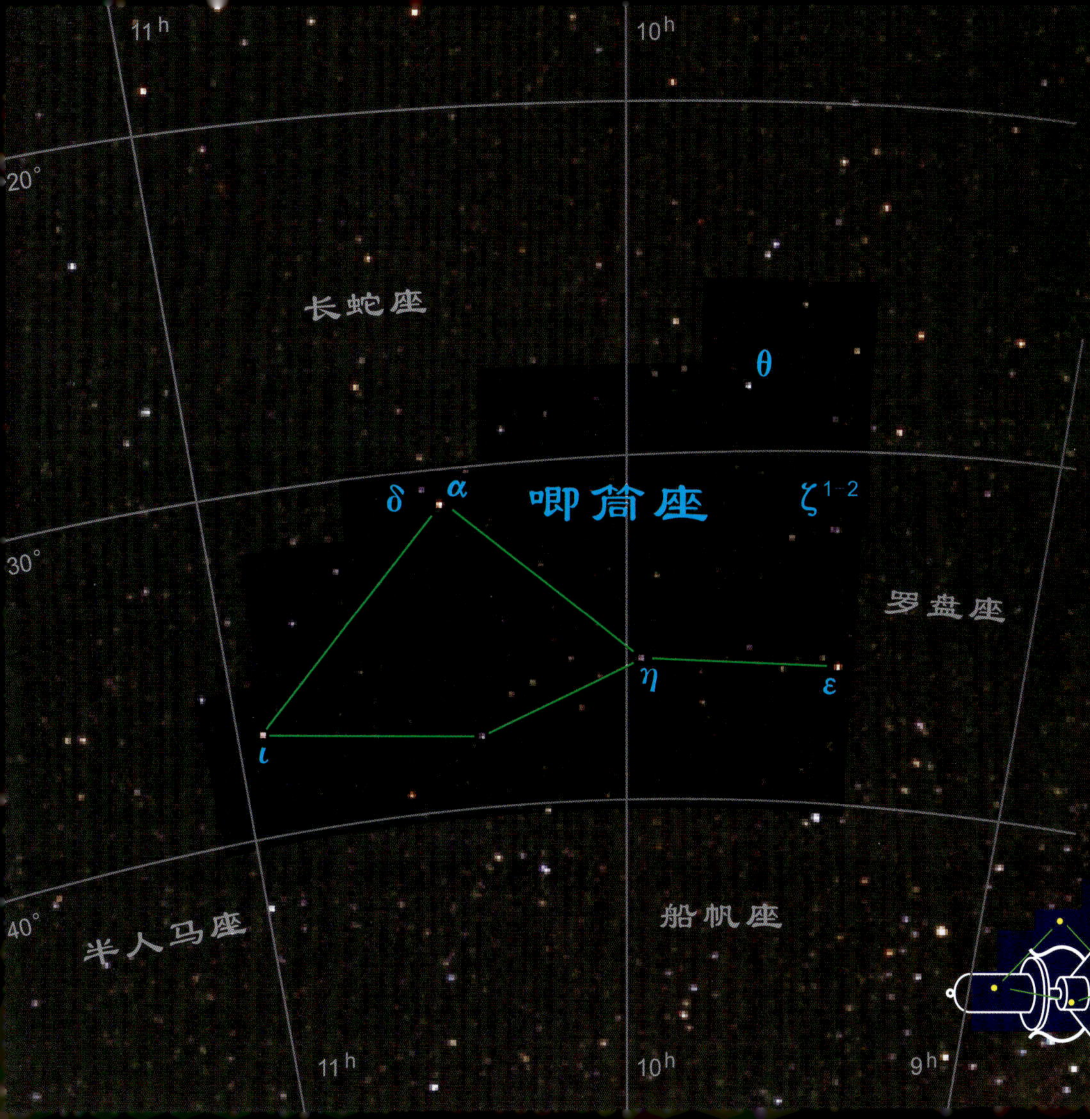

观测月份：2—4月

可见地点：北纬50°～南纬90°

星座位置：南天(10h，－35°)

目测宽度：

目测深度：

面积位次：239平方度 第62位

主要恒星：3颗

拜耳/佛氏恒星：9颗

有行星的恒星：2颗

3等以上亮星：0颗

最亮恒星：α Ant， 星等4.25

梅西耶天体：0个

重点观测：唧筒座ζ星

流星雨：无

星座想象图：

科学仪器气泵

# 天燕座
Apus(Aps)

天燕座

Apus(Aps)

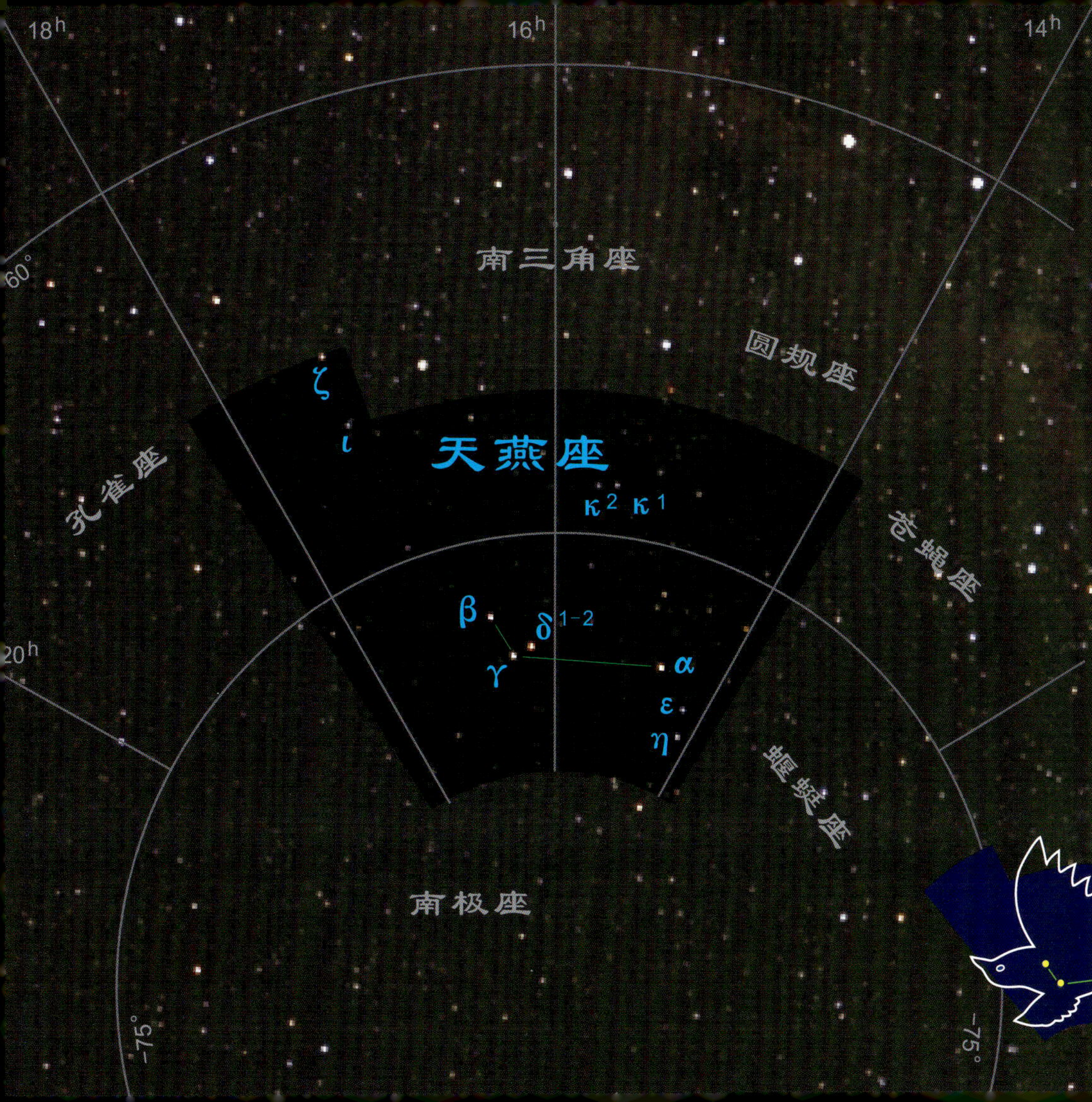

观测月份：5—7月

可见地点：北纬7°～南纬90°

星座位置：南天（16^h，－75°）

目测宽度：

目测深度：

面积位次：206平方度 第67位

主要恒星：4颗

拜耳/佛氏恒星：12颗

有行星的恒星：2颗

3等以上亮星：0颗

最亮恒星：α Aps，星等3.83

梅西耶天体：0个

重点观测：天燕座δ星

流星雨：无

星座想象图：新几内亚岛的天堂鸟

宝瓶座
Aquarius(Aqr)

宝瓶座

Aquarius(Aqr)

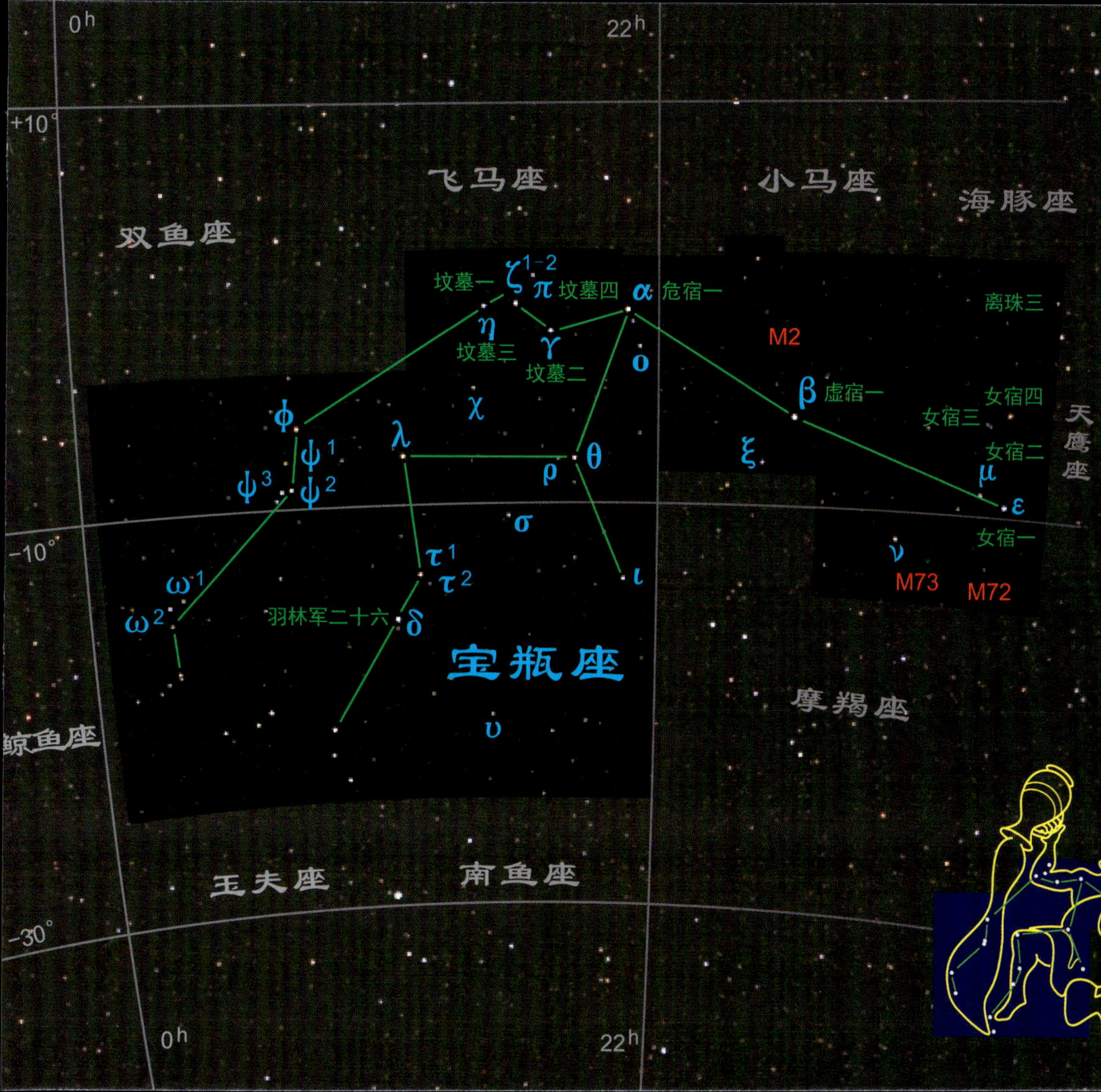

观测月份：8—10月

可见地点：北纬65°～南纬87°

星座位置：黄道(22.5h，-10°)

目测宽度：

目测深度：

面积位次：980平方度　第10位

主要恒星：10颗

拜耳/佛氏恒星：97颗

有行星的恒星：12颗

3等以上亮星：2颗

最亮恒星：β Aqr，星等2.91

梅西耶天体：3个

重点观测：ζ星(坟墓一)
M2(球状星团)
NGC7009
NGC7293

流星雨：宝瓶座η、δ、ι、κ流星雨

星座想象图：特洛伊王子伽尼美德的侍酒瓶

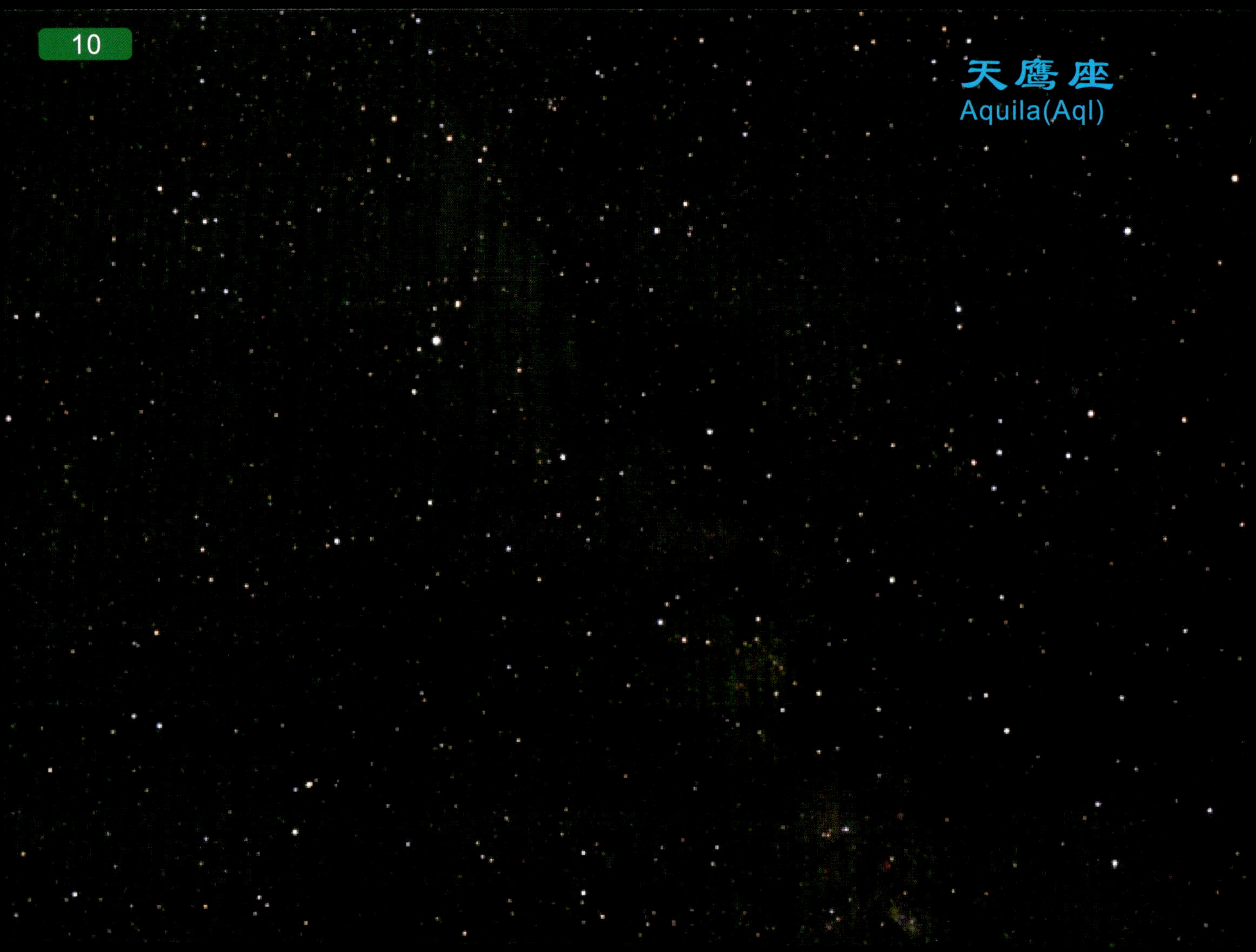

天鹰座
Aquila(Aql)

天鹰座

Aquila(Aql)

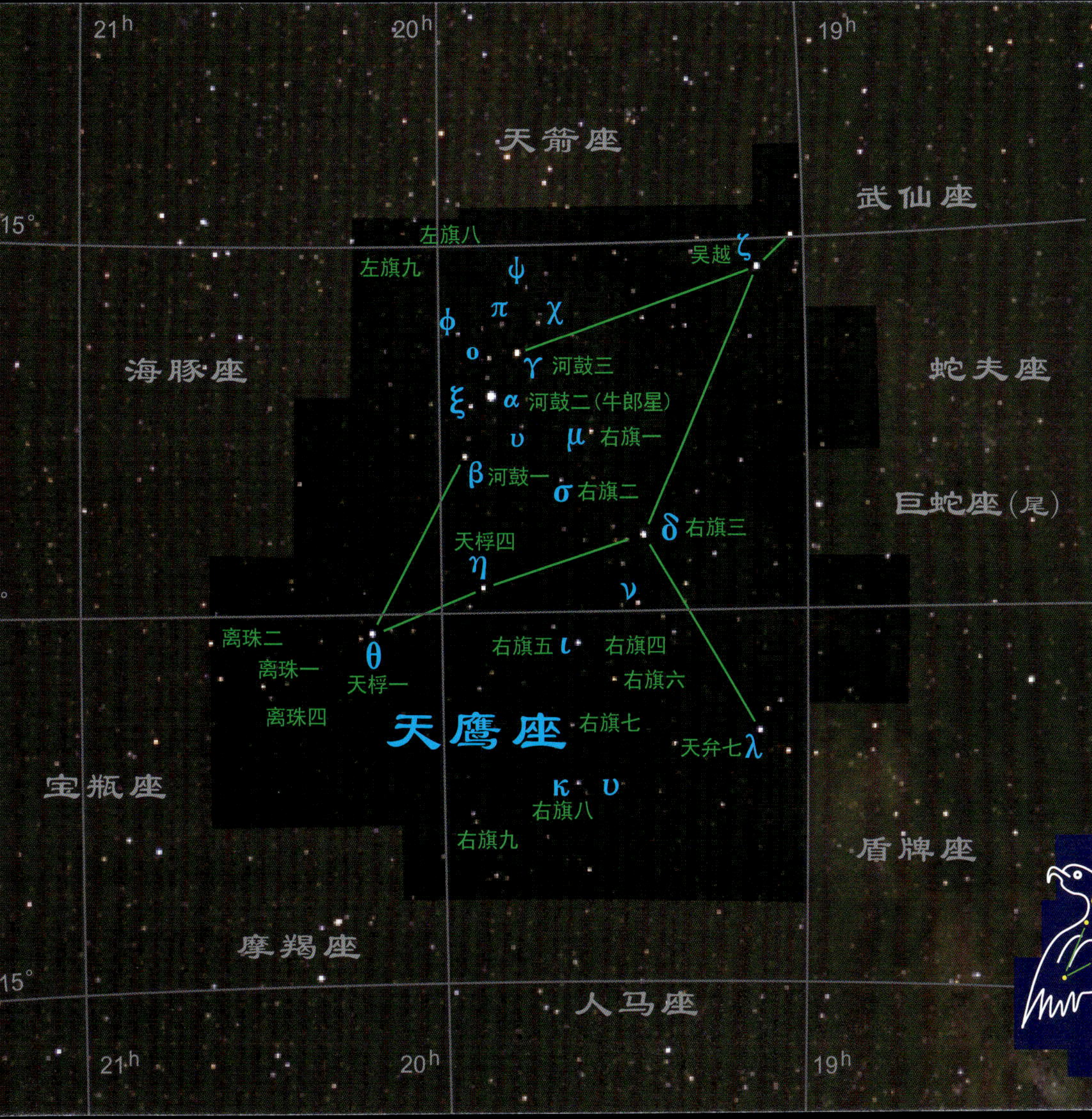

观测月份：7—8月

可见地点：北纬78°～南纬71°

星座位置：北天(19.5^h，0°)

目测宽度：

目测深度：

面积位次：652平方度 第22位

主要恒星：10颗

拜耳/佛氏恒星：65颗

有行星的恒星：9颗

3等以上亮星：3颗

最亮恒星：α Aql，星等0.76

梅西耶天体：0个

重点观测：α星(牛郎星)
η星(天桴四)

流星雨：
天鹰座流星雨

星座想象图：
宙斯化身的天鹰

天坛座
Ara(Ara)

天坛座

Ara(Ara)

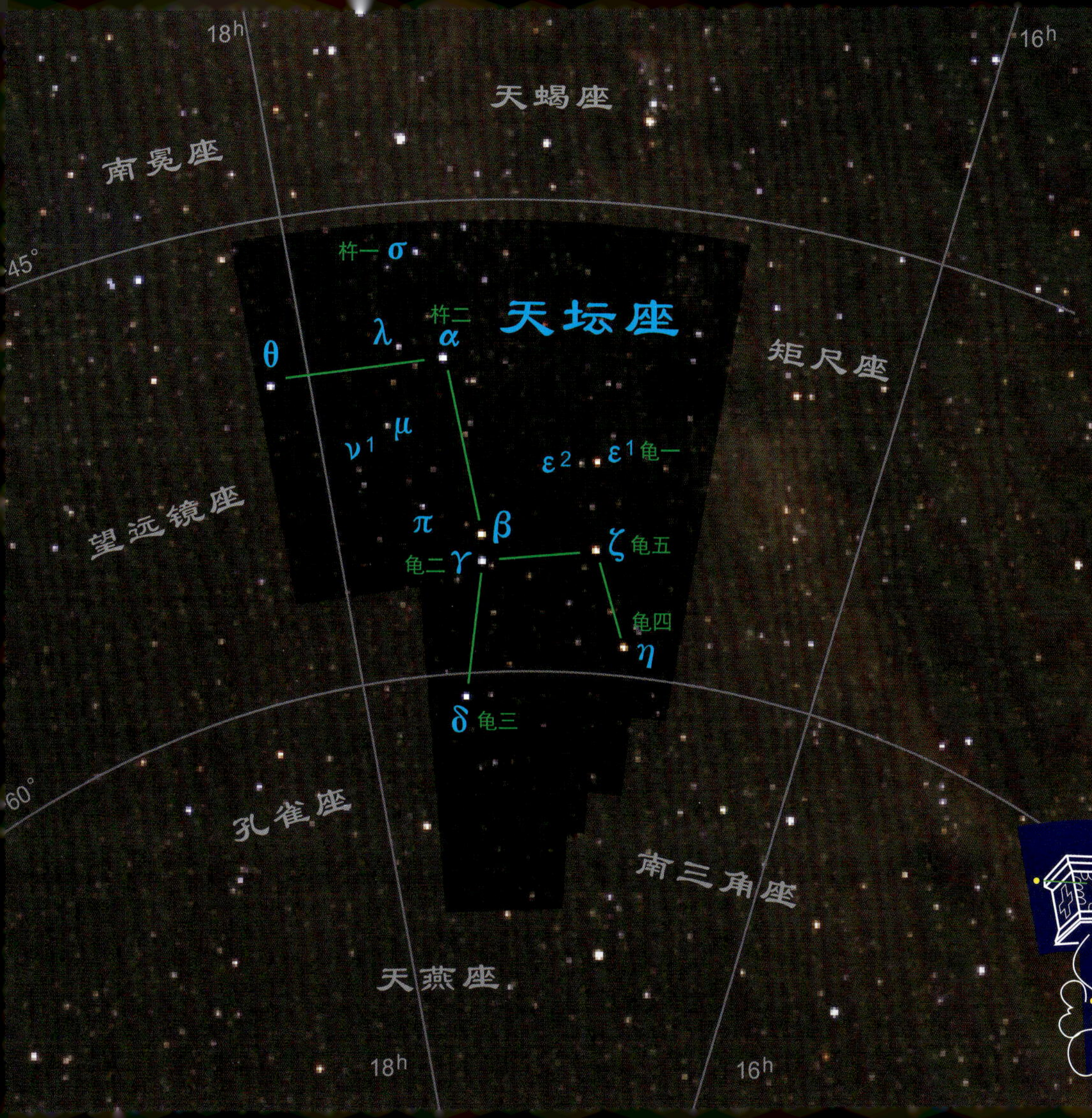

观测月份：6—7月

可见地点：北纬22°～南纬90°

星座位置：南天（17.5^h，+50°）

目测宽度：

目测深度：

面积位次：237平方度 第63位

主要恒星：8颗

拜耳/佛氏恒星：17颗

有行星的恒星：7颗

3等以上亮星：2颗

最亮恒星：β Ara，星等2.84

梅西耶天体：0个

重点观测：NGC6193
NGC6397

流星雨：无

星座想象图：
希腊神话中的祭坛

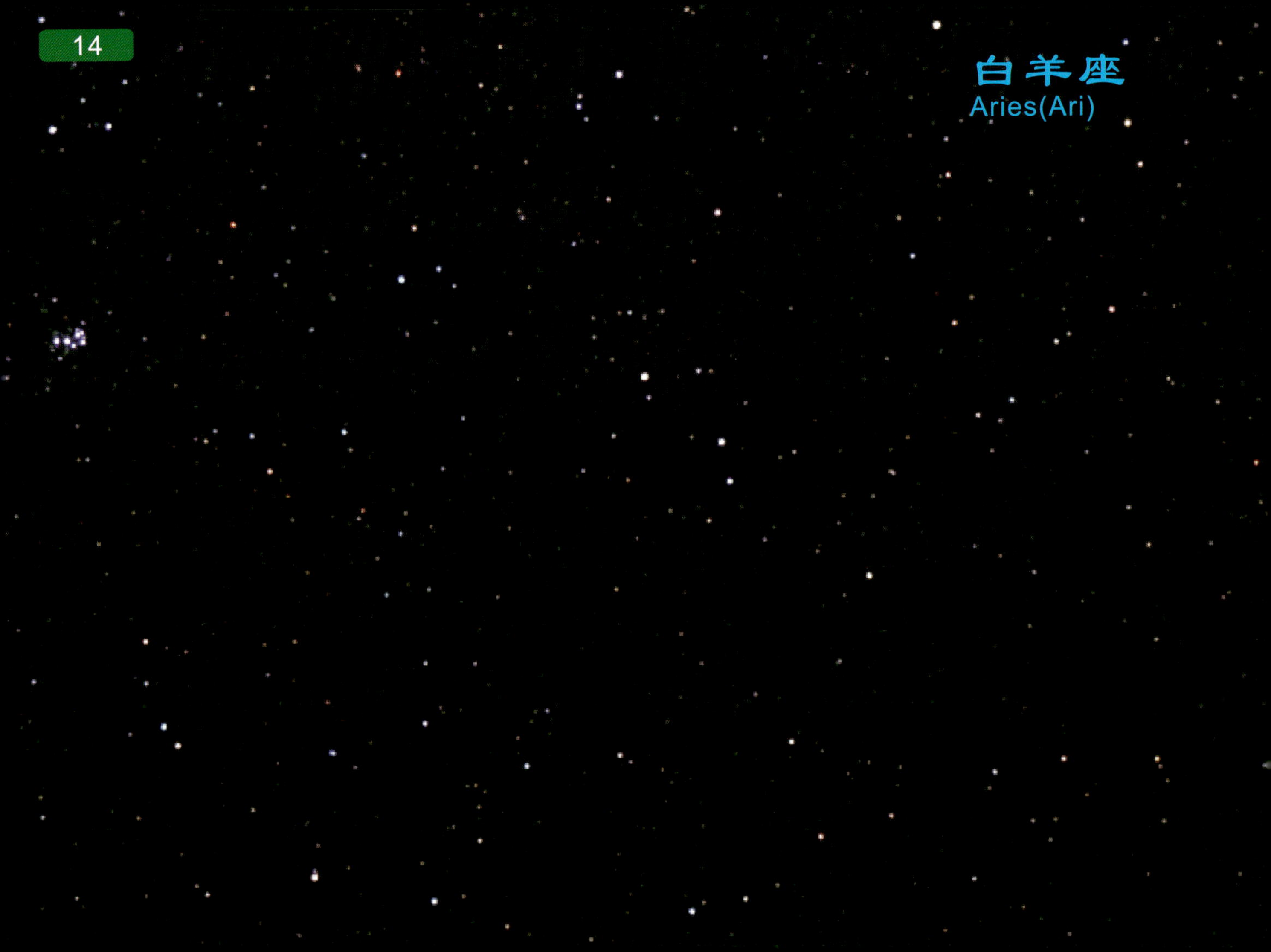
白羊座
Aries(Ari)

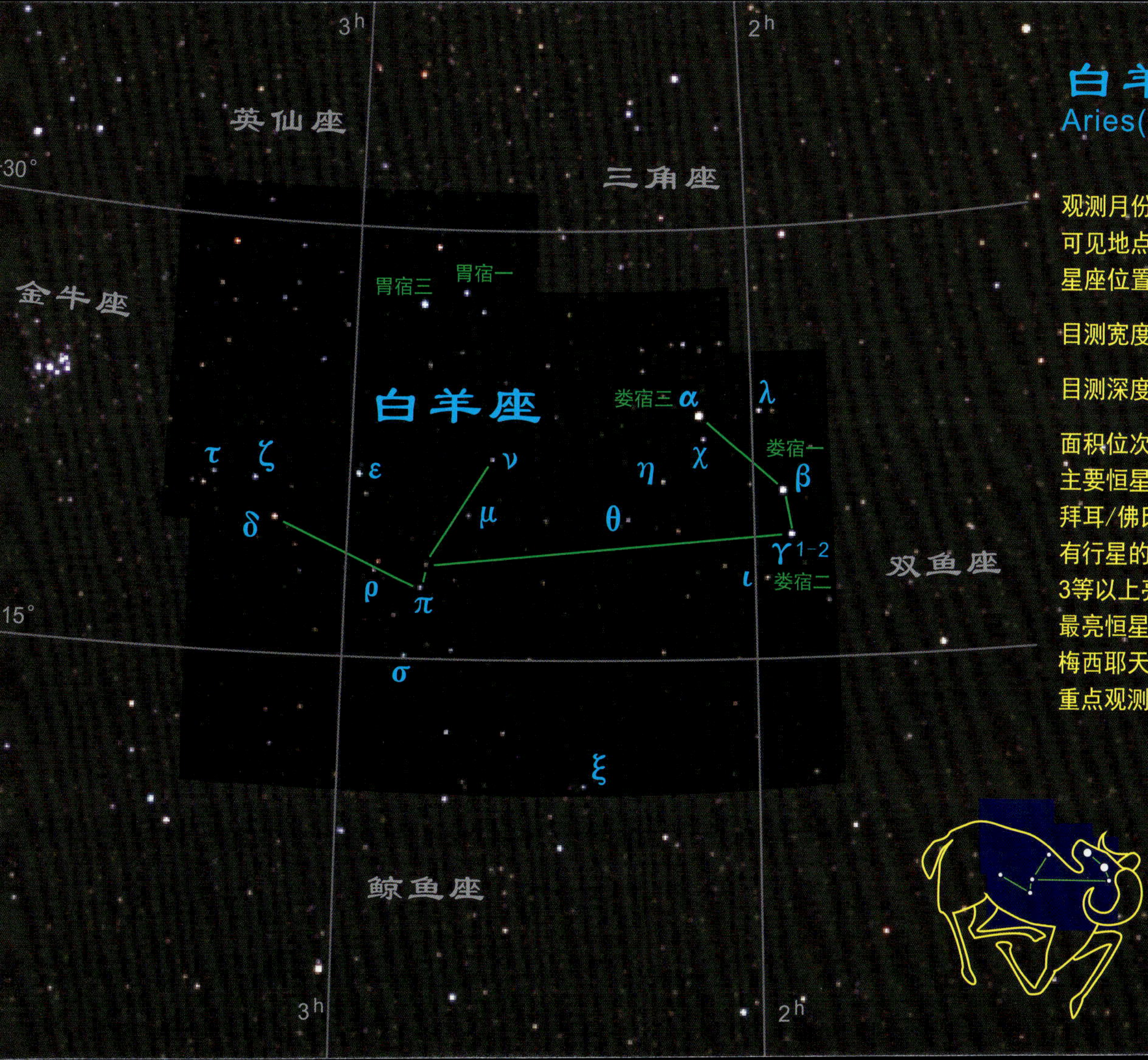

白羊座

Aries(Ari)

观测月份：10—12月

可见地点：北纬90°～南纬59°

星座位置：黄道（2.5h，+20°）

目测宽度：

目测深度：

面积位次：441平方度 第39位

主要恒星：4颗

拜耳/佛氏恒星：67颗

有行星的恒星：6颗

3等以上亮星：2颗

最亮恒星：α Ari，星等2.01

梅西耶天体：0个

重点观测：γ星（娄宿二）

流星雨：

白羊座（五月，秋季，白昼，δ，ε）流星雨

星座想象图：

天界的公羊

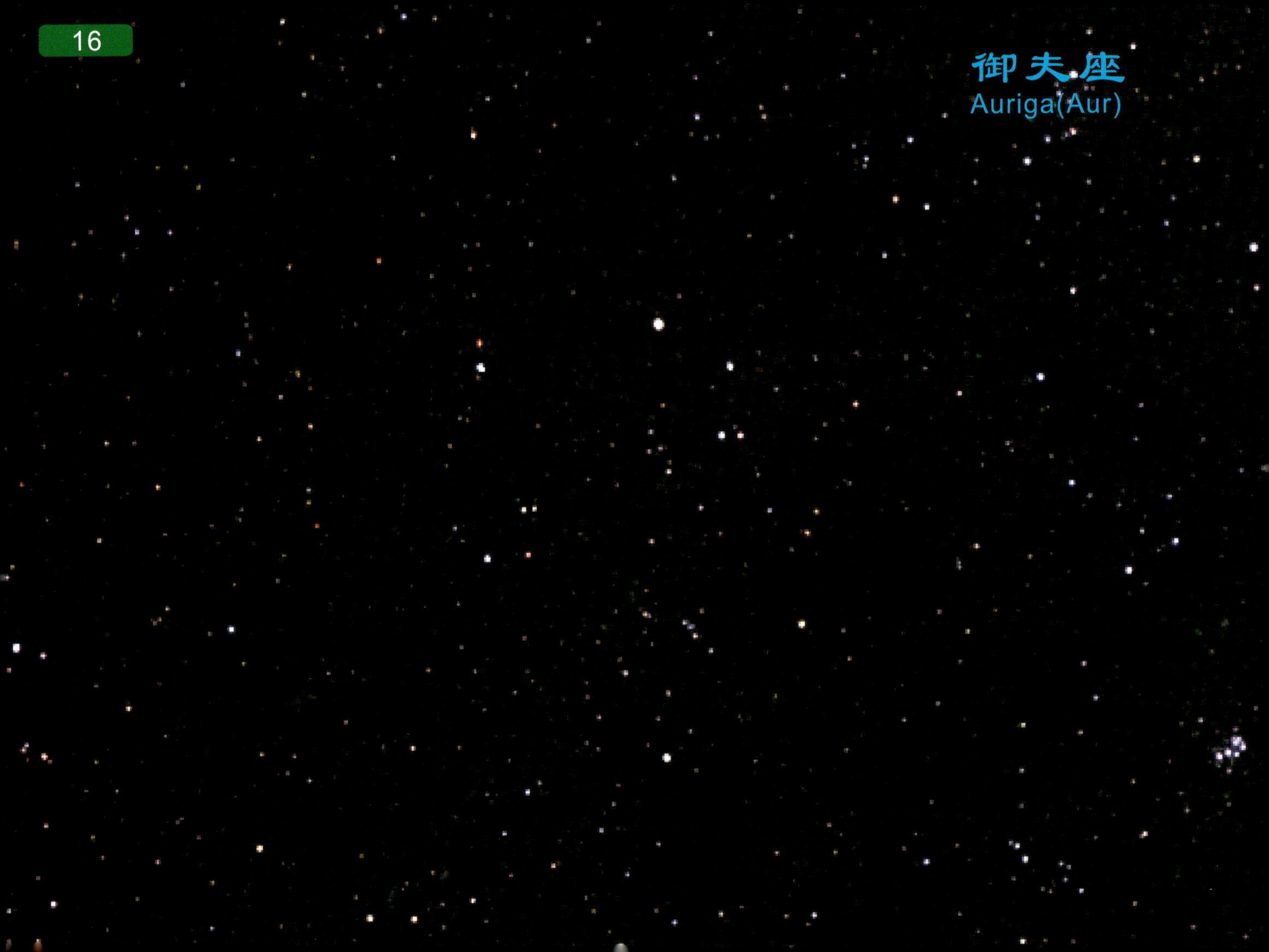
16
御夫座
Auriga(Aur)

御夫座

Auriga(Aur)

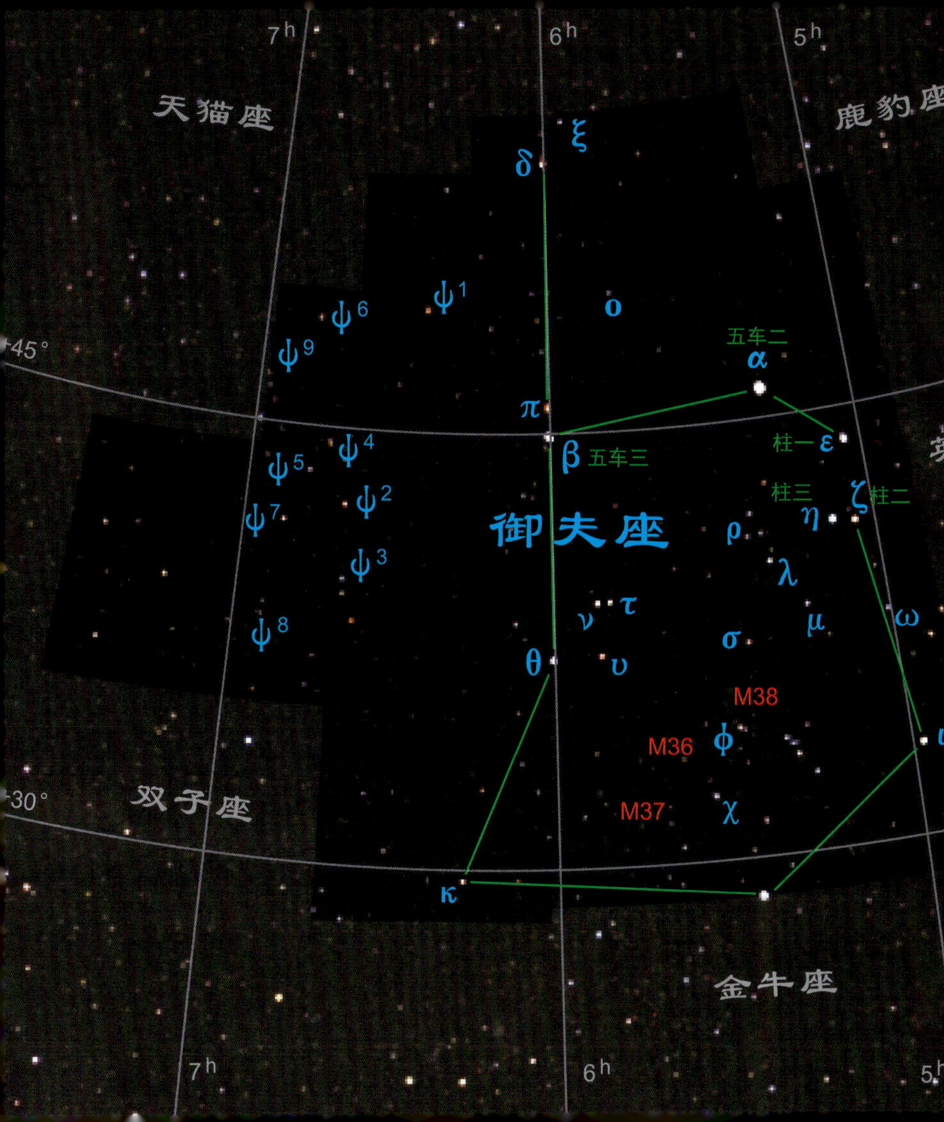

观测月份：12—2月

可见地点：北纬90°～南纬34°

星座位置：北天(6h，+40°)

目测宽度：

目测深度：

面积位次：657平方度 第21位

主要恒星：5颗

拜耳/佛氏恒星：65颗

有行星的恒星：7颗

3等以上亮星：4颗

最亮恒星：α Aur，星等0.08

梅西耶天体：3个

重点观测：α星(五车二)
ε星(柱一)
ζ星(柱二)
M36、M37、M38
(三个疏散星团)

流星雨：御夫座α、δ流星雨

星座想象图：御夫厄里克托尼俄斯

牧夫座
Bootes(Boo)

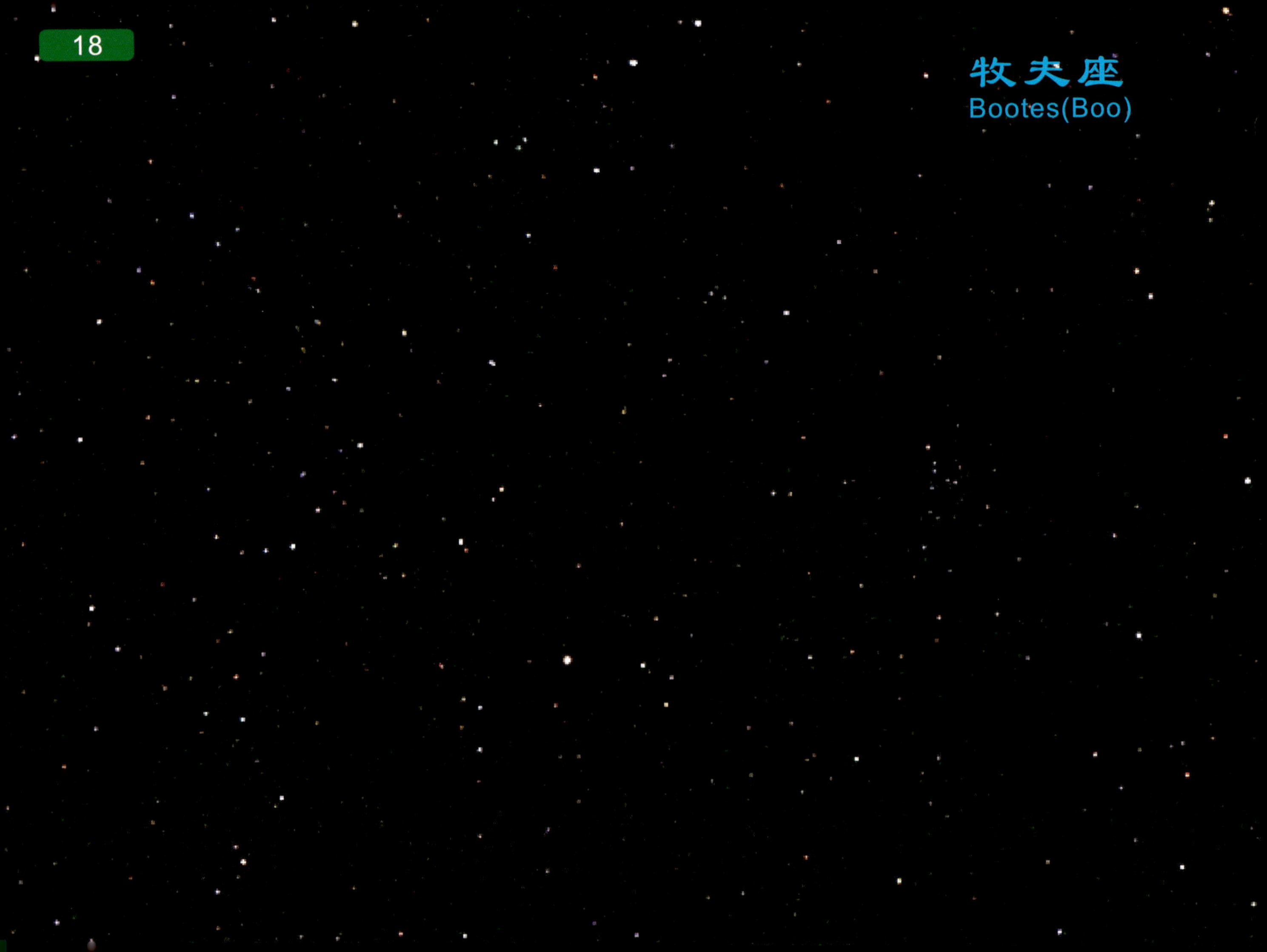

牧夫座

Bootes(Boo)

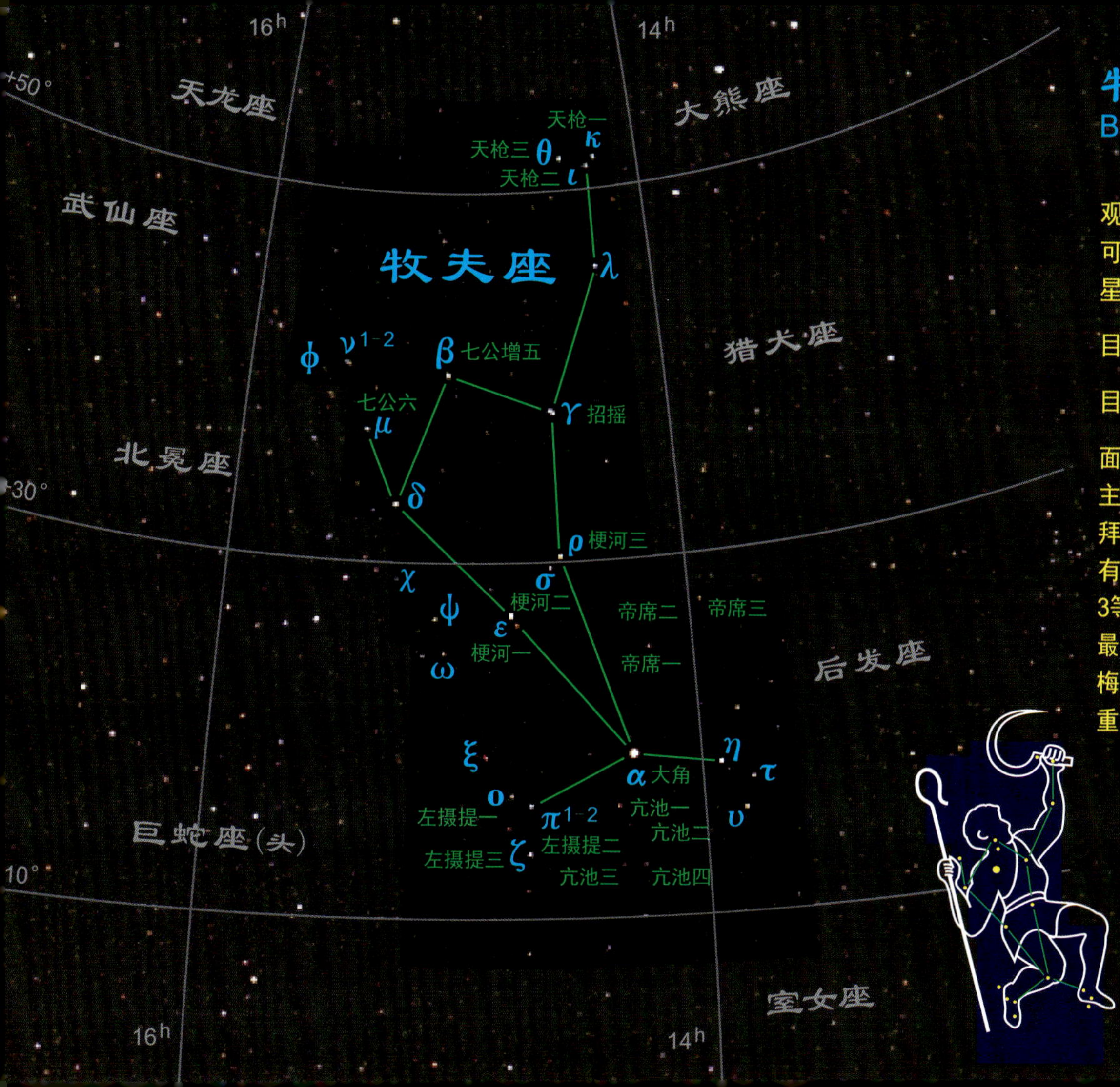

观测月份：5—6月

可见地点：北纬90°～南纬35°

星座位置：北天(15h，+30°)

目测宽度：

目测深度：

面积位次：907平方度 第13位

主要恒星：7颗

拜耳/佛氏恒星：59颗

有行星的恒星：10颗

3等以上亮星：3颗

最亮恒星：α Boo，星等-0.04

梅西耶天体：0个

重点观测：α星(大角星)
ε星(梗河一)
κ星(天枪一)
μ星(七公六)
ξ星

流星雨：
牧夫座一月流星雨
牧夫座六月流星雨
象限仪座流星雨

星座想象图：
巨人阿特拉斯

雕具座
Caelum(Cae)

雕具座

Caelum(Cae)

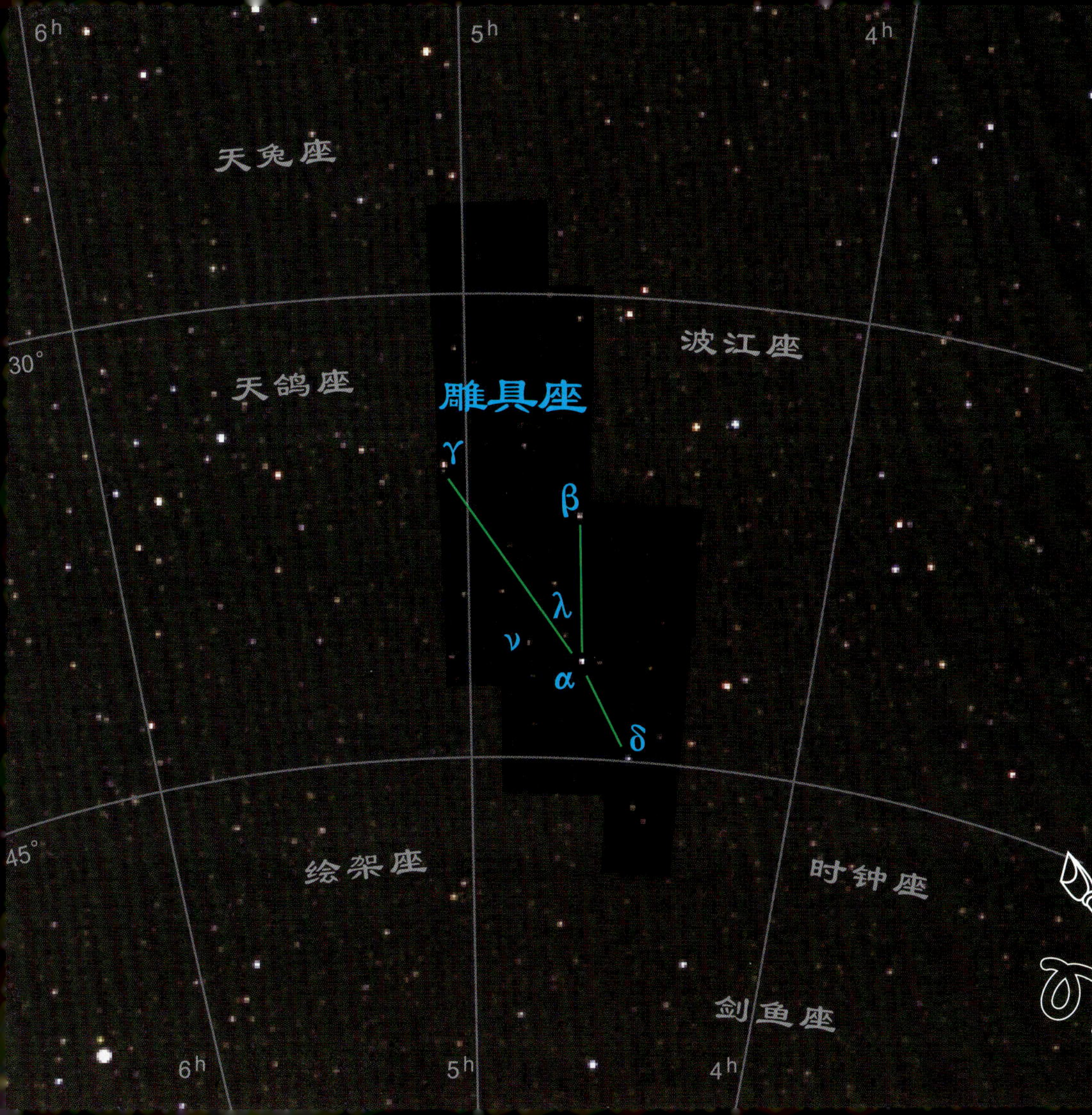

观测月份：12—1月

可见地点：北纬41°～南纬90°

星座位置：南天(5h，－40°)

目测宽度：

目测深度：

面积位次：125平方度 第81位

主要恒星：4颗

拜耳/佛氏恒星：8颗

有行星的恒星：1颗

3等以上亮星：0颗

最亮恒星：α Cae，星等4.45

梅西耶天体：0个

重点观测：γ 星

流星雨：无

星座想象图：

雕刻家的凿子

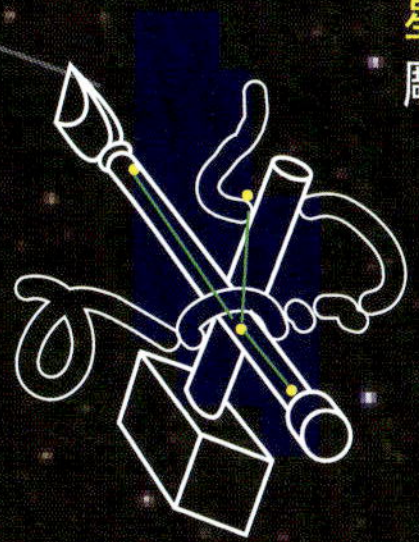

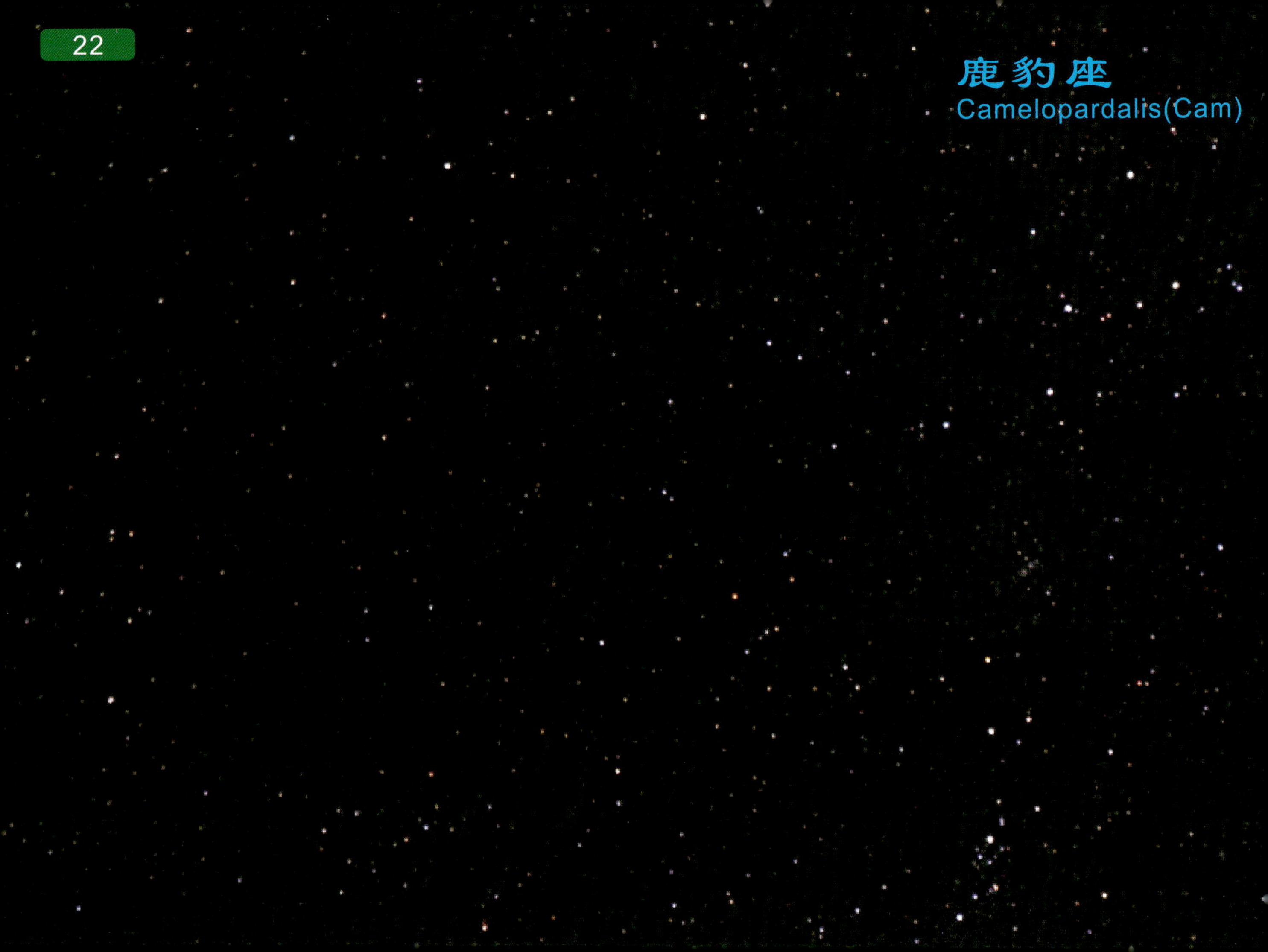
鹿豹座
Camelopardalis(Cam)

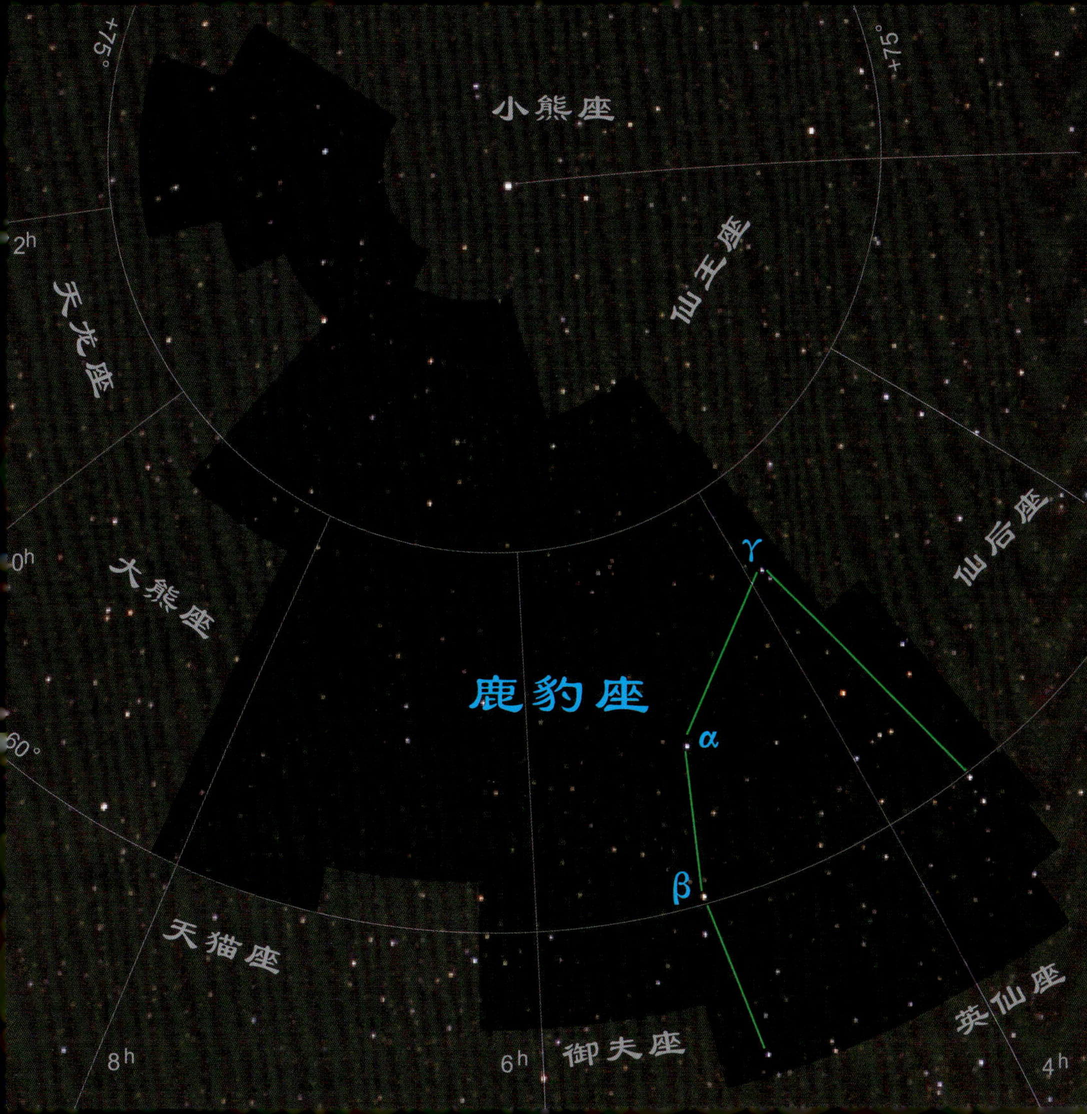

鹿豹座

Camelopardalis(Cam)

观测月份：12—5月

可见地点：北纬90°～南纬5°

星座位置：北天(6h，+70°)

目测宽度：

目测深度：

面积位次：757平方度 第18位

主要恒星：2颗

拜耳/佛氏恒星：36颗

有行星的恒星：4颗

3等以上亮星：0颗

最亮恒星：β Cam，星等4.03

梅西耶天体：0个

重点观测：β星
NGC1502

流星雨：
鹿豹座十月流星雨

星座想象图：
天穹上的豹斑长颈鹿

巨蟹座
Cancer(Cnc)

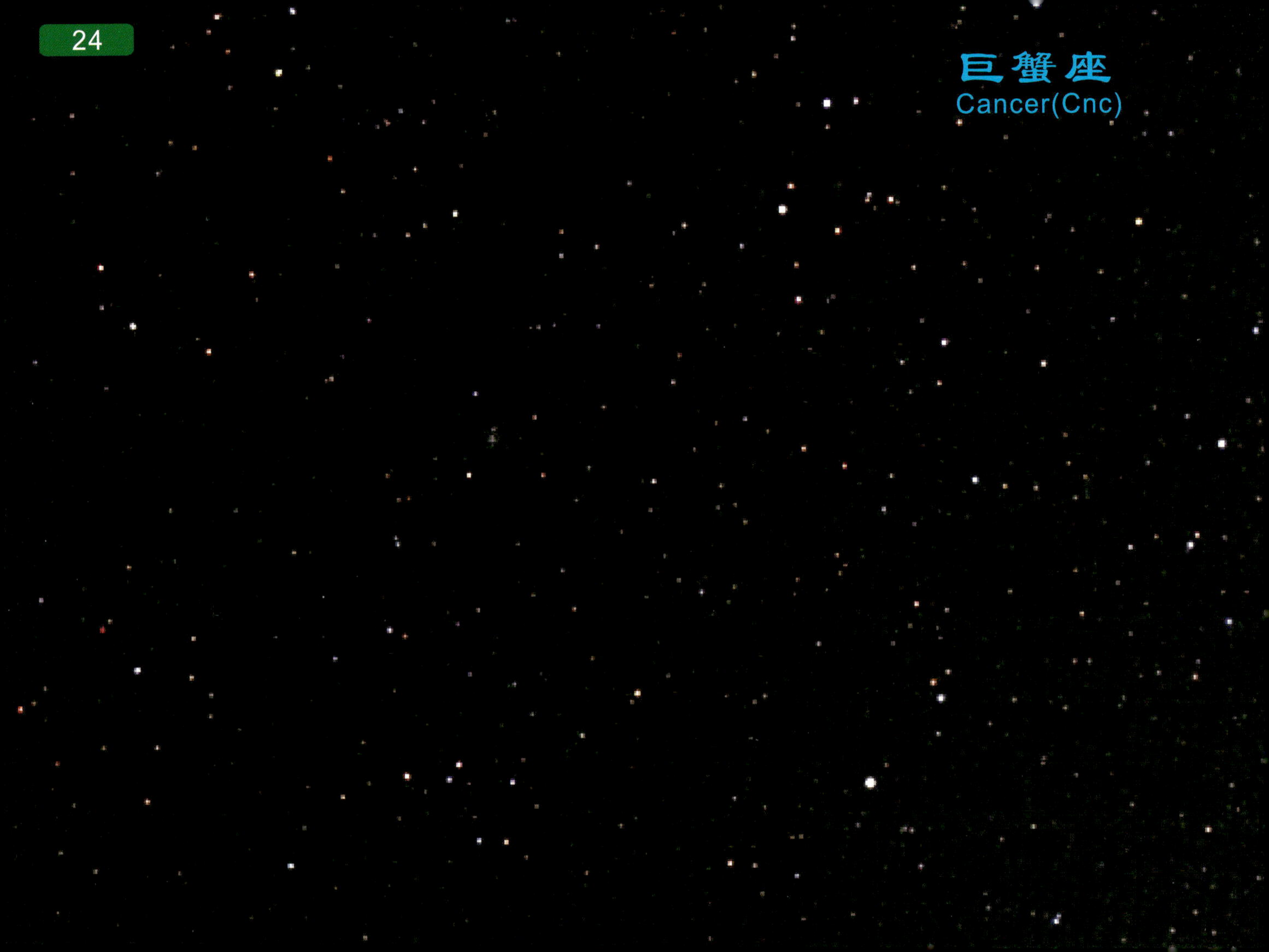

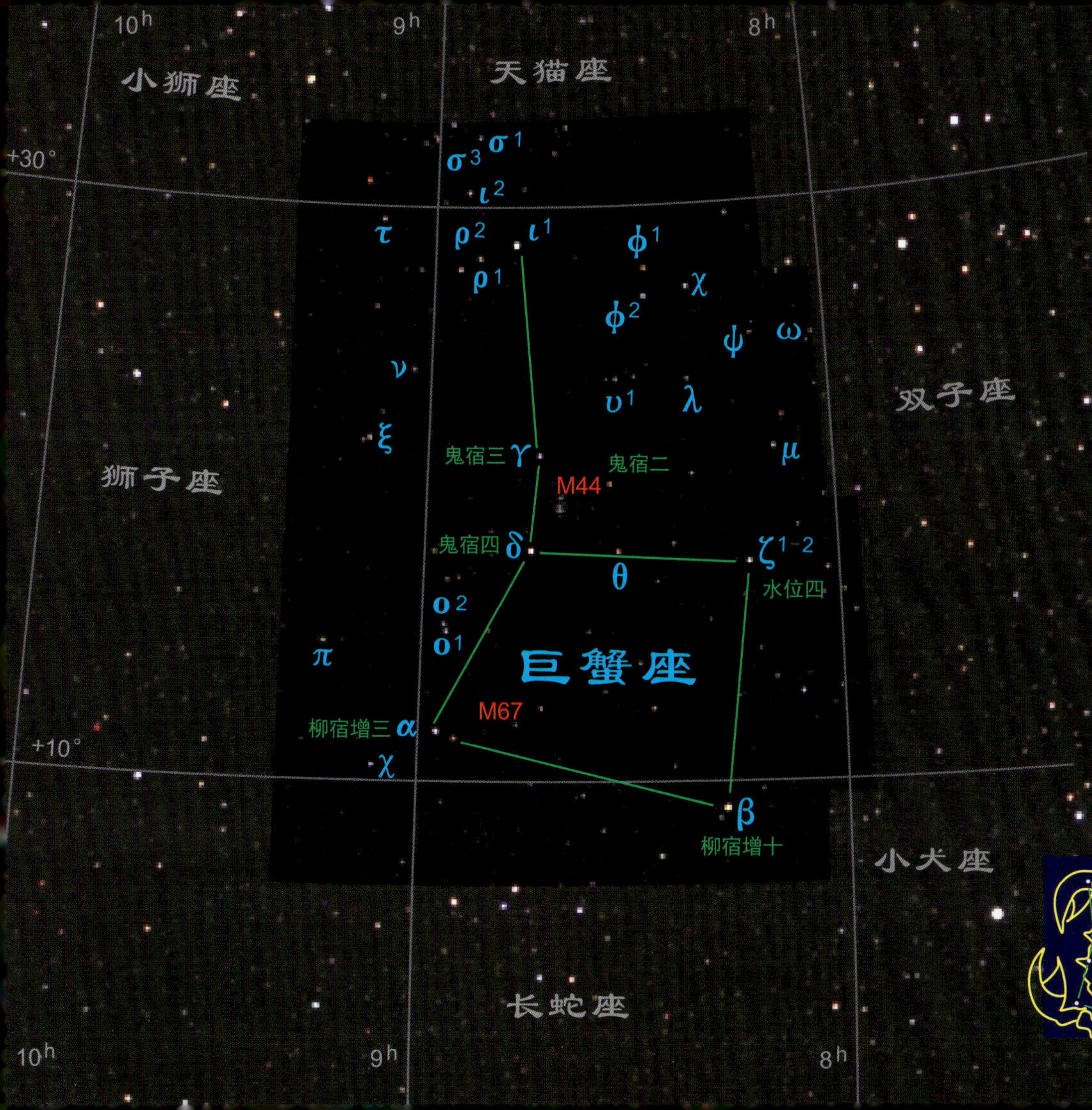

巨蟹座

Cancer(Cnc)

观测月份：1—3月

可见地点：北纬90°～南纬57°

星座位置：黄道(8.5ʰ，+20°)

目测宽度：

目测深度：

面积位次：506平方度 第31位

主要恒星：5颗

拜耳/佛氏恒星：76颗

有行星的恒星：10颗

3等以上亮星：0颗

最亮恒星：β Cnc，星等3.53

梅西耶天体：2个

重点观测：ζ星(水位四)
ι星
M44(鬼宿疏散星团)
M67

流星雨：
巨蟹座δ流星雨

星座想象图：
希腊神话中神后赫拉派出的大螃蟹

猎犬座
Canes Venatici(CVn)

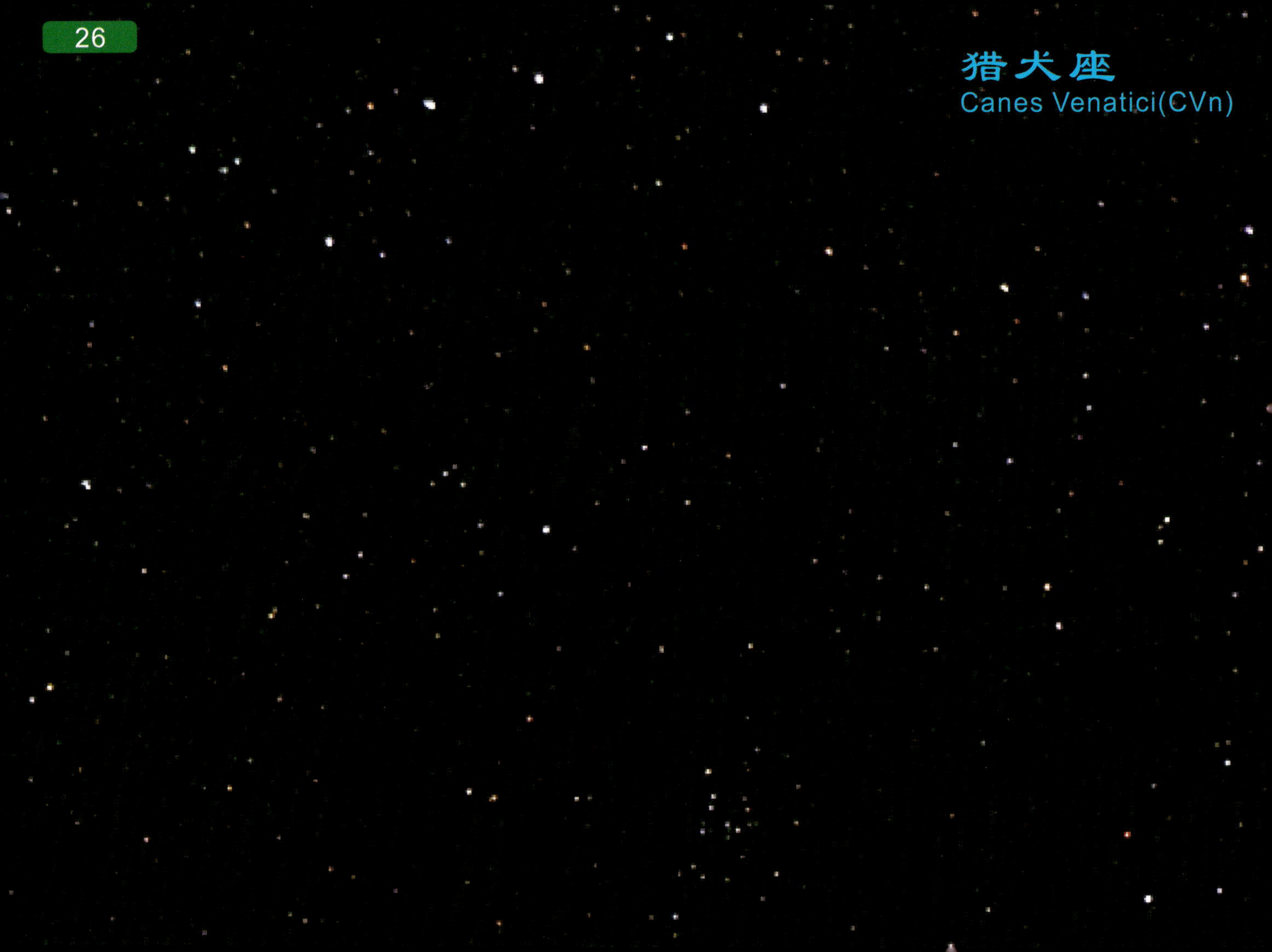

猎犬座

Canes Venatici(CVn)

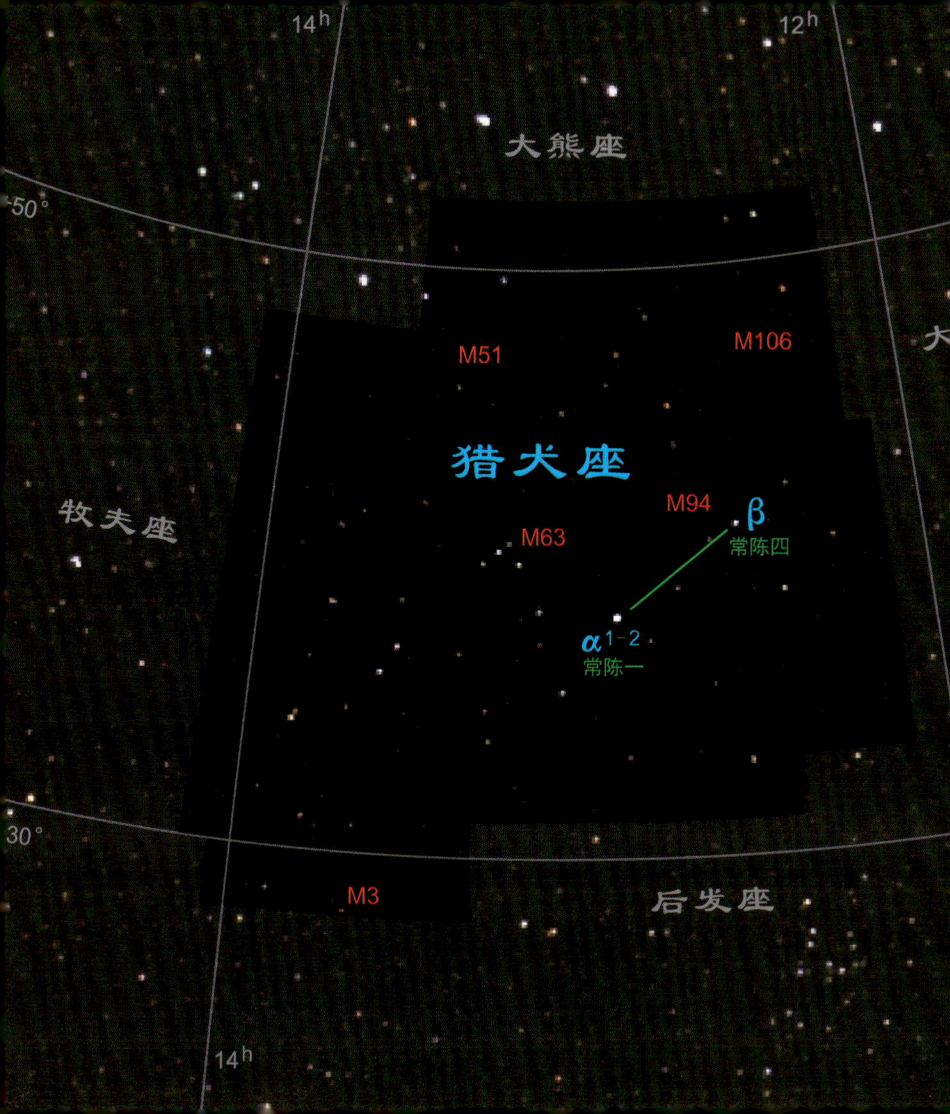

观测月份：4—5月

可见地点：北纬90°～南纬37°

星座位置：北天(13h，+40°)

目测宽度：

目测深度：

面积位次：465平方度 第38位

主要恒星：2颗

拜耳/佛氏恒星：21颗

有行星的恒星：4颗

3等以上亮星：1颗

最亮恒星：α CVn，星等2.9

梅西耶天体：5个

重点观测：α星(常陈一)
M3
M51(旋涡星系)

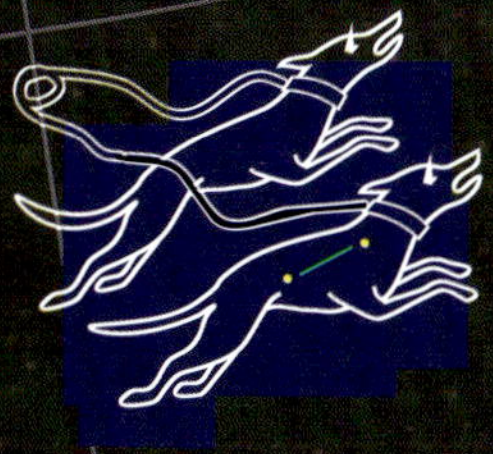

流星雨：
猎犬座流星雨

星座想象图：
牧人的两只猎犬

大犬座
Canis Major(CMa)

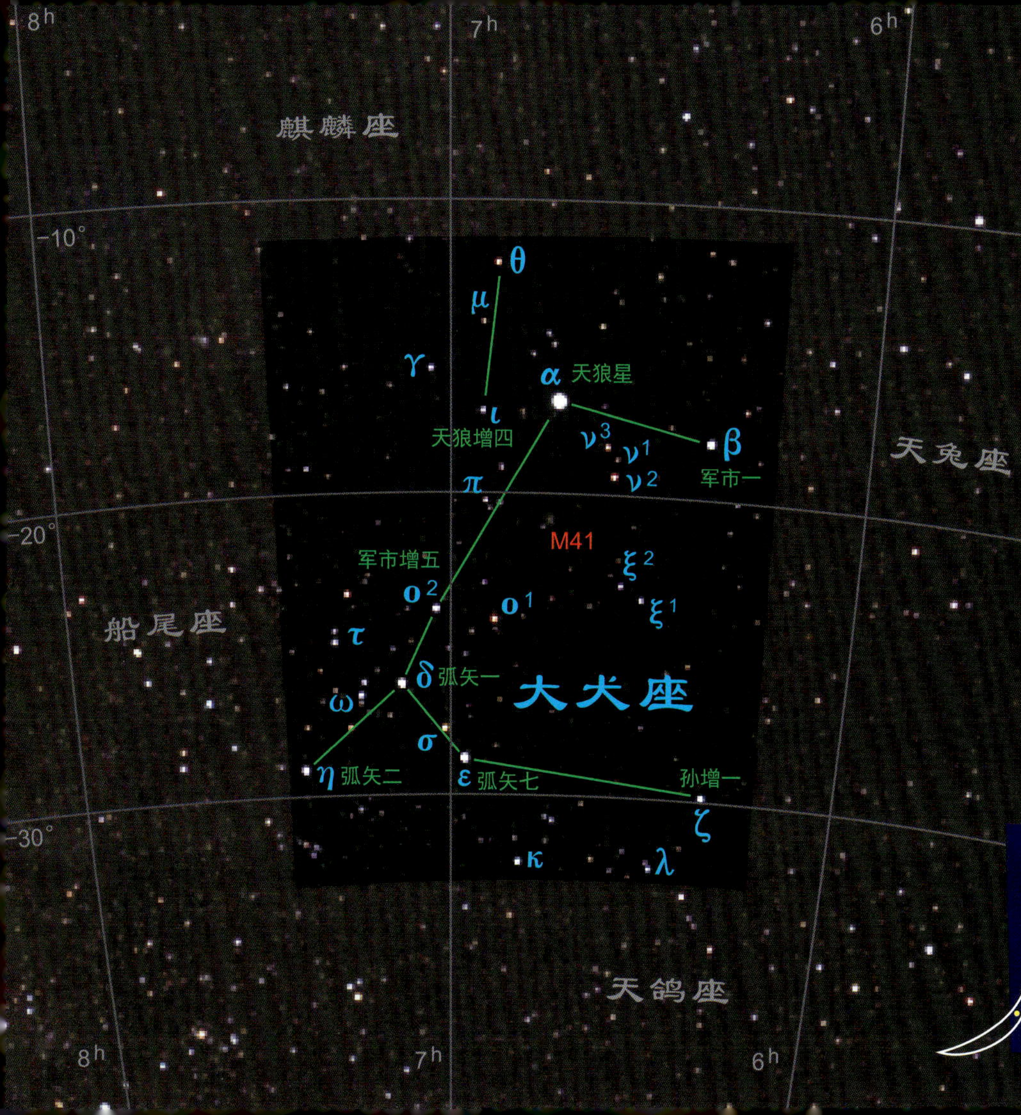

大犬座

Canis Major(CMa)

观测月份：1—2月

可见地点：北纬57°～南纬90°

星座位置：南天(7^h，－20°)

目测宽度：

目测深度：

面积位次：380平方度 第43位

主要恒星：8颗

拜耳/佛氏恒星：32颗

有行星的恒星：7颗

3等以上亮星：5颗

最亮恒星：αCMa，星等-1.46

梅西耶天体：1个

重点观测：α星(天狼星/犬星)
M41(疏散星团)
NGC2362

流星雨：无

星座想象图：

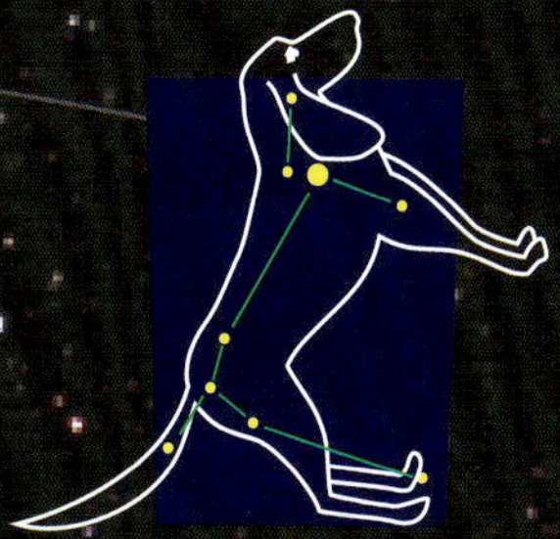

奥利恩两只猎犬中较大的那只

小犬座
Canis Minor(CMi)

小犬座
Canis Minor(CMi)

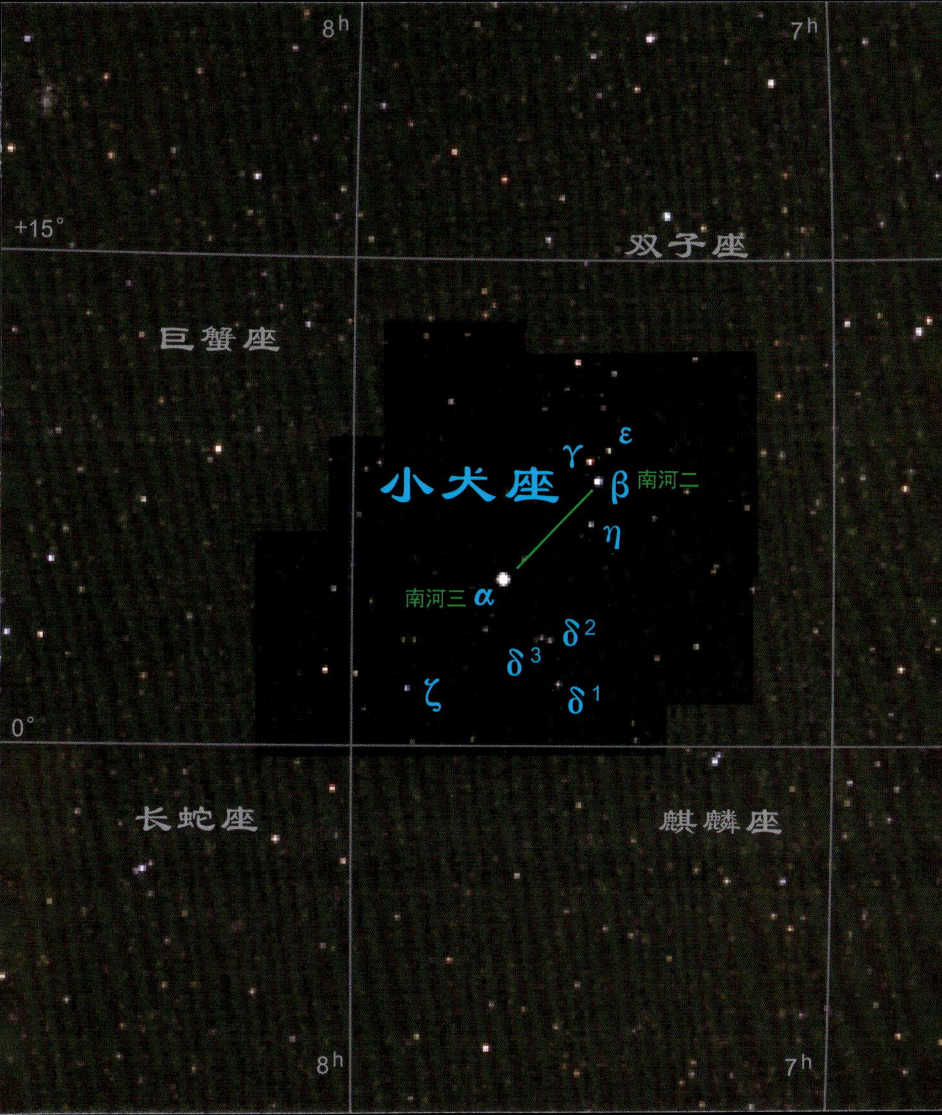

观测月份：1—3月
可见地点：北纬90°～南纬77°
星座位置：北天(7.5h，+5°)
目测宽度：
目测深度：
面积位次：183平方度 第71位
主要恒星：2颗
拜耳/佛氏恒星：14颗
有行星的恒星：1颗
3等以上亮星：3颗
最亮恒星：α CMi，星等0.34
梅西耶天体：0个
重点观测：α星(南河三)

流星雨：
小犬座流星雨

星座想象图：
奥利恩两只猎犬中较小的那只

摩羯座
Capricornus(Cap)

摩羯座

Capricornus(Cap)

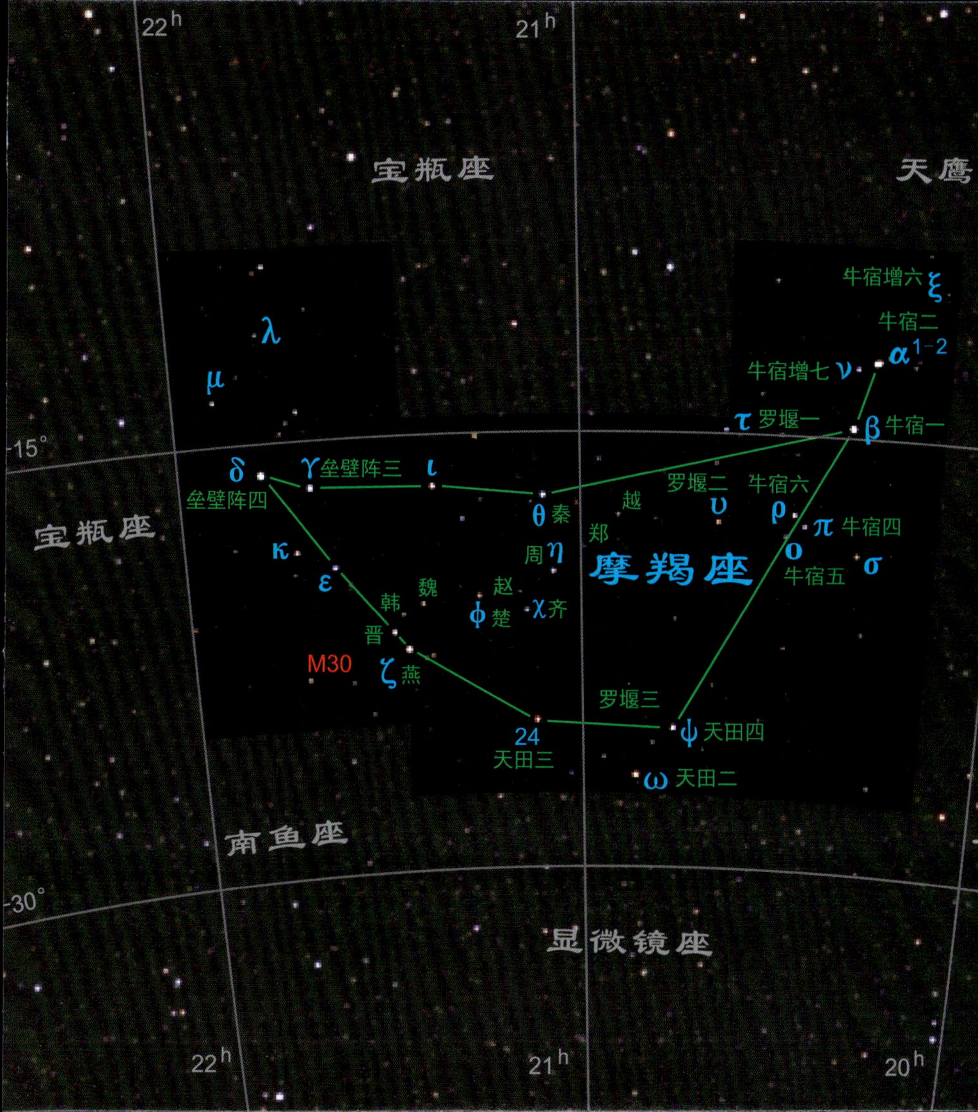

观测月份：8—9月

可见地点：北纬62°～南纬90°

星座位置：黄道（21h，－20°）

目测宽度：

目测深度：

面积位次：414平方度 第40位

主要恒星：9颗

拜耳/佛氏恒星：49颗

有行星的恒星：5颗

3等以上亮星：1颗

最亮恒星：δ Cap，星等2.85

梅西耶天体：1个

重点观测：α星（牛宿二）
β星（牛宿一）

流星雨：
摩羯座α、χ、σ、τ流星雨、摩羯-人马流星雨

星座想象图：
山林之神潘变成的鱼尾山羊身

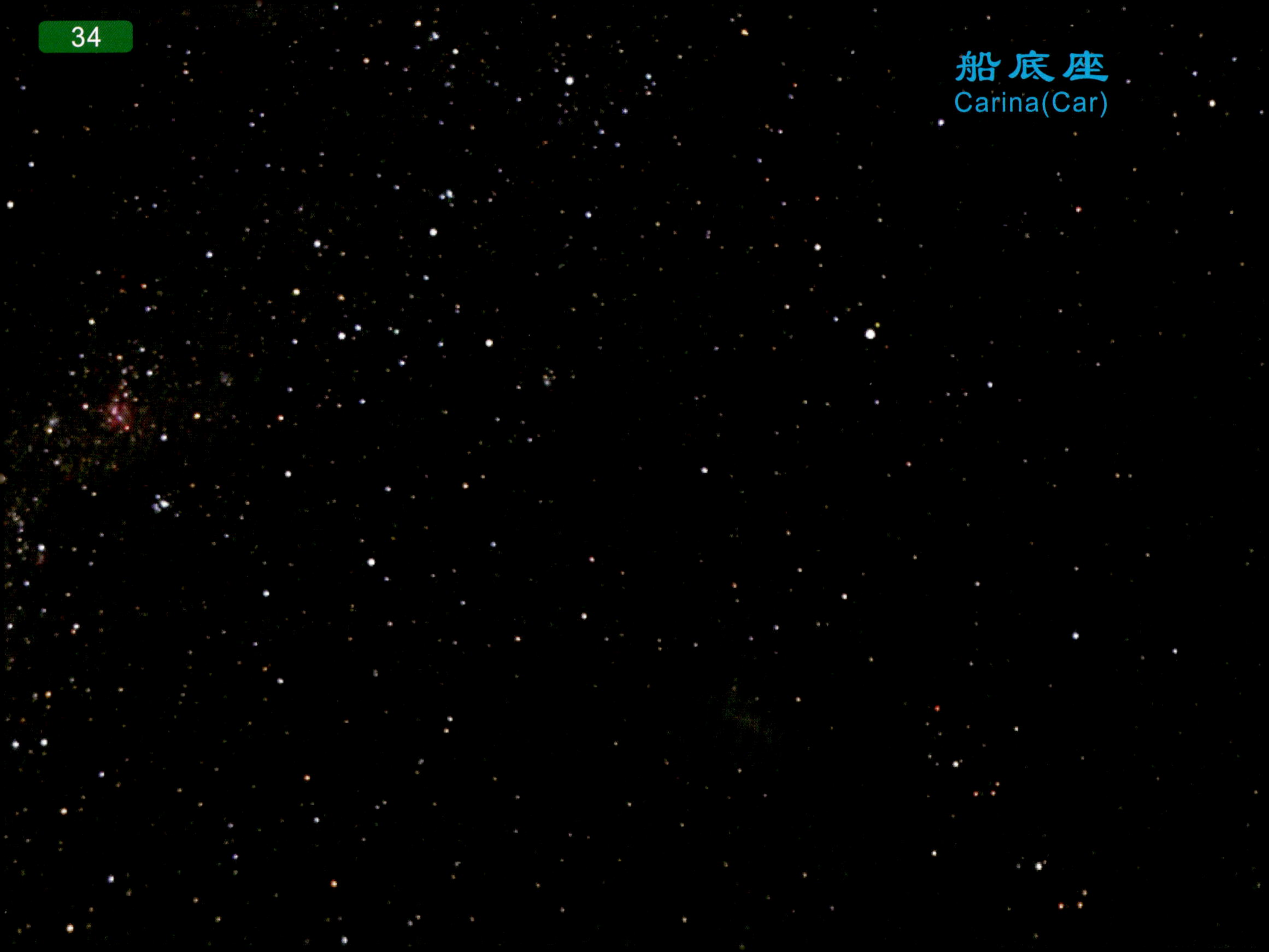
船底座
Carina(Car)

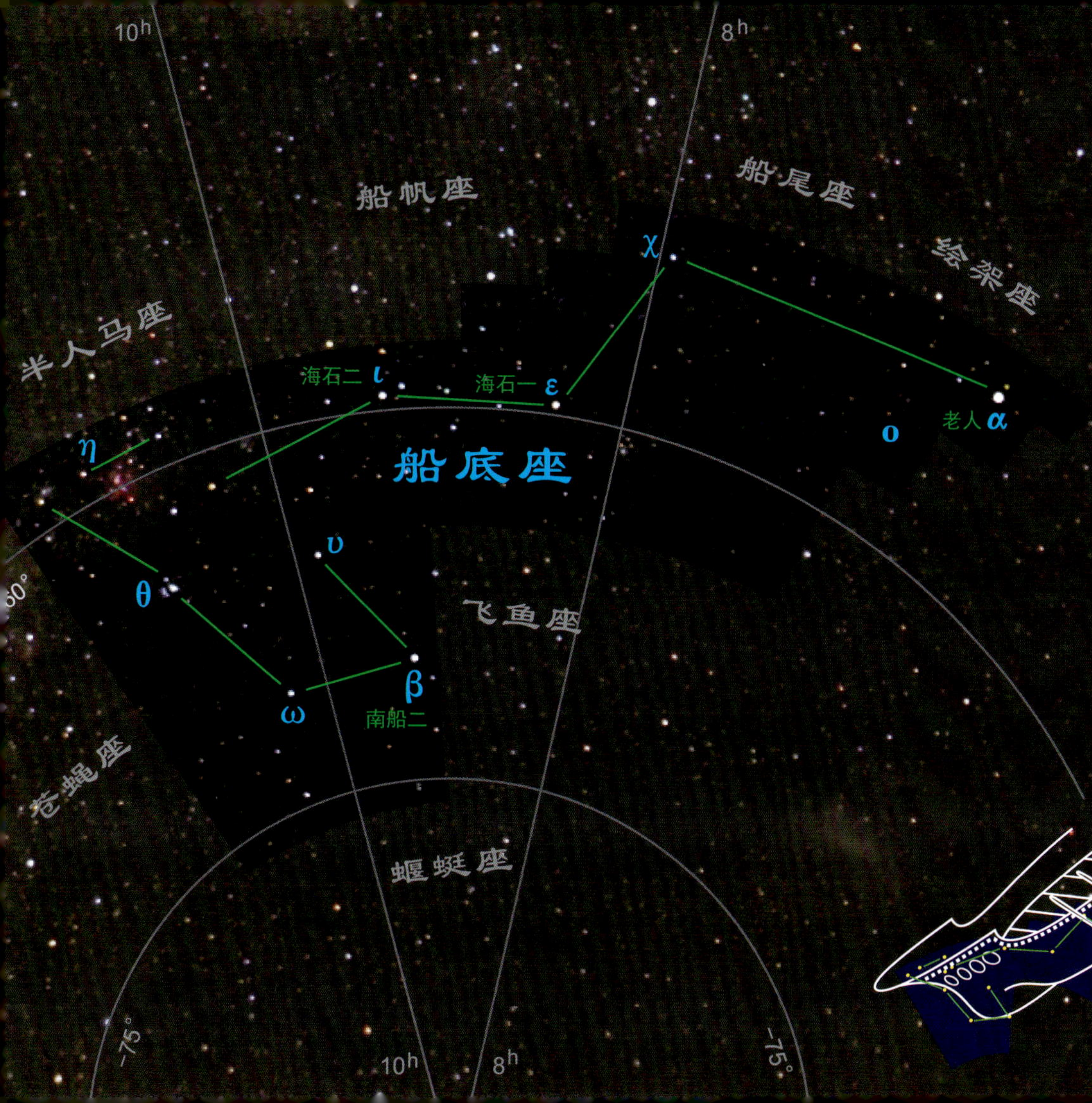

船底座

Carina(Car)

观测月份： 1—4月

可见地点： 北纬15°～南纬90°

星座位置： 南天(9h，－60°)

目测宽度：

目测深度：

面积位次： 494平方度 第34位

主要恒星： 9颗

拜耳/佛氏恒星： 52颗

有行星的恒星： 11颗

3等以上亮星： 6颗

最亮恒星： α Car，星等-0.72

梅西耶天体： 0个

重点观测： α星(老人星)
η星
NGC2516
NGC3114
NGC3372(η星云)
NGC3532
IC2602(南昴宿星团)

流星雨： 船底座α、η流星雨

星座想象图：
亚格号天舟的船首

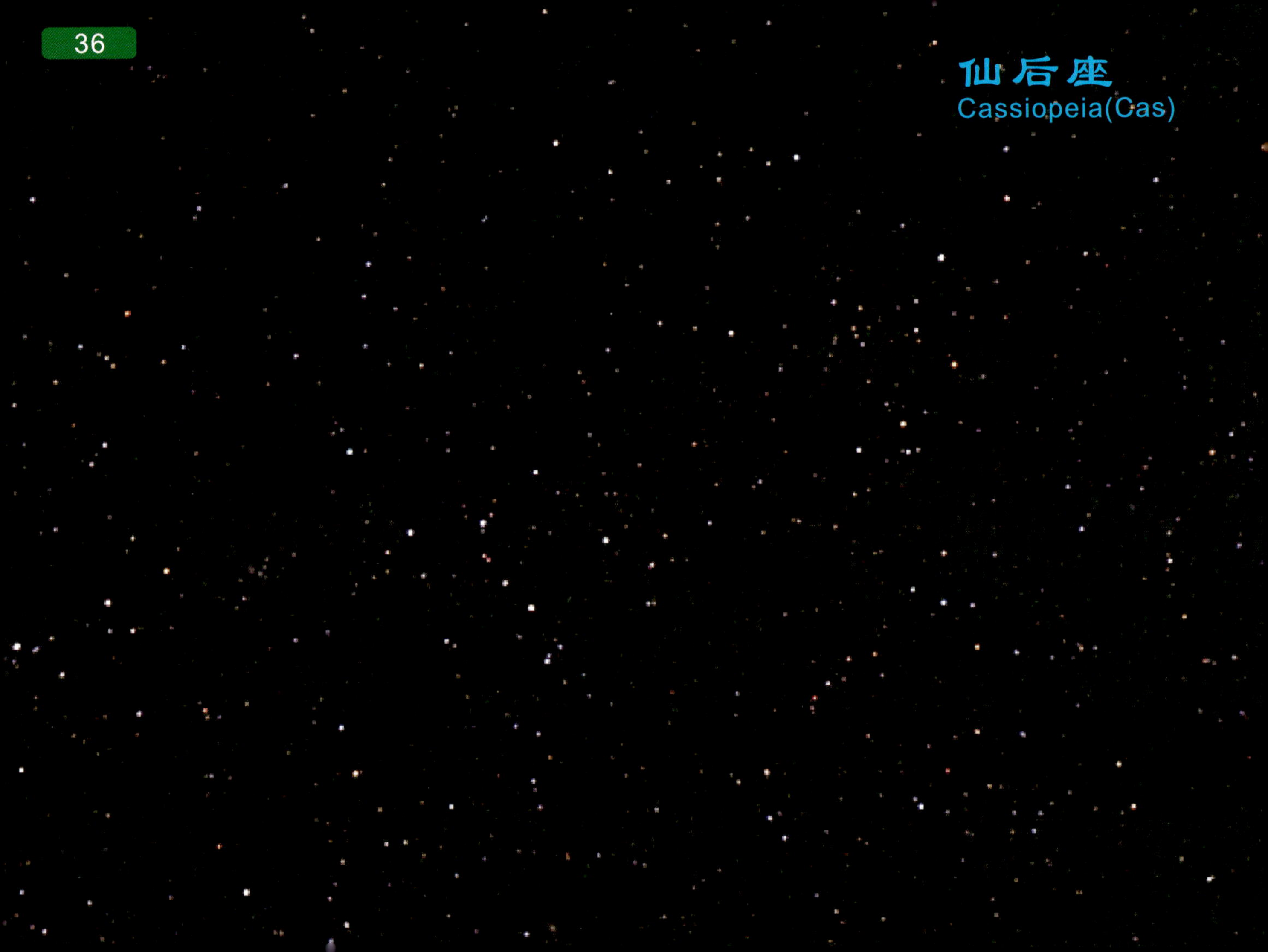
仙后座
Cassiopeia(Cas)

仙后座
Cassiopeia(Cas)

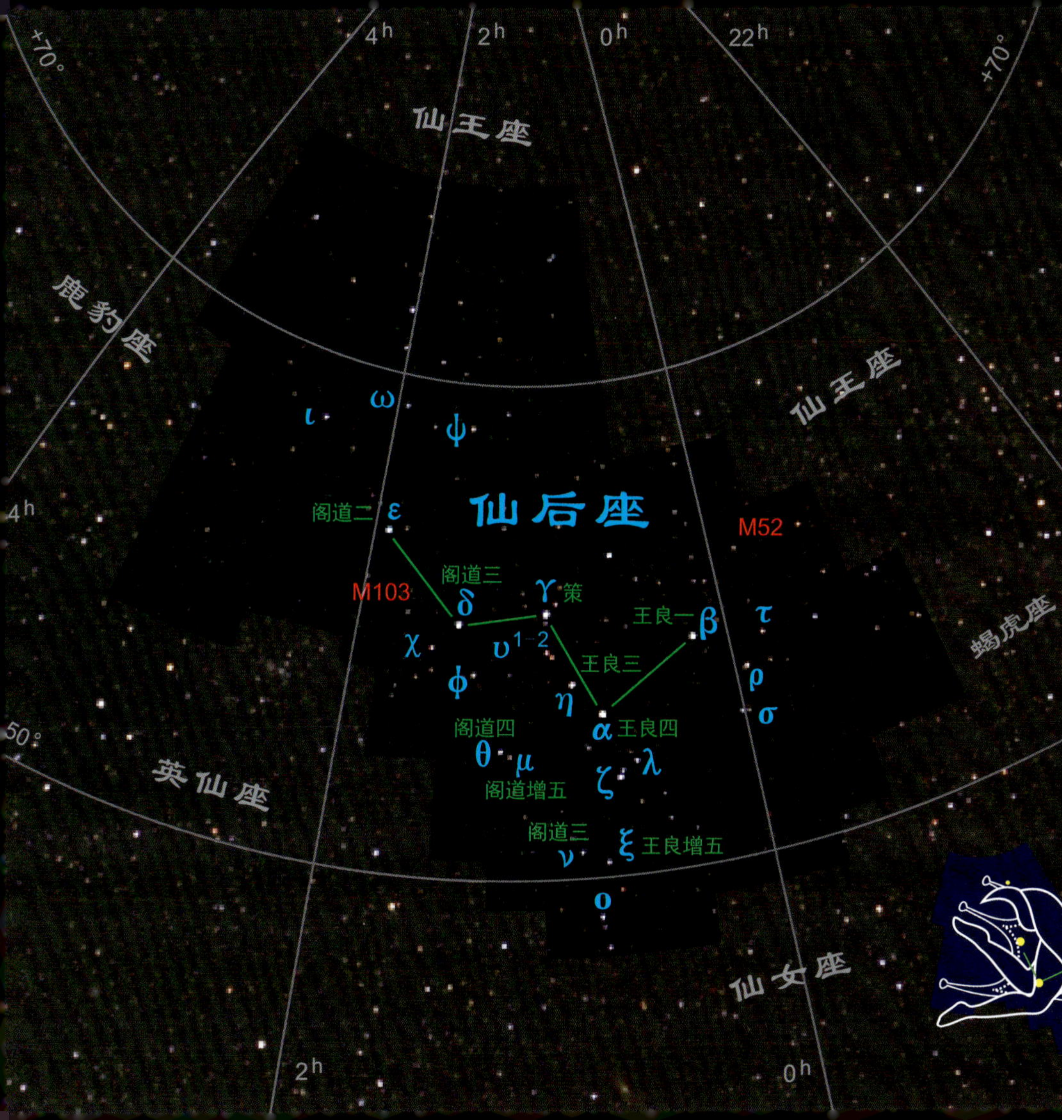

观测月份：10—12月

可见地点：北纬90°～南纬12°

星座位置：北天（1h，+60°）

目测宽度：

目测深度：

面积位次：598平方度 第25位

主要恒星：5颗

拜耳/佛氏恒星：53颗

有行星的恒星：7颗

3等以上亮星：4颗

最亮恒星：α Cas，星等2.15

梅西耶天体：2个

重点观测：γ星（策）
η星（王良三）
ρ星
M52（疏散星团）
NGC457

流星雨：无

星座想象图：
王后卡西奥佩亚

# 半人马座
Centaurus(Cen)

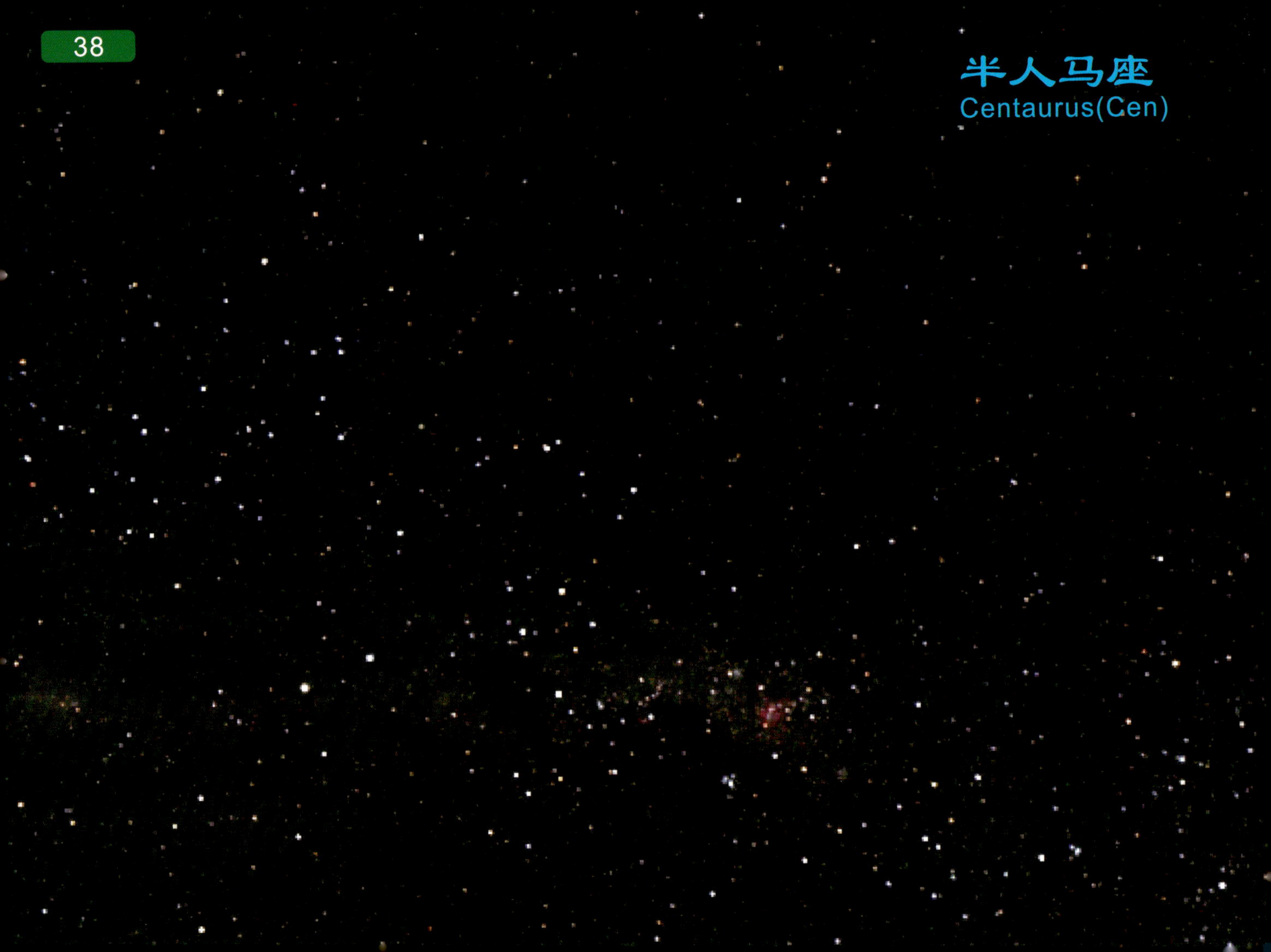

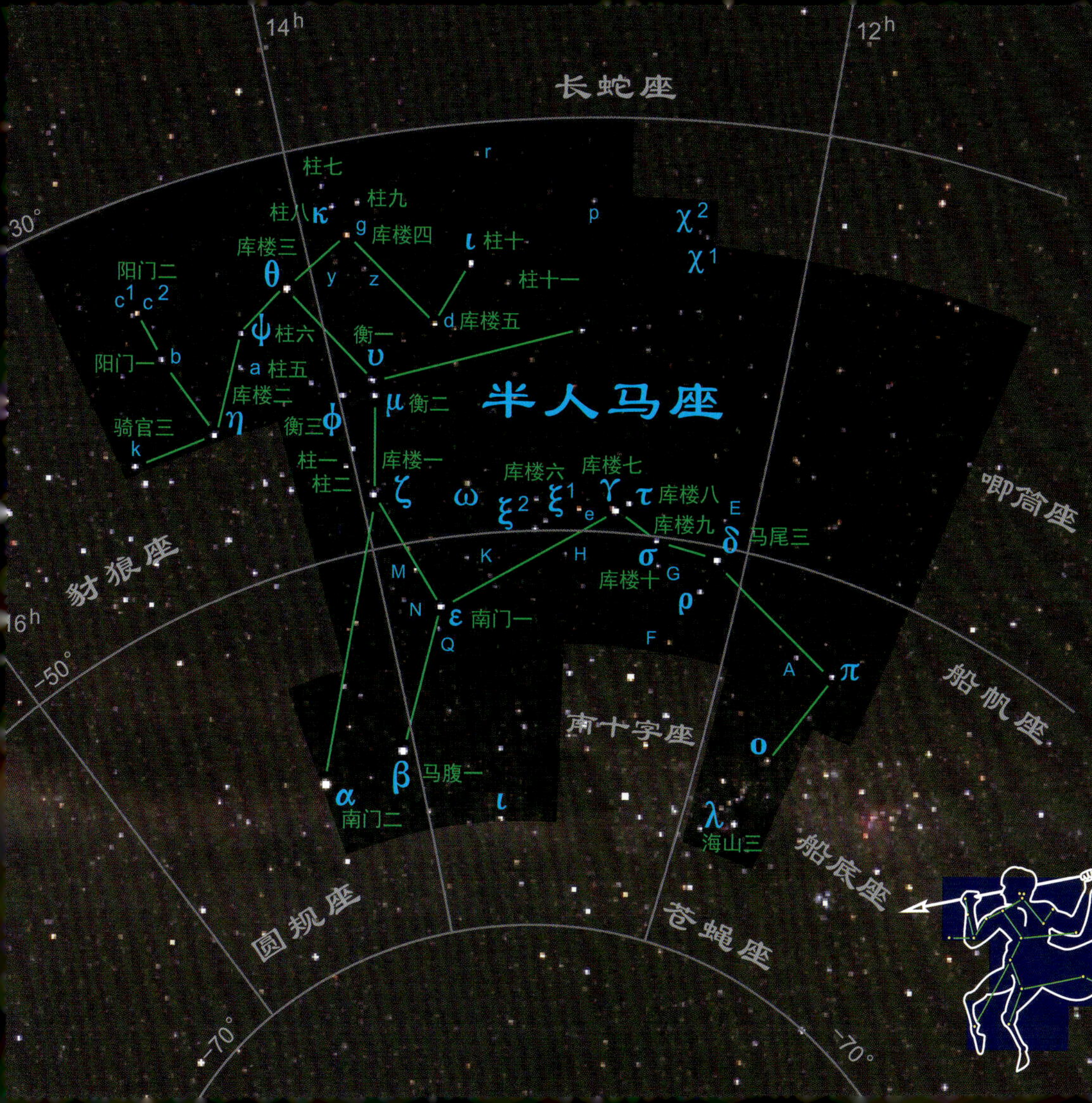

半人马座

Centaurus(Cen)

观测月份：3—6月

可见地点：北纬25°～南纬90°

星座位置：南天(13h，-40°)

目测宽度：

目测深度：

面积位次：1060平方度 第9位

主要恒星：11颗

拜耳/佛氏恒星：69颗

有行星的恒星：15颗

3等以上亮星：10颗

最亮恒星：αCen，星等-0.27

梅西耶天体：0个

重点观测：α星(南门二)
β星(马腹一)
NGC5139
NGC3918
NGC5128

流星雨：
半人马座α、ο、θ流星雨

星座想象图：
诸神子孙的教师

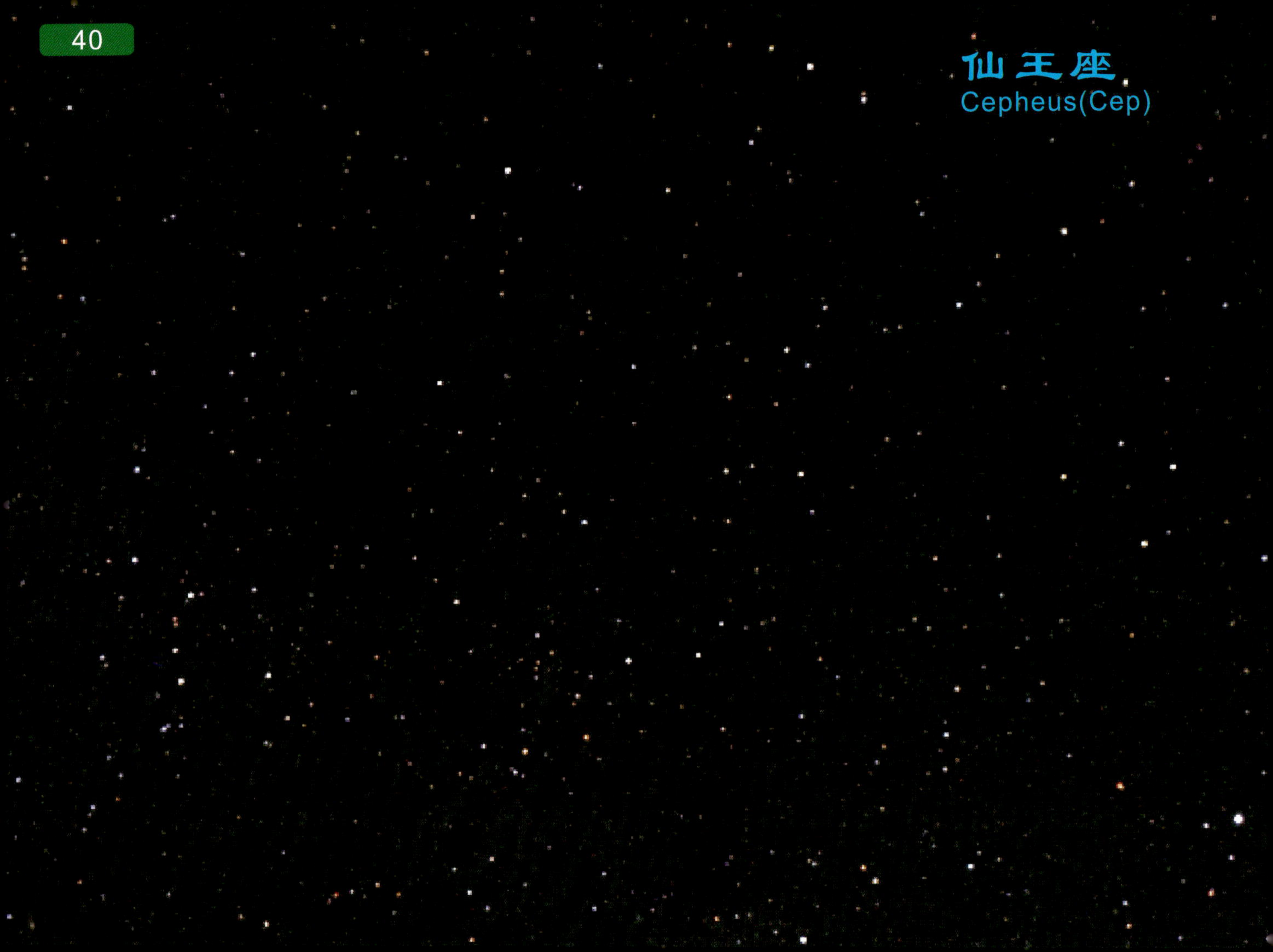
仙王座
Cepheus(Cep)

仙王座

Cepheus(Cep)

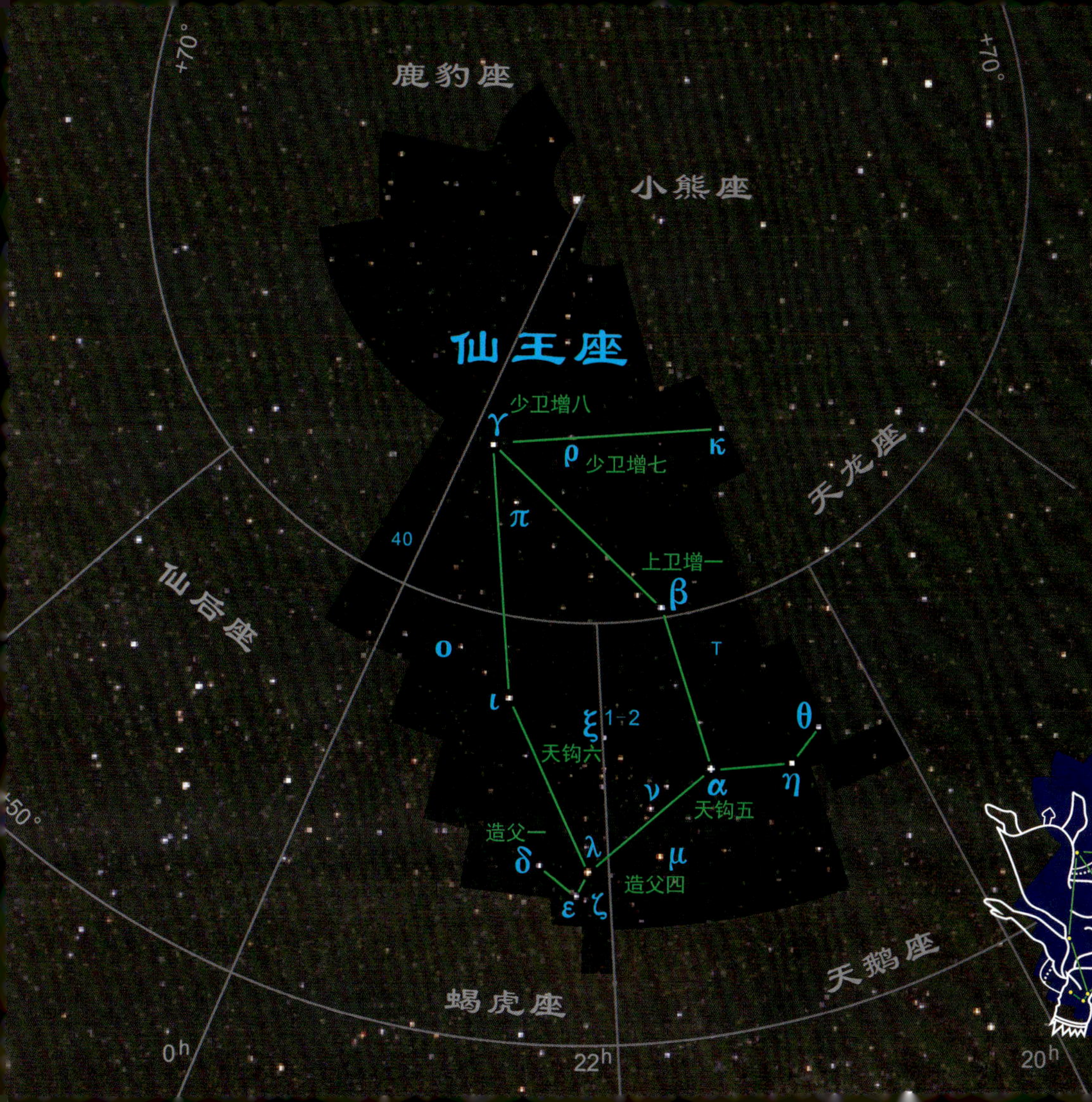

观测月份：9—10月

可见地点：北纬90°～南纬1°

星座位置：北天(22h，+70°)

目测宽度：

目测深度：

面积位次：588平方度 第27位

主要恒星：7颗

拜耳/佛氏恒星：43颗

有行星的恒星：1颗

3等以上亮星：1颗

最亮恒星：α Cep，星等2.45

梅西耶天体：0个

重点观测：β 星(上卫增一)
δ 星(造父一)
μ 星(石榴星/造父四)

流星雨：无

星座想象图：
国王西福斯

鲸鱼座
Cetus(Cet)

鲸鱼座
Cetus(Cet)

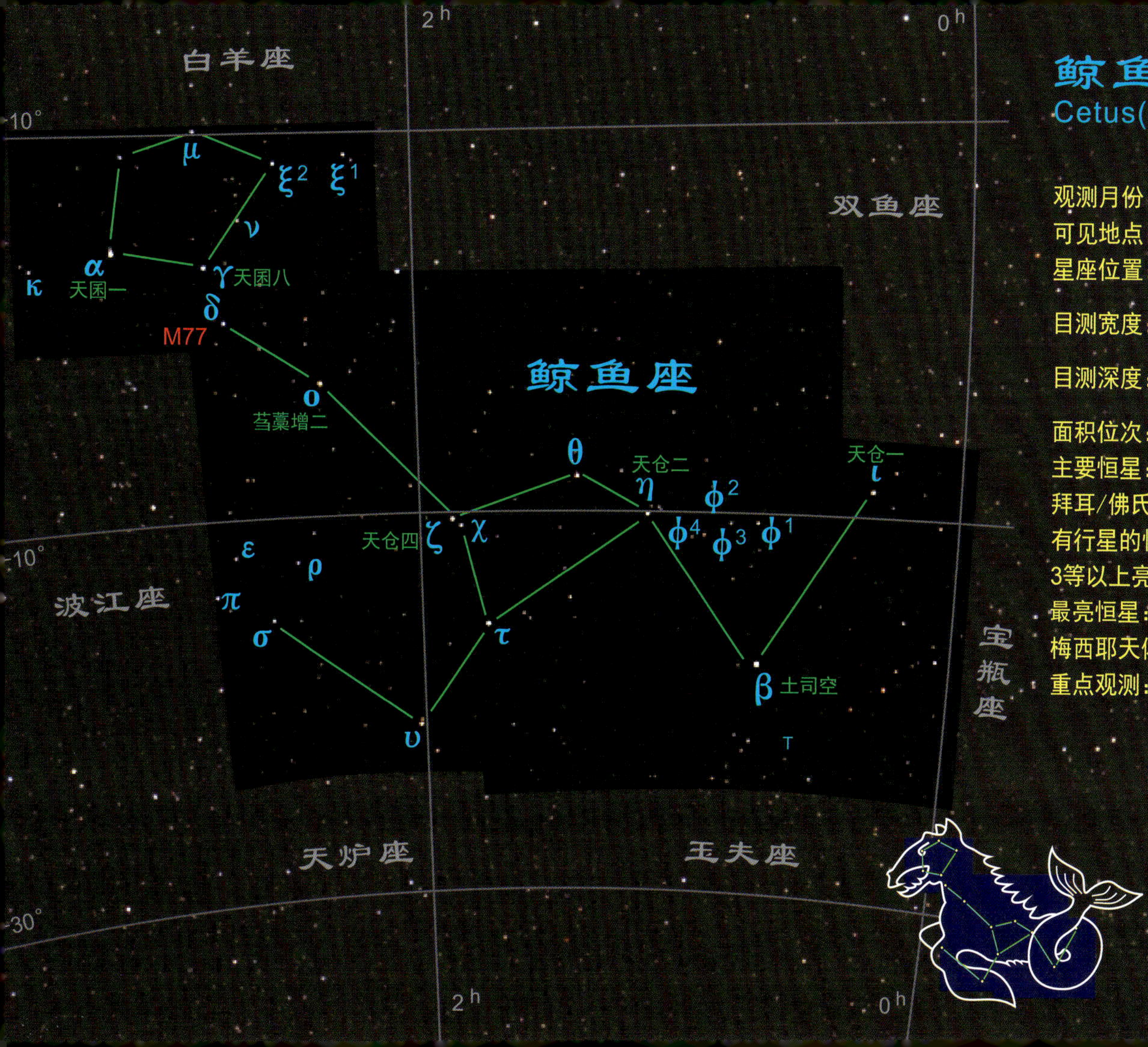

观测月份： 10—12月

可见地点： 北纬65°～南纬80°

星座位置： 南天（1.5^h，－10°）

目测宽度：

目测深度：

面积位次： 1231平方度 第4位

主要恒星： 15颗

拜耳/佛氏恒星： 88颗

有行星的恒星： 23颗

3等以上亮星： 2颗

最亮恒星： β Cet，星等2.04

梅西耶天体： 1个

重点观测： ο星（刍藁增二）
τ星（天仓五）
M77（塞弗特星系）

流星雨：
鲸鱼座十月、η、ο流星雨

星座想象图：
希腊神话中的海怪

# 蝘蜓座
Chamaeleon(Cha)

蝘蜓座

Chamaeleon(Cha)

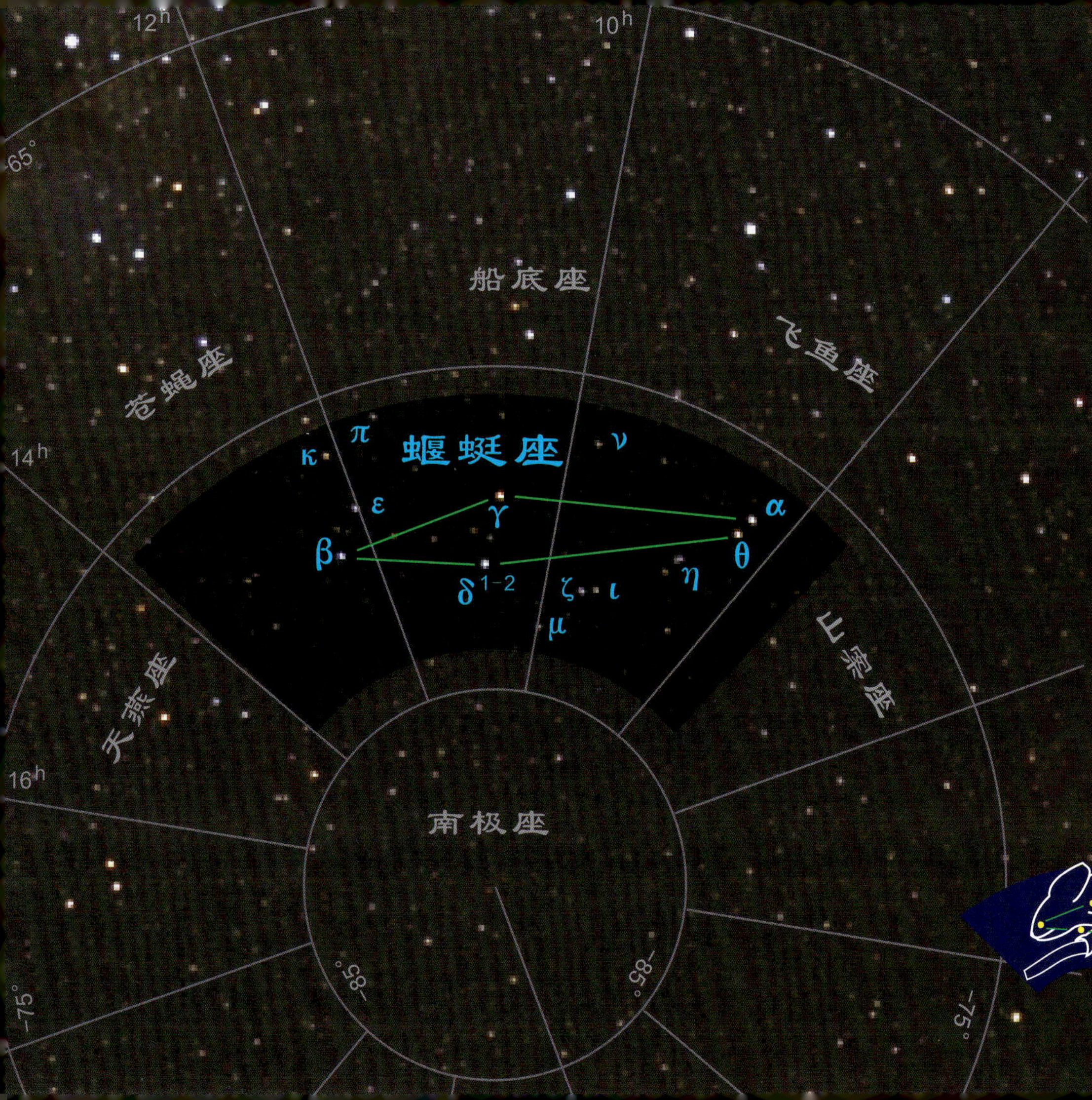

观测月份：3—5月

可见地点：北纬7°～南纬90°

星座位置：南天（11^h，－80°）

目测宽度：

目测深度：

面积位次：132平方度 第79位

主要恒星：3颗

拜耳/佛氏恒星：16颗

有行星的恒星：1颗

3等以上亮星：0颗

最亮恒星：αCha，星等4.05

梅西耶天体：0个

重点观测：δ星
NGC3195

流星雨：无

星座想象图：
天穹上会变色的
蜥蜴

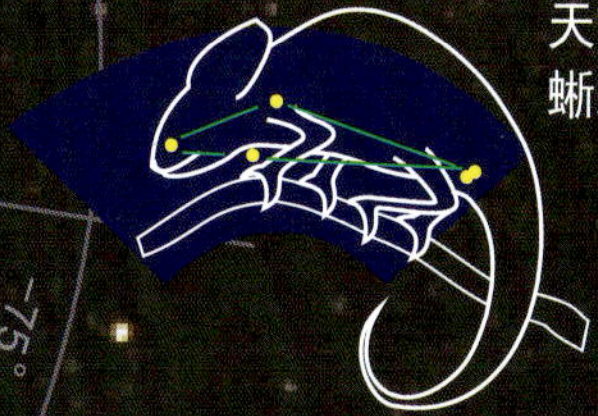

# 圆规座
Circinus(Cir)

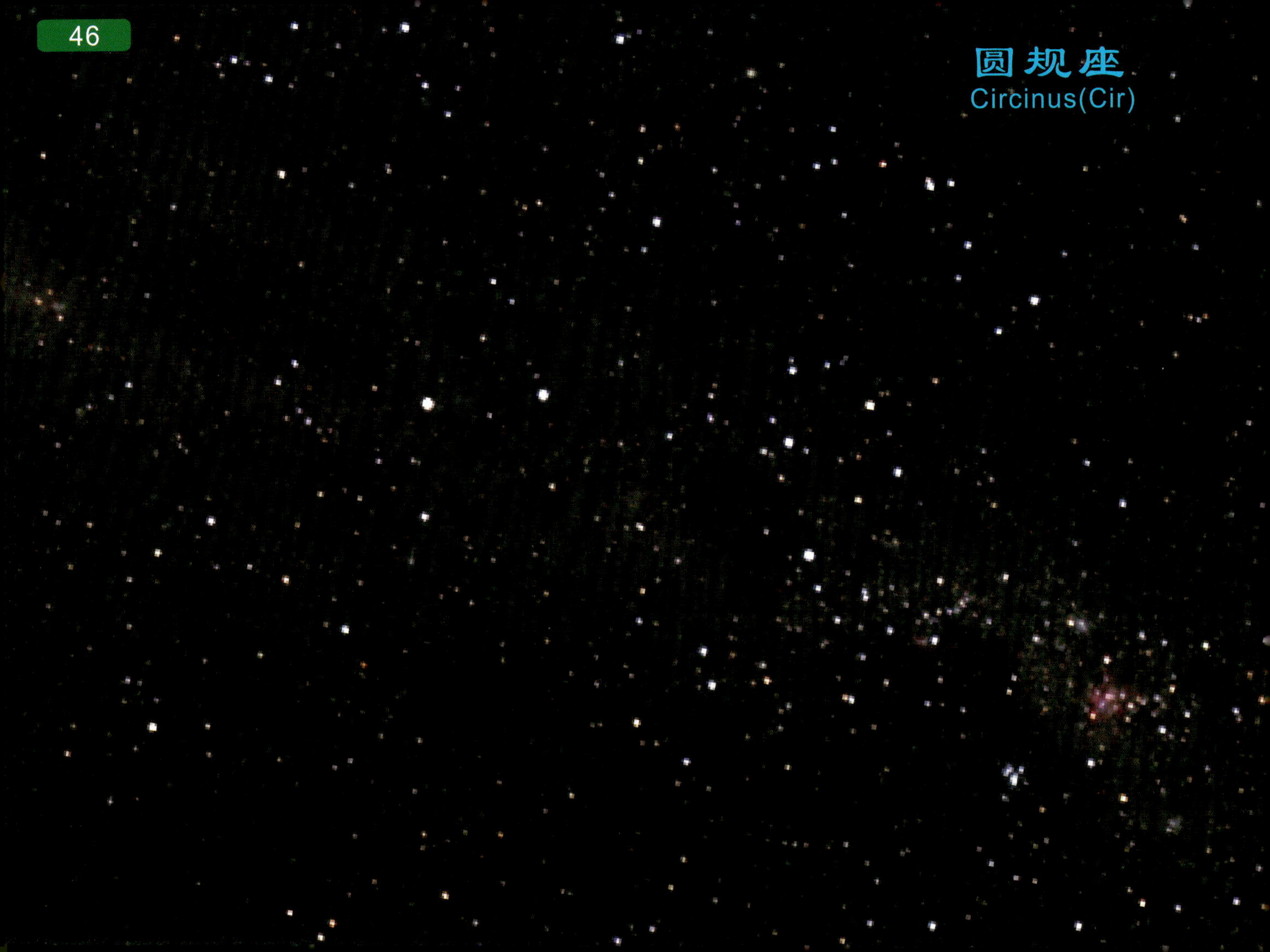

圆规座

Circinus(Cir)

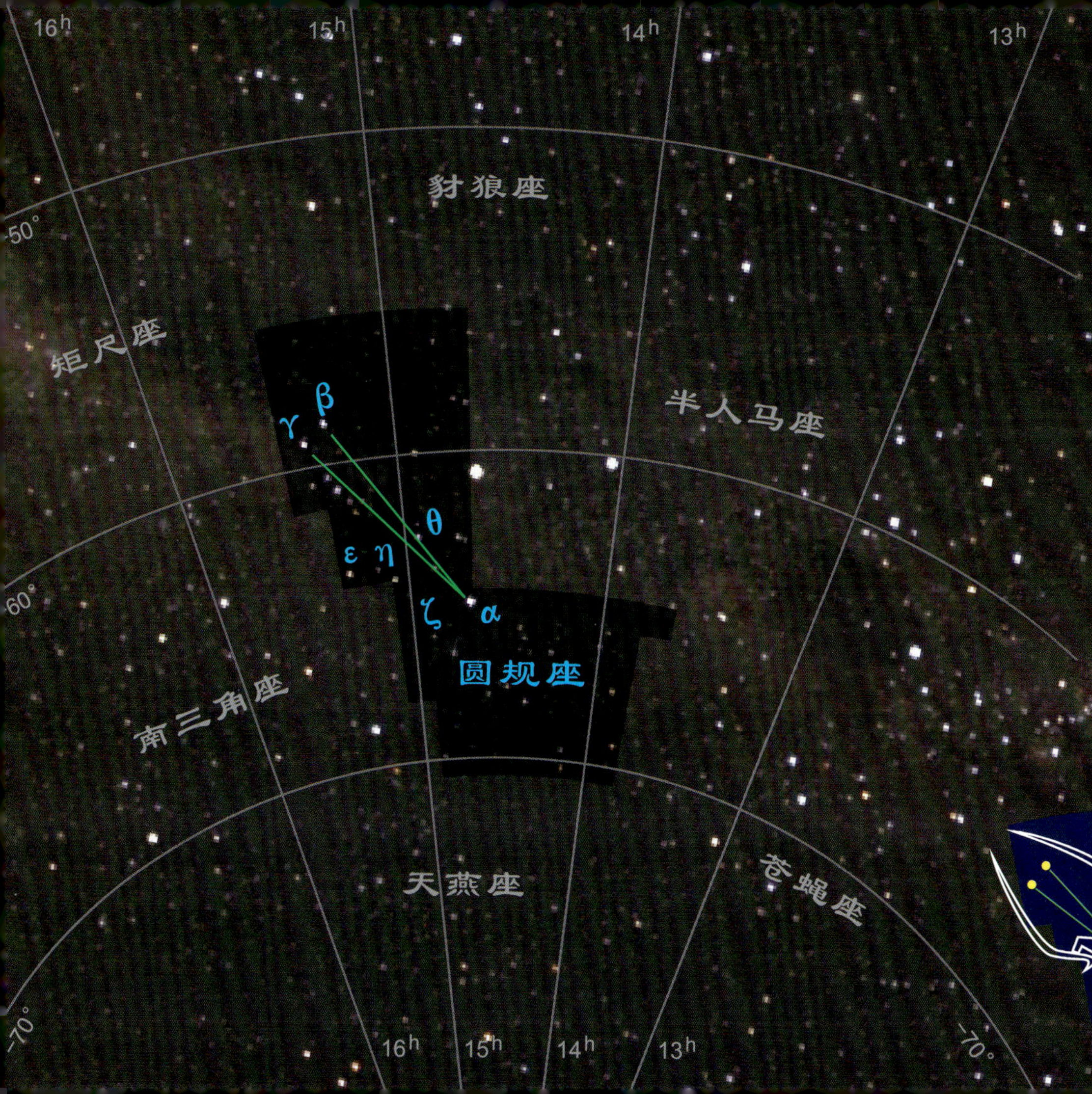

观测月份：4—6月

可见地点：北纬20°～南纬90°

星座位置：南天(15^h，-60°)

目测宽度：

目测深度：

面积位次：93平方度 第85位

主要恒星：3颗

拜耳/佛氏恒星：9颗

有行星的恒星：2颗

3等以上亮星：0颗

最亮恒星：α Cir，星等3.19

梅西耶天体：0个

重点观测：α星

流星雨：

圆规座α流星雨

星座想象图：

测量制图用的分规

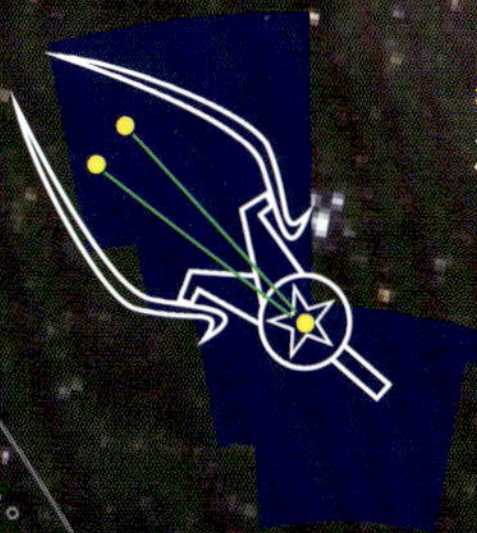

# 天鸽座
Columba(Col)

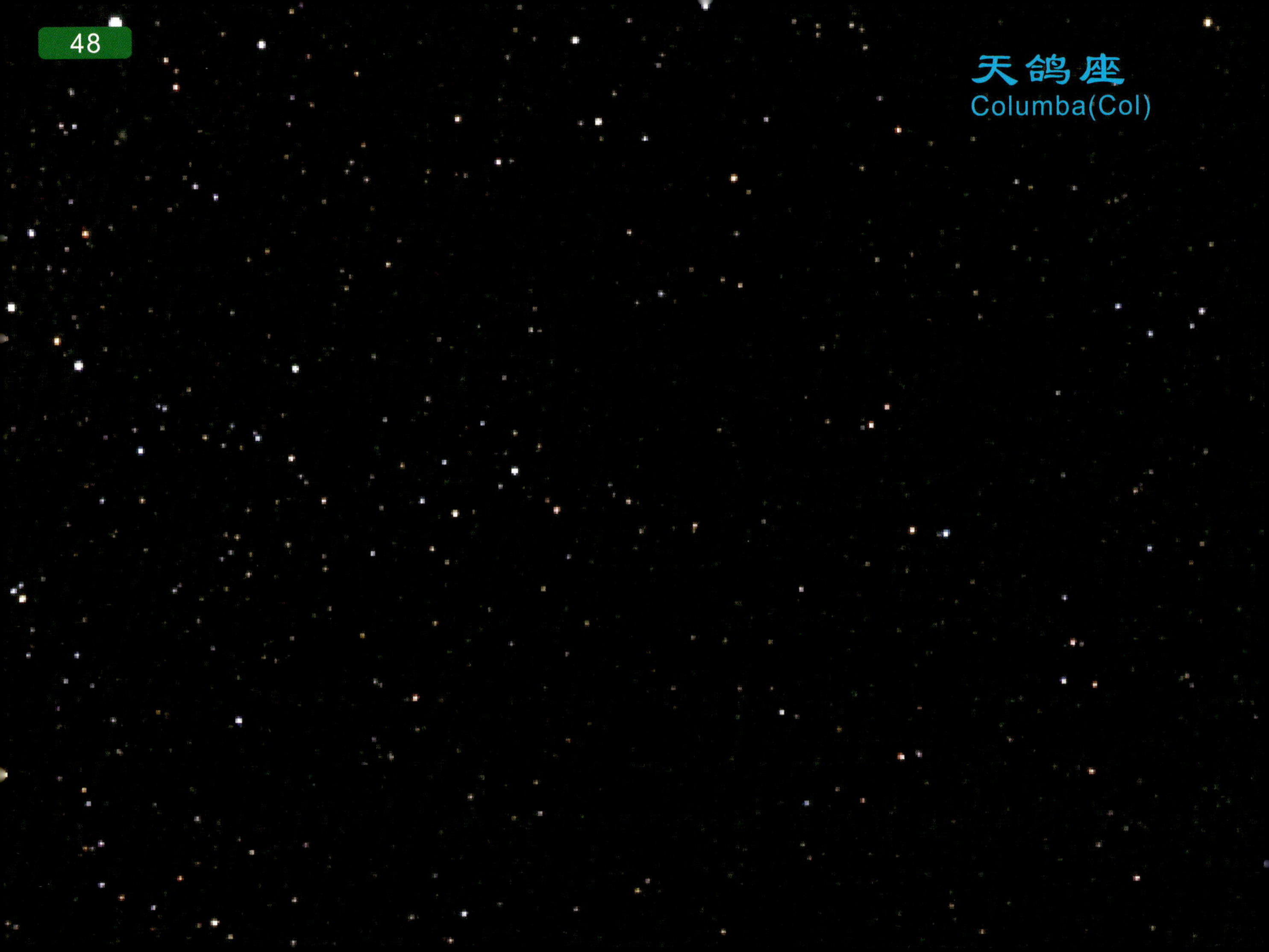

天鸽座
Columba(Col)

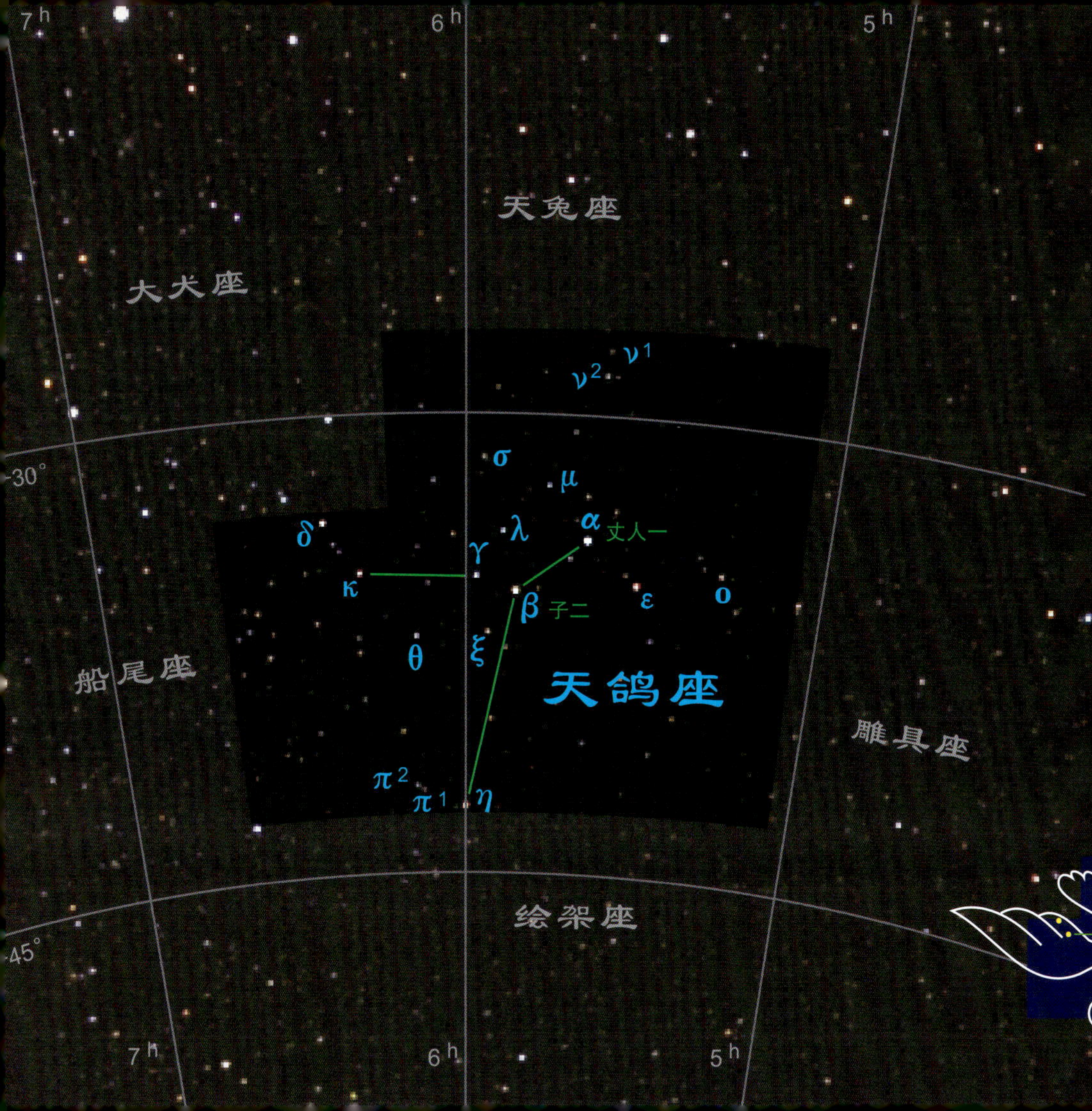

观测月份：12—2月

可见地点：北纬47°～南纬90°

星座位置：南天(6h，－35°)

目测宽度：

目测深度：

面积位次：270平方度 第54位

主要恒星：5颗

拜耳/佛氏恒星：18颗

有行星的恒星：1颗

3等以上亮星：1颗

最亮恒星：α Col，星等2.65

梅西耶天体：0个

重点观测：α星(丈人一)
μ星

流星雨：无

星座想象图：
诺亚放出的鸽子

后发座
Coma Berenices(Com

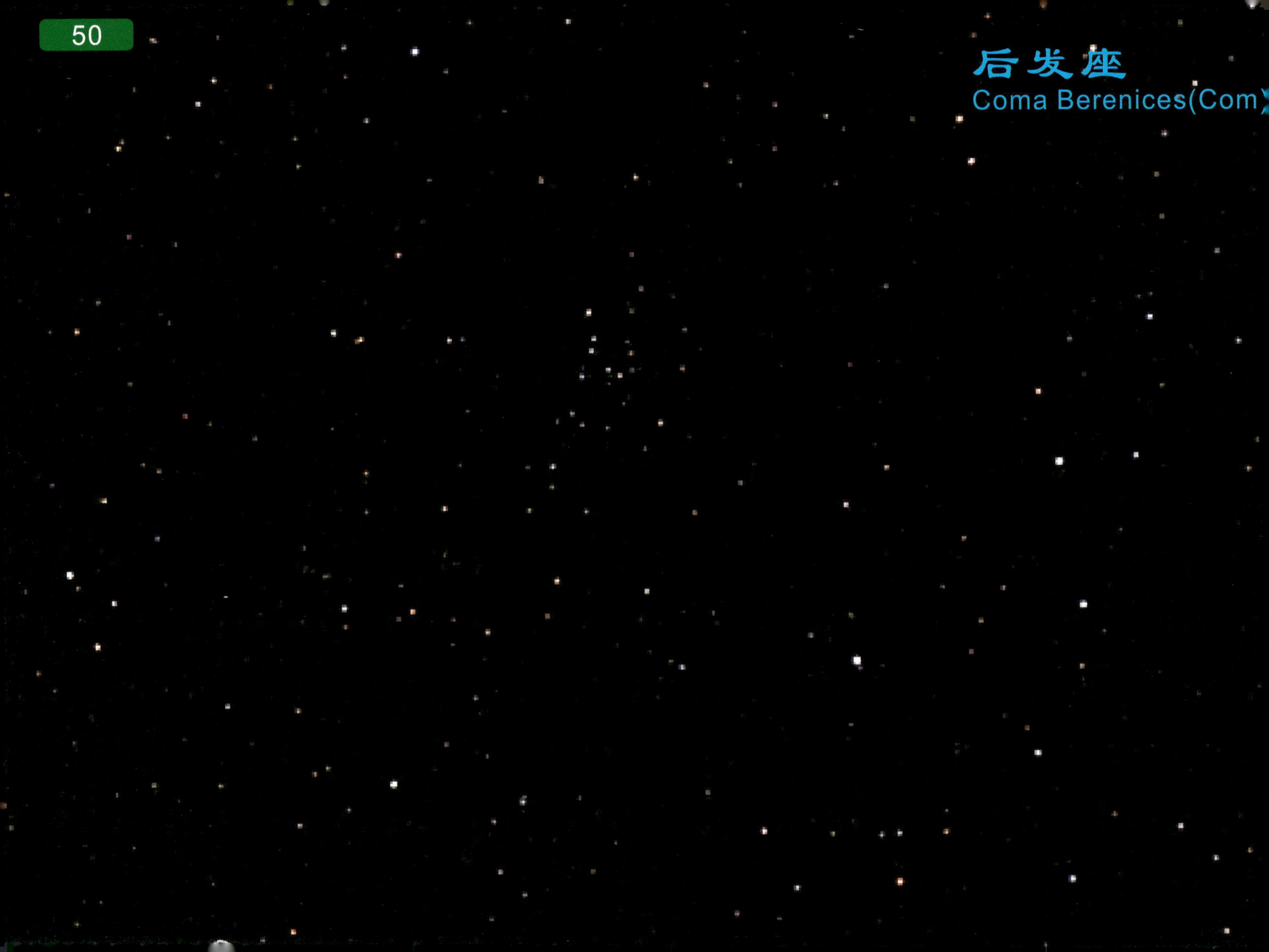

后发座
Coma Berenices(Com)

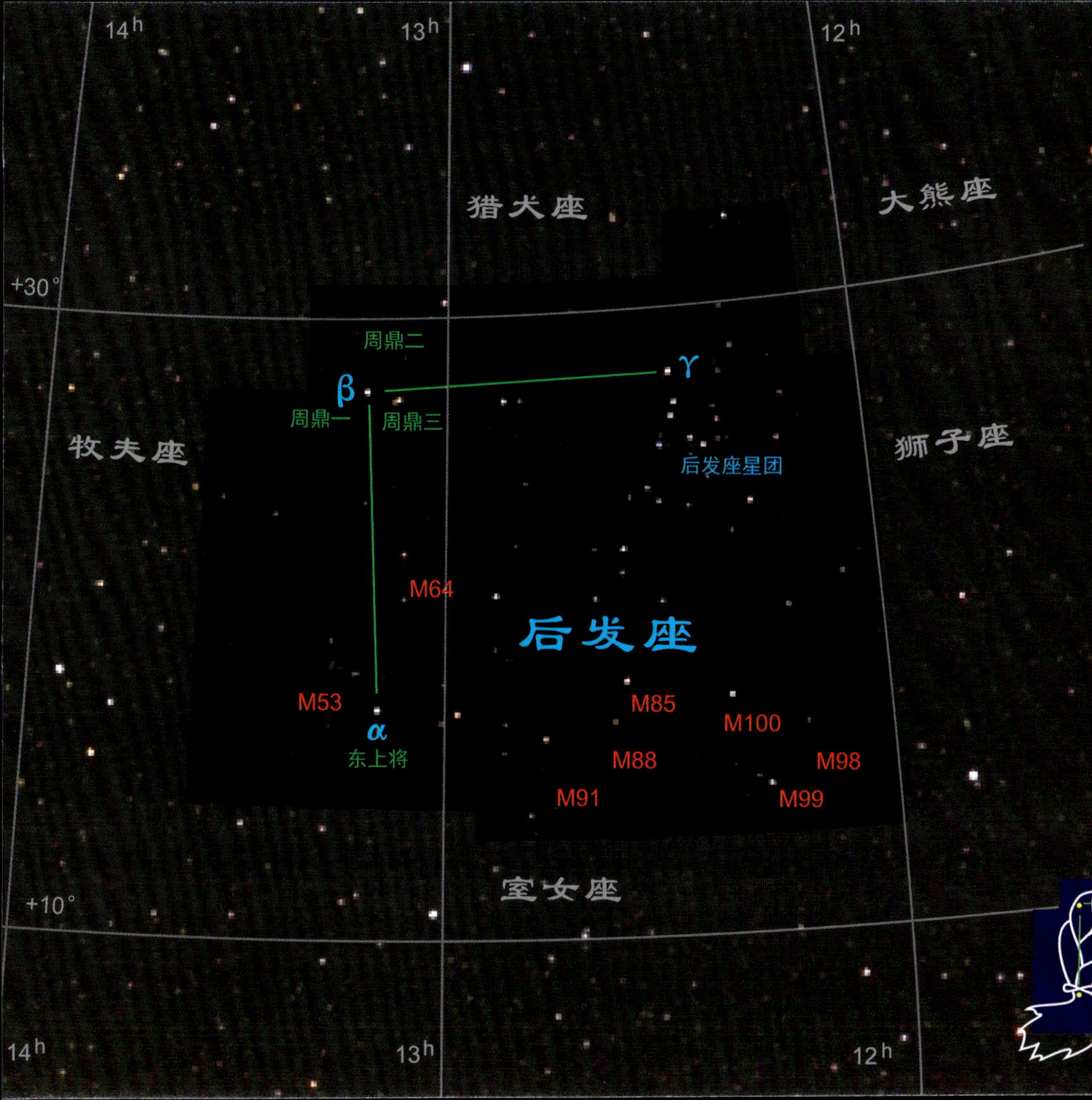

观测月份：4—5月

可见地点：北纬90°～南纬56°

星座位置：北天（13^h，+20°）

目测宽度：

目测深度：

面积位次：386平方度 第42位

主要恒星：3颗

拜耳/佛氏恒星：44颗

有行星的恒星：5颗

3等以上亮星：0颗

最亮恒星：β Com，星等4.26

梅西耶天体：8个

重点观测：M64（旋涡星系）
后发座星团

流星雨：
后发座流星雨

星座想象图：
埃及皇后贝勒奈斯的头发

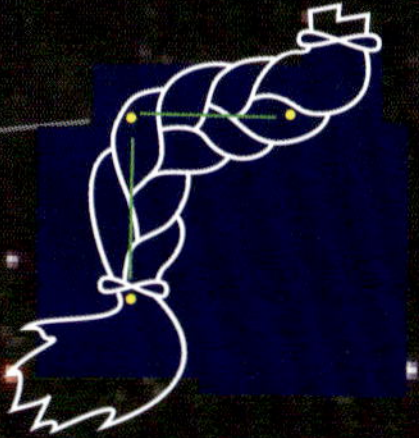

南冕座
Corona Austrina(CrA)

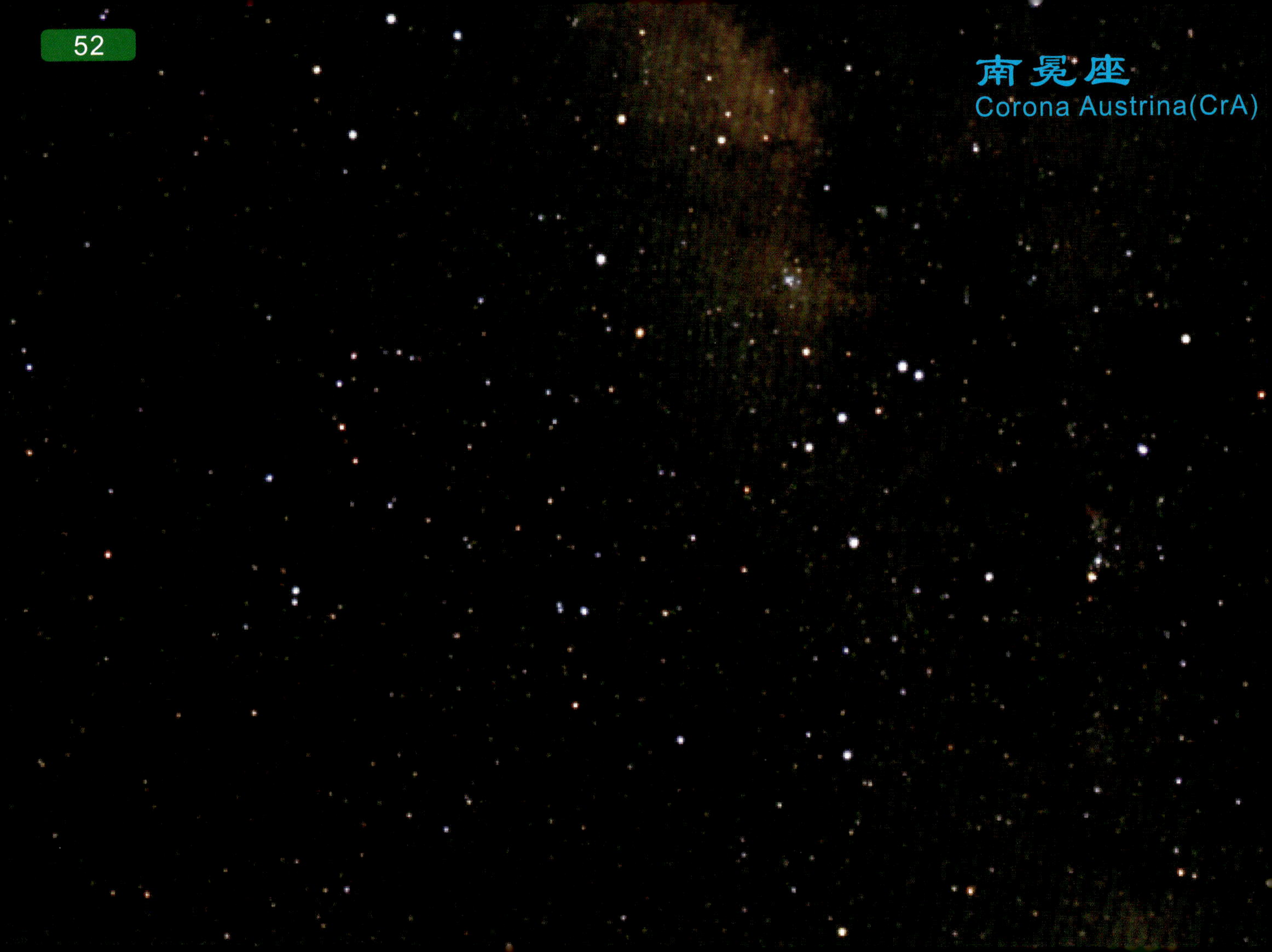

南冕座
Corona Austrina(CrA)

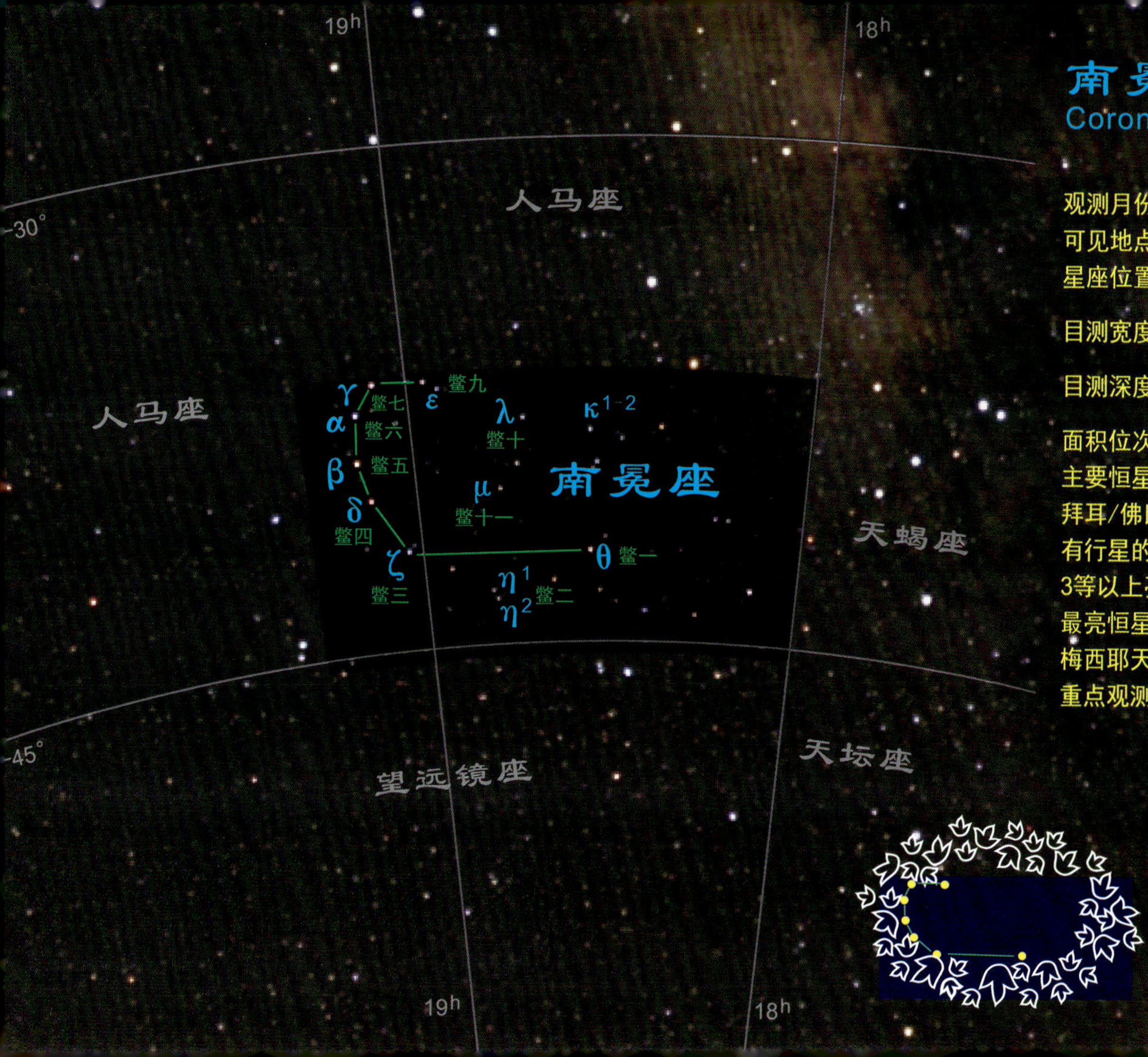

观测月份：6—8月

可见地点：北纬44°～南纬90°

星座位置：南天(18.5h，-40°)

目测宽度：

目测深度：

面积位次：128平方度 第80位

主要恒星：6颗

拜耳/佛氏恒星：14颗

有行星的恒星：2颗

3等以上亮星：0颗

最亮恒星：αCrA，星等4.1

梅西耶天体：0个

重点观测：γ星
κ星
NGC6541

流星雨：
南冕座流星雨

星座想象图：
人马座前蹄上的花环

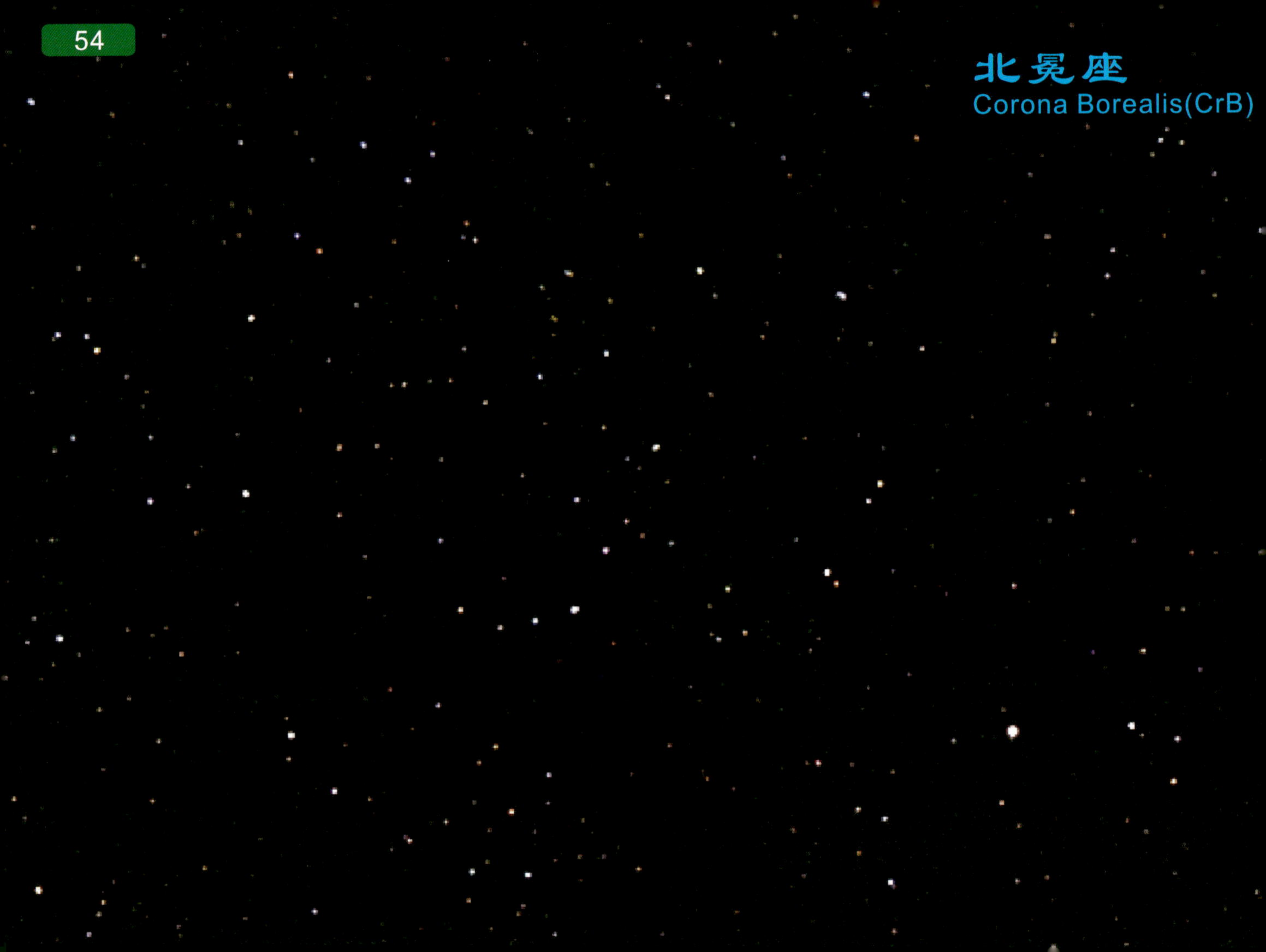

北冕座
Corona Borealis(CrB)

北冕座
Corona Borealis(CrB)

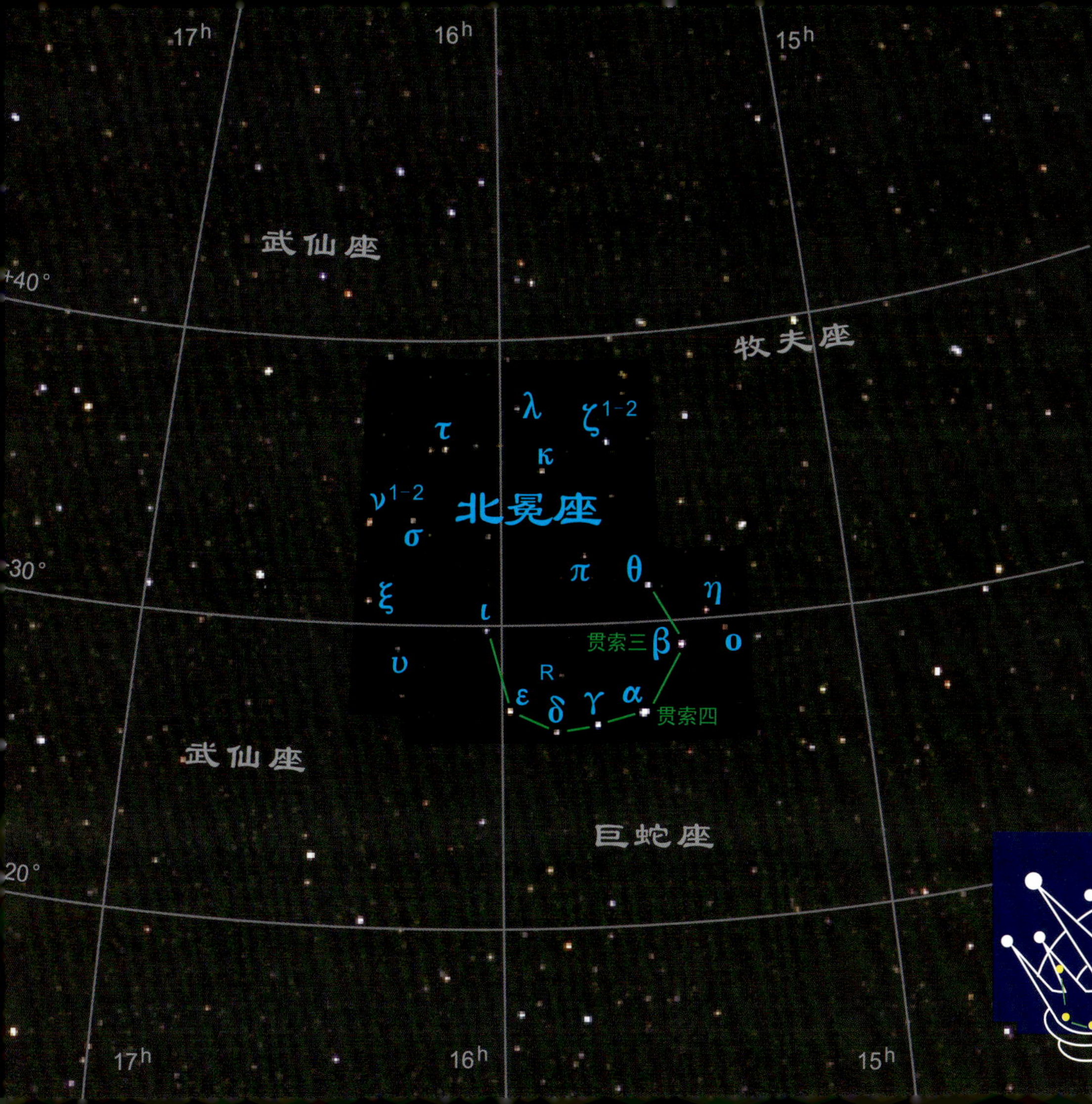

观测月份：5—7月
可见地点：北纬90°～南纬50°
星座位置：北天（16h，+30°）
目测宽度：
目测深度：
面积位次：179平方度　第73位
主要恒星：8颗
拜耳/佛氏恒星：24颗
有行星的恒星：5颗
3等以上亮星：4颗
最亮恒星：αCrB，星等2.21
梅西耶天体：0个
重点观测：ζ星
υ星
R
流星雨：无
星座想象图：
公主阿里阿德涅的华冠

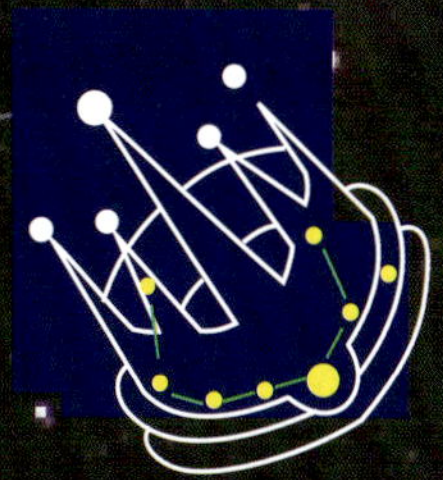

# 乌鸦座
Corvus(Crv)

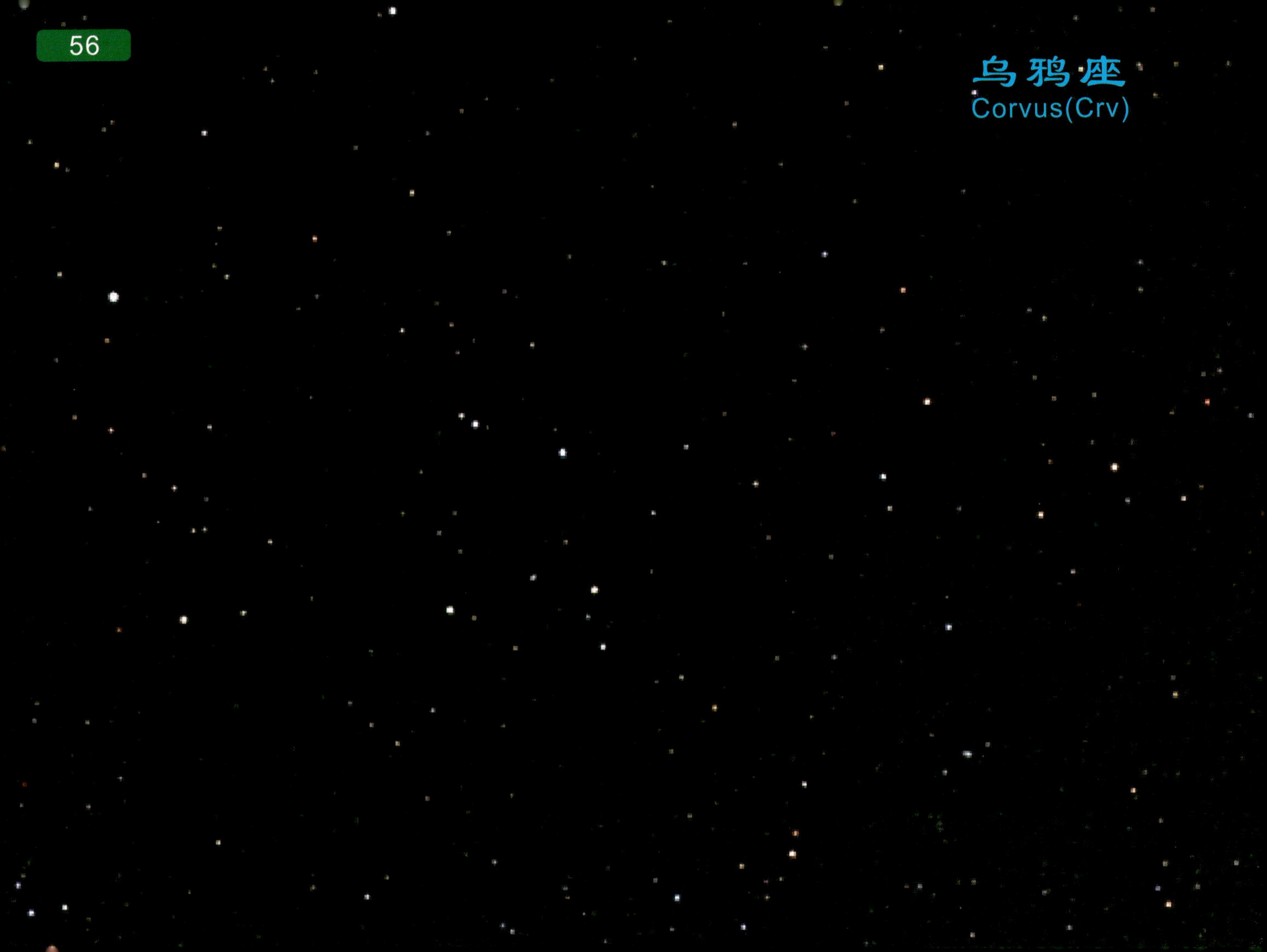

乌鸦座
Corvus(Crv)

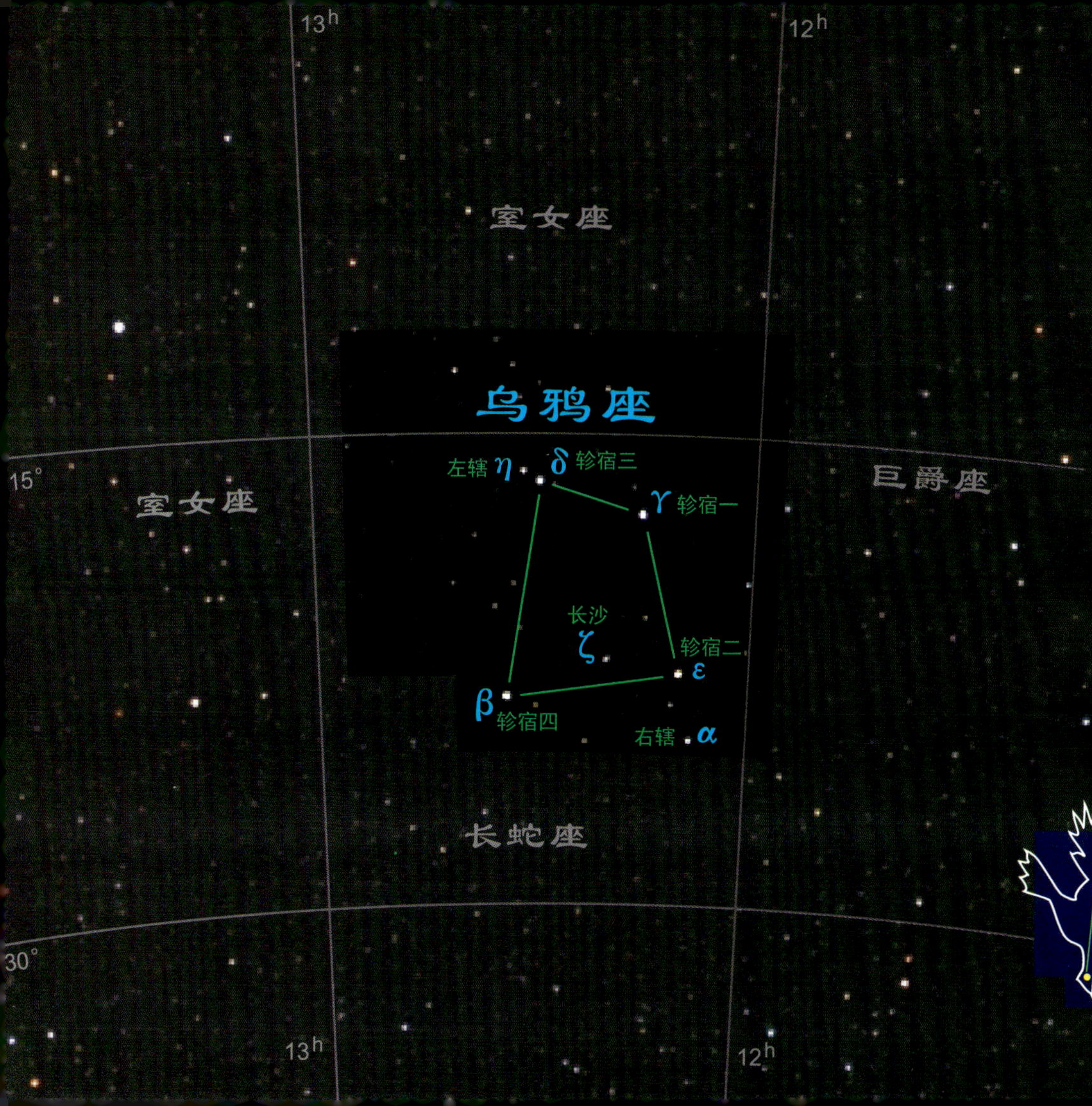

观测月份：3—5月

可见地点：北纬65°～南纬90°

星座位置：南天(12.5h，－20°)

目测宽度：

目测深度：

面积位次：184平方度 第70位

主要恒星：4颗

拜耳/佛氏恒星：10颗

有行星的恒星：2颗

3等以上亮星：3颗

最亮恒星：γ Crv，星等2.59

梅西耶天体：0个

重点观测：δ 星(轸宿三)
NGC4038
NGC4039

流星雨：
乌鸦座流星雨
乌鸦座 η 流星雨

星座想象图：
阿波罗派去取水的乌鸦

# 巨爵座
Crater(Crt)

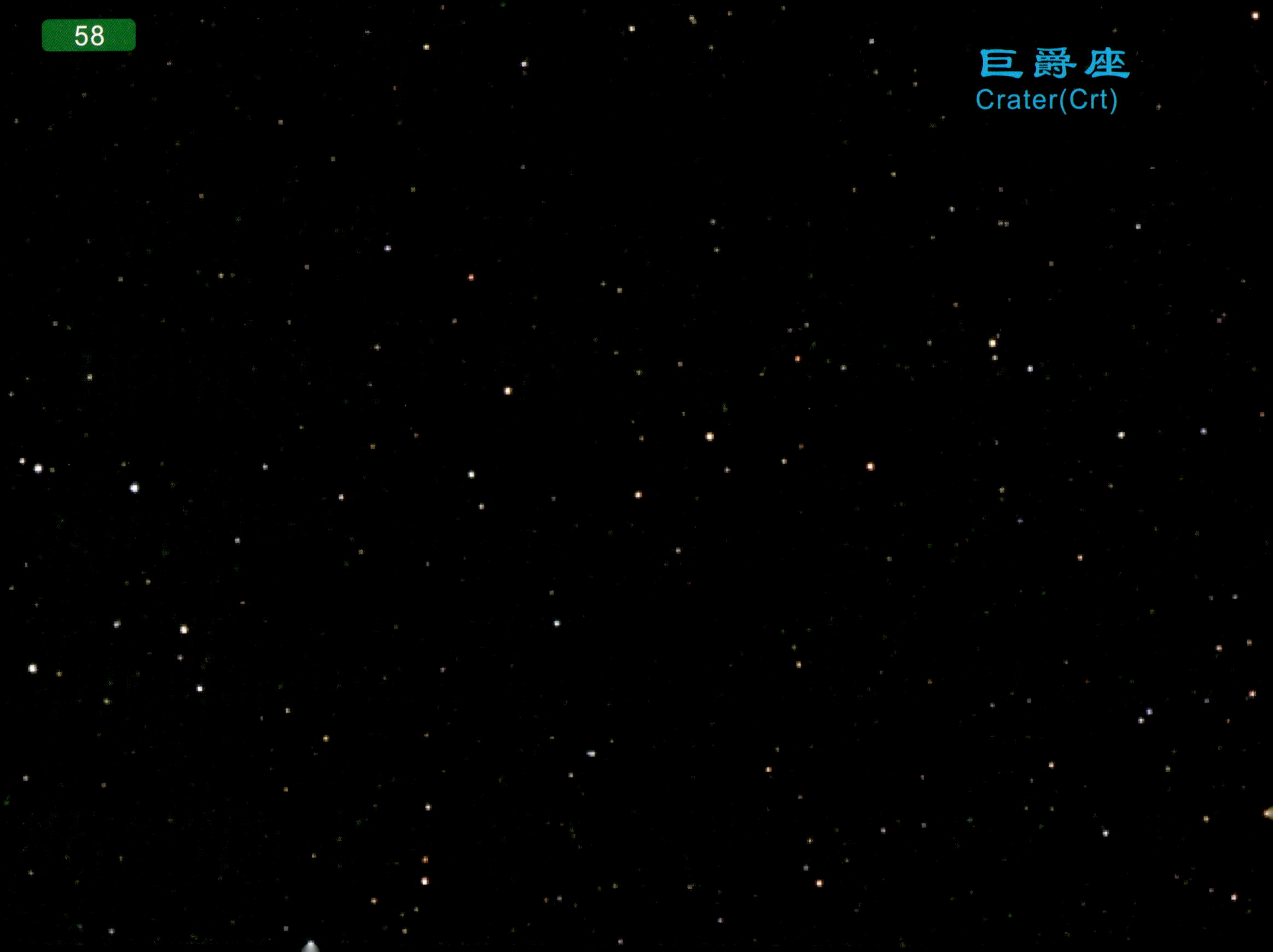

巨爵座

Crater(Crt)

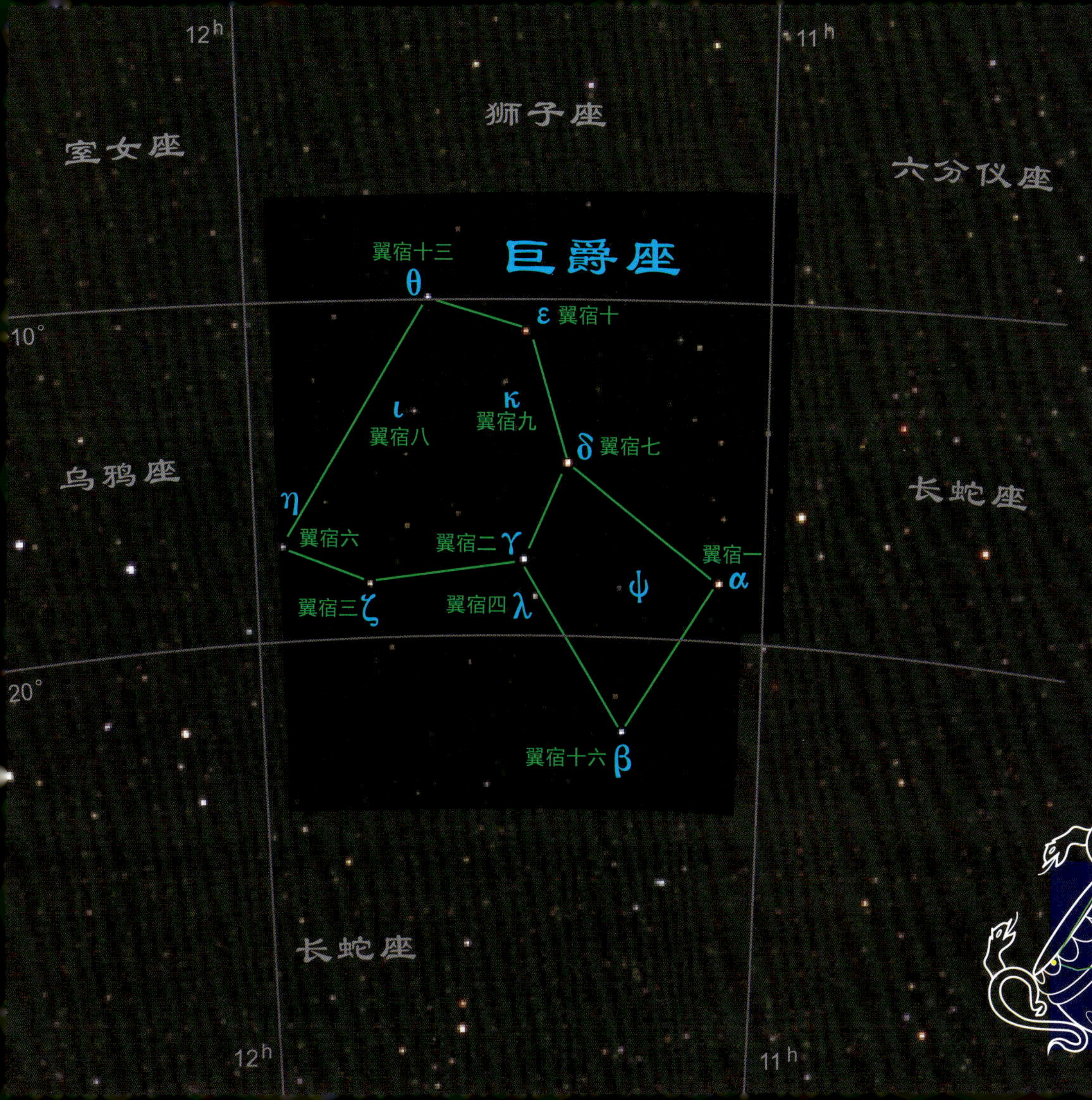

观测月份：3—5月

可见地点：北纬65°～南纬90°

星座位置：南天（11.5^h，－15°）

目测宽度：

目测深度：

面积位次：282平方度 第53位

主要恒星：4颗

拜耳/佛氏恒星：12颗

有行星的恒星：7颗

3等以上亮星：0颗

最亮恒星：δ Crt，星等3.57

梅西耶天体：0个

重点观测：δ 星

流星雨：

巨爵座 η 流星雨

星座想象图：

阿波罗的酒杯

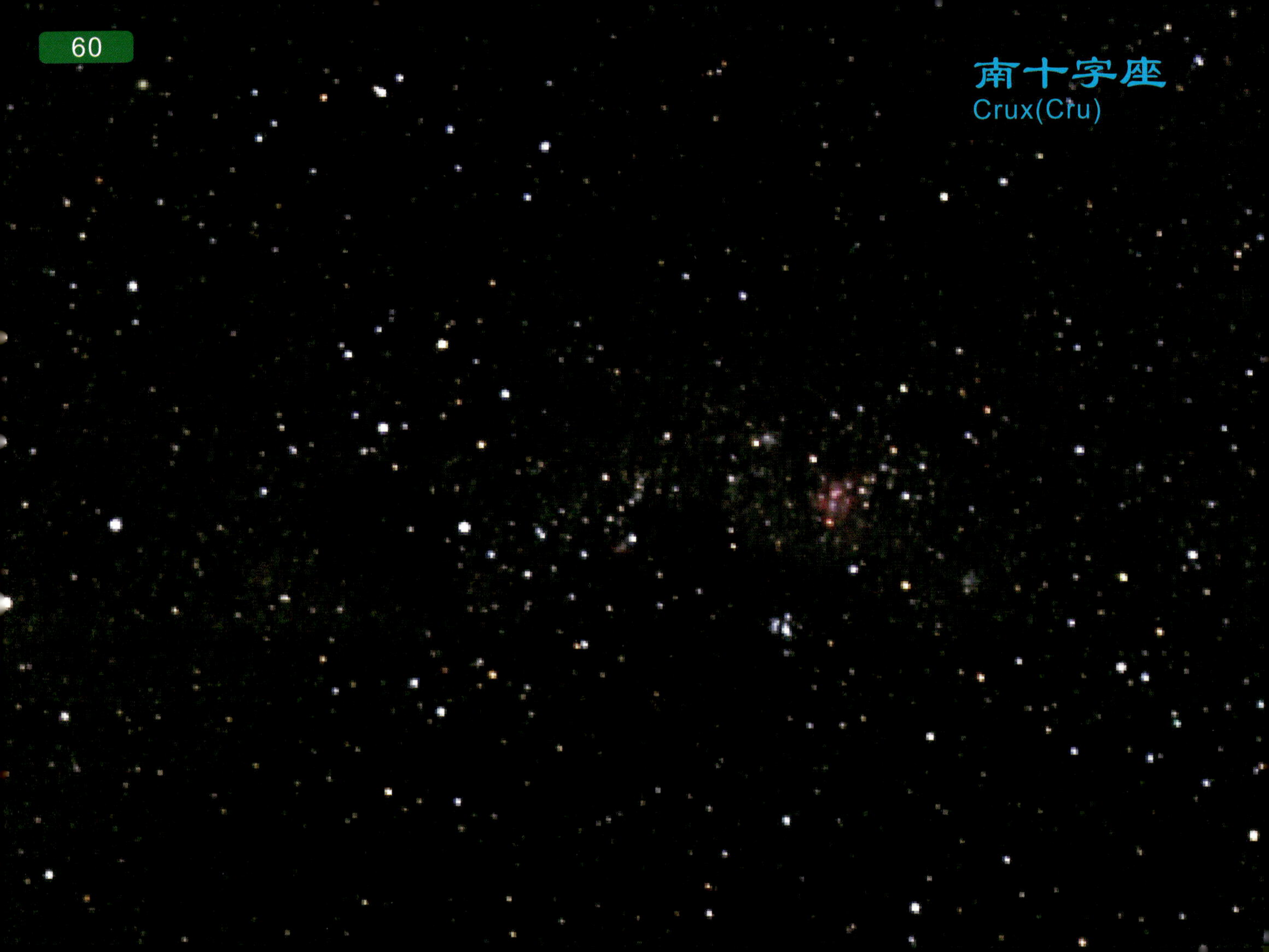

南十字座
Crux(Cru)

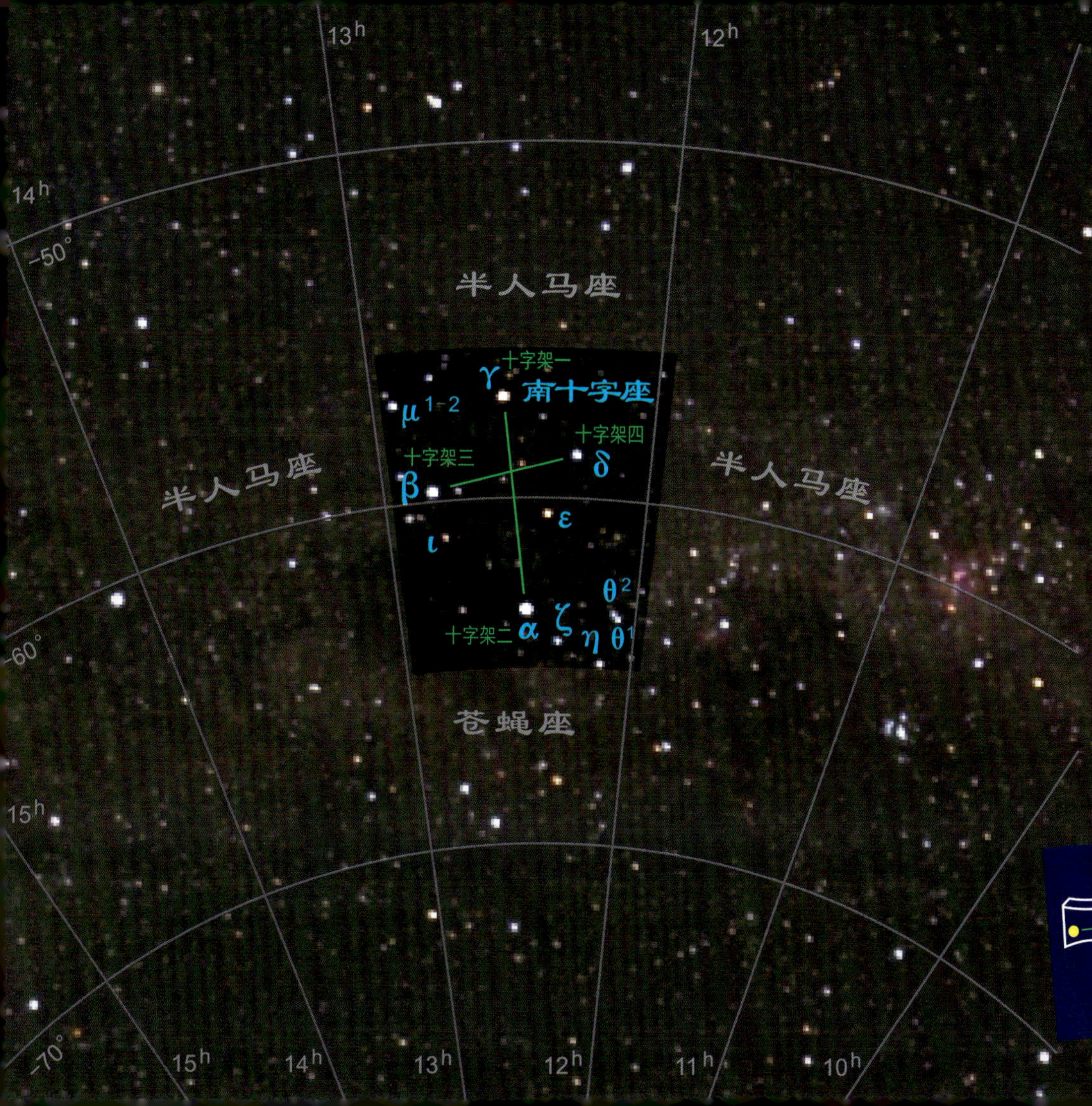

南十字座

Crux(Cru)

观测月份：3—5月

可见地点：北纬25°～南纬90°

星座位置：南天(12.5h，－60°)

目测宽度：

目测深度：

面积位次：68平方度　第88位

主要恒星：4颗

拜耳/佛氏恒星：19颗

有行星的恒星：2颗

3等以上亮星：5颗

最亮恒星：α Cru，星等0.87

梅西耶天体：0个

重点观测：α星(十字架二)
β星(十字架三)
γ星(十字架一)
ι星
μ星
NGC4755

流星雨：
南十字座流星雨

星座想象图：
半人马后腿一部分

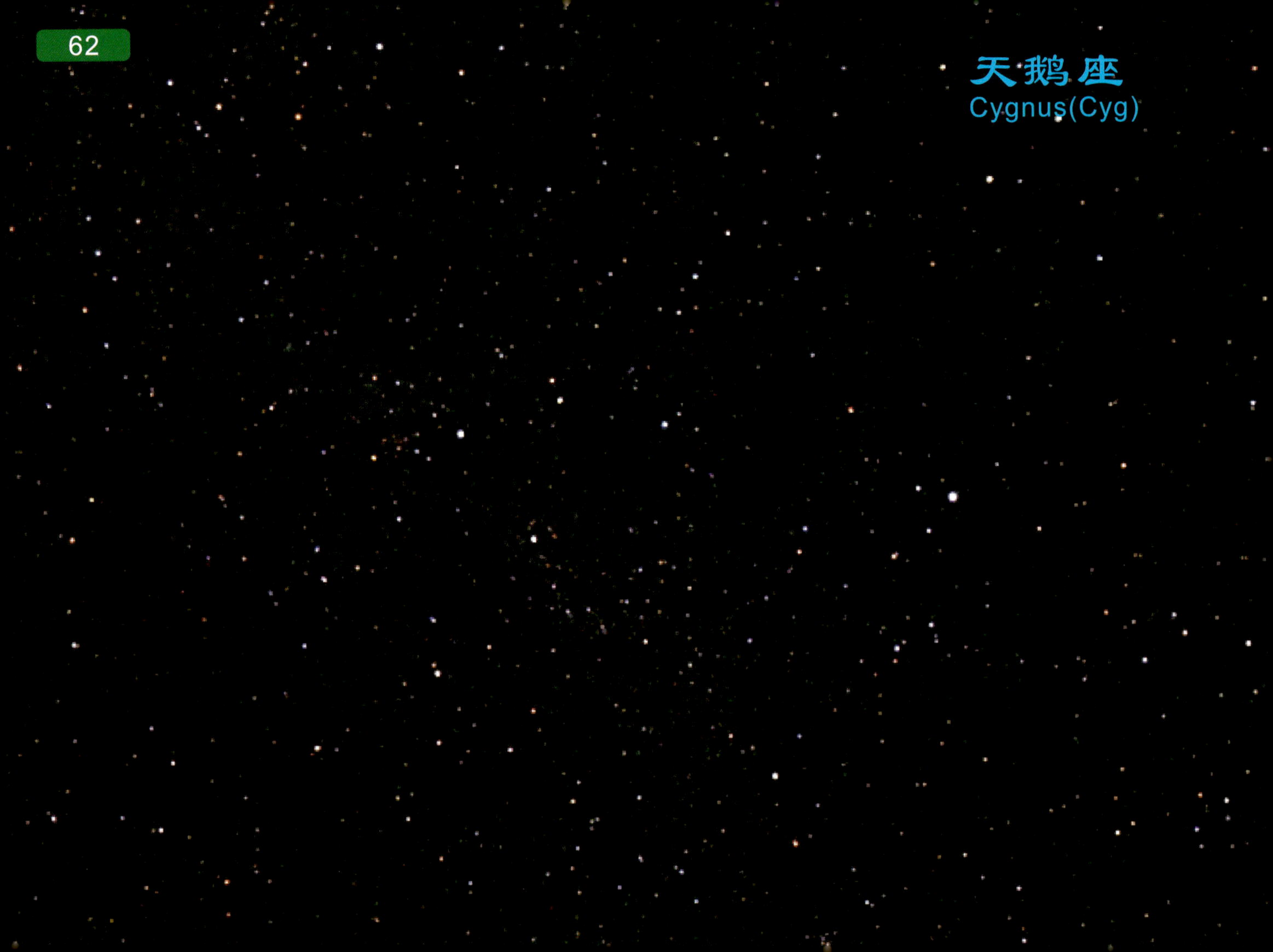
天鹅座
Cygnus(Cyg)

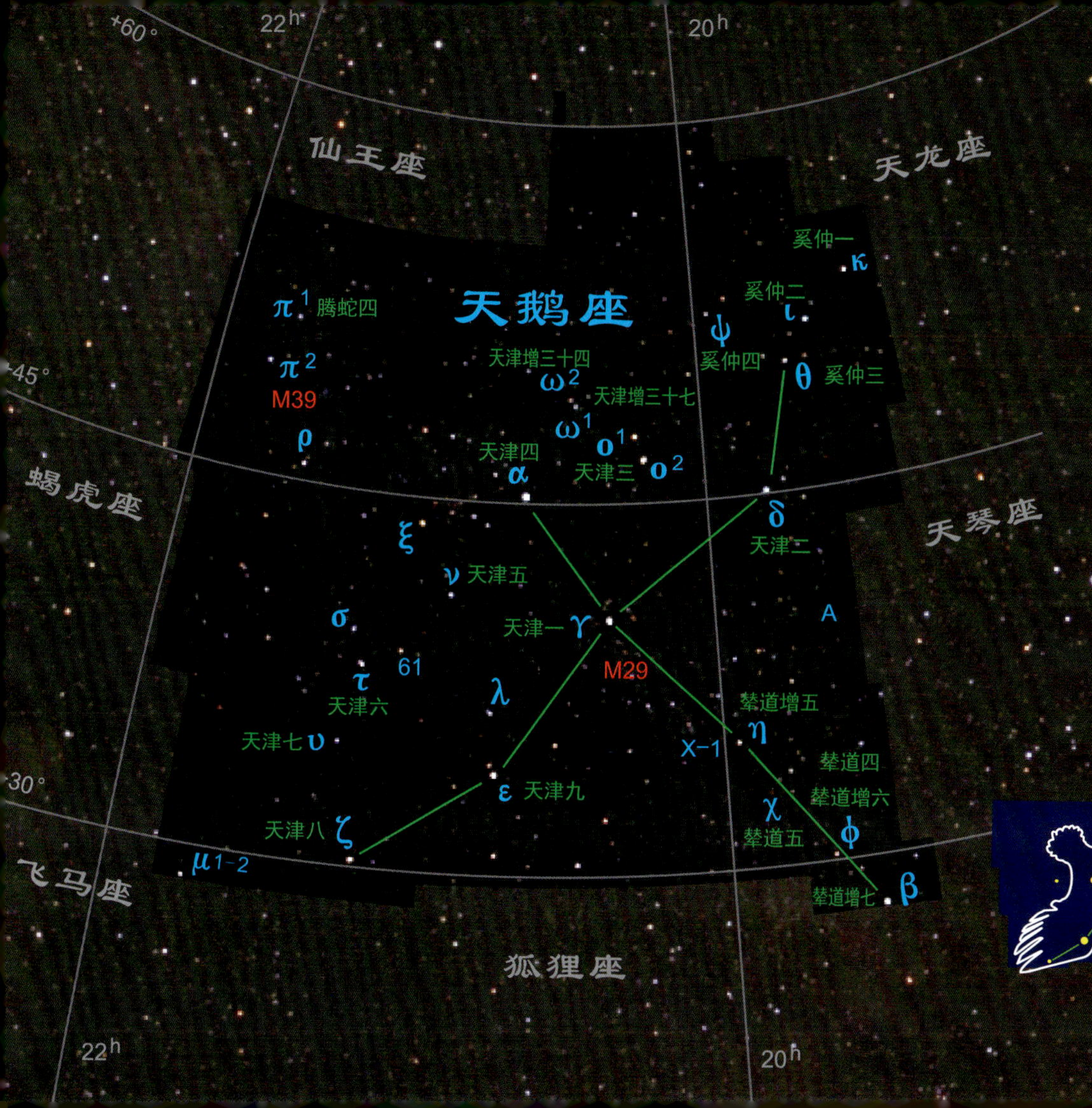

天鹅座

Cygnus(Cyg)

观测月份： 7—9月

可见地点： 北纬90°～南纬29°

星座位置： 北天(20.5ʰ，+45°)

目测宽度：

目测深度：

面积位次： 804平方度 第16位

主要恒星： 9颗

拜耳/佛氏恒星： 84颗

有行星的恒星： 97颗

3等以上亮星： 4颗

最亮恒星： α Cyg，星等1.25

梅西耶天体： 2个

重点观测： α星(天津四)
β星(辇道增七)
o¹ (天津三)
χ星(辇道五)
61、A、X-1
M39(疏散星团)
NGC6826
NGC6992
NGC7000

流星雨： 天鹅座十月、κ流星雨

星座想象图： 宙斯化身的天鹅

海豚座

Delphinus(Del)

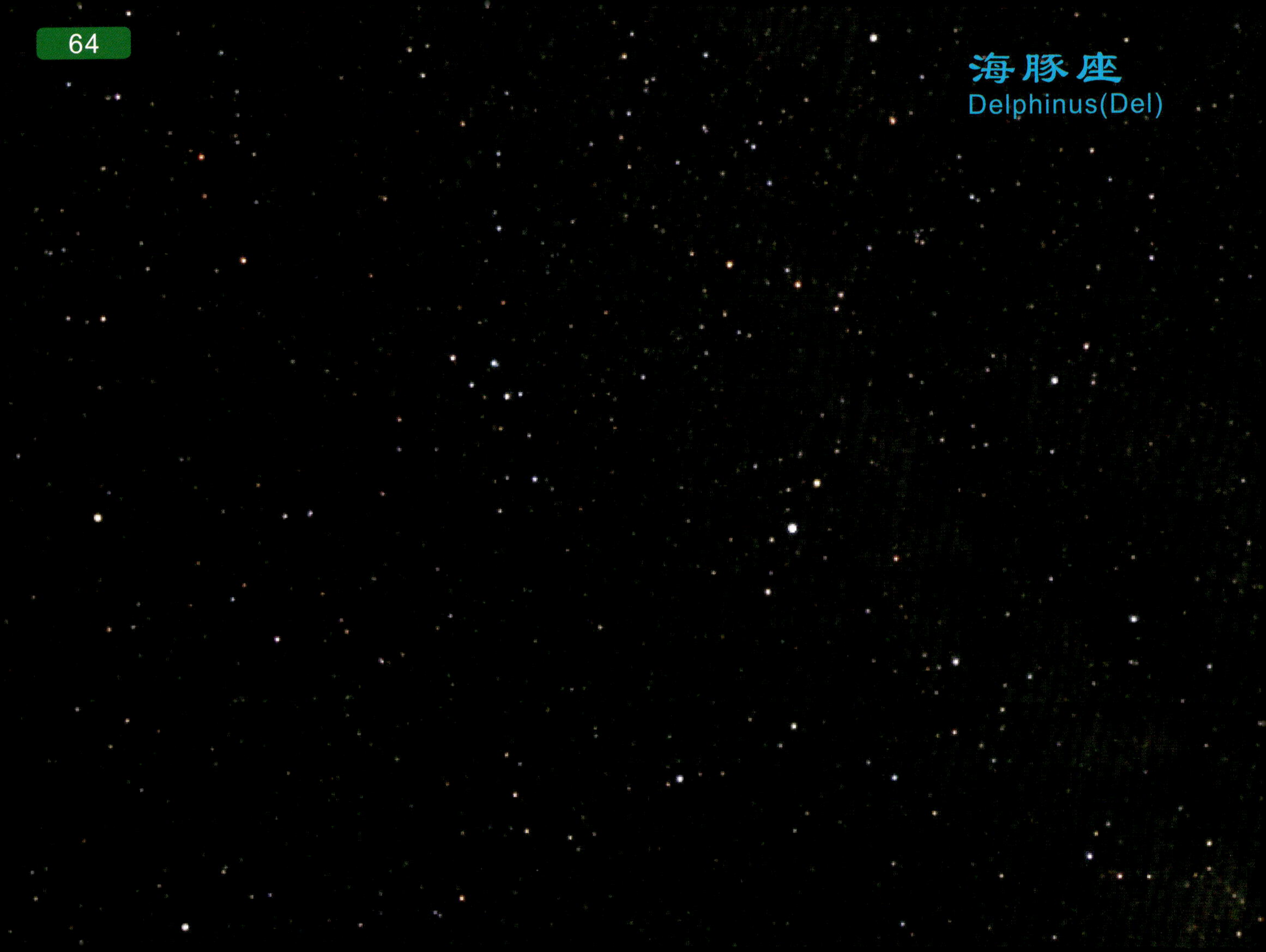

海豚座

Delphinus(Del)

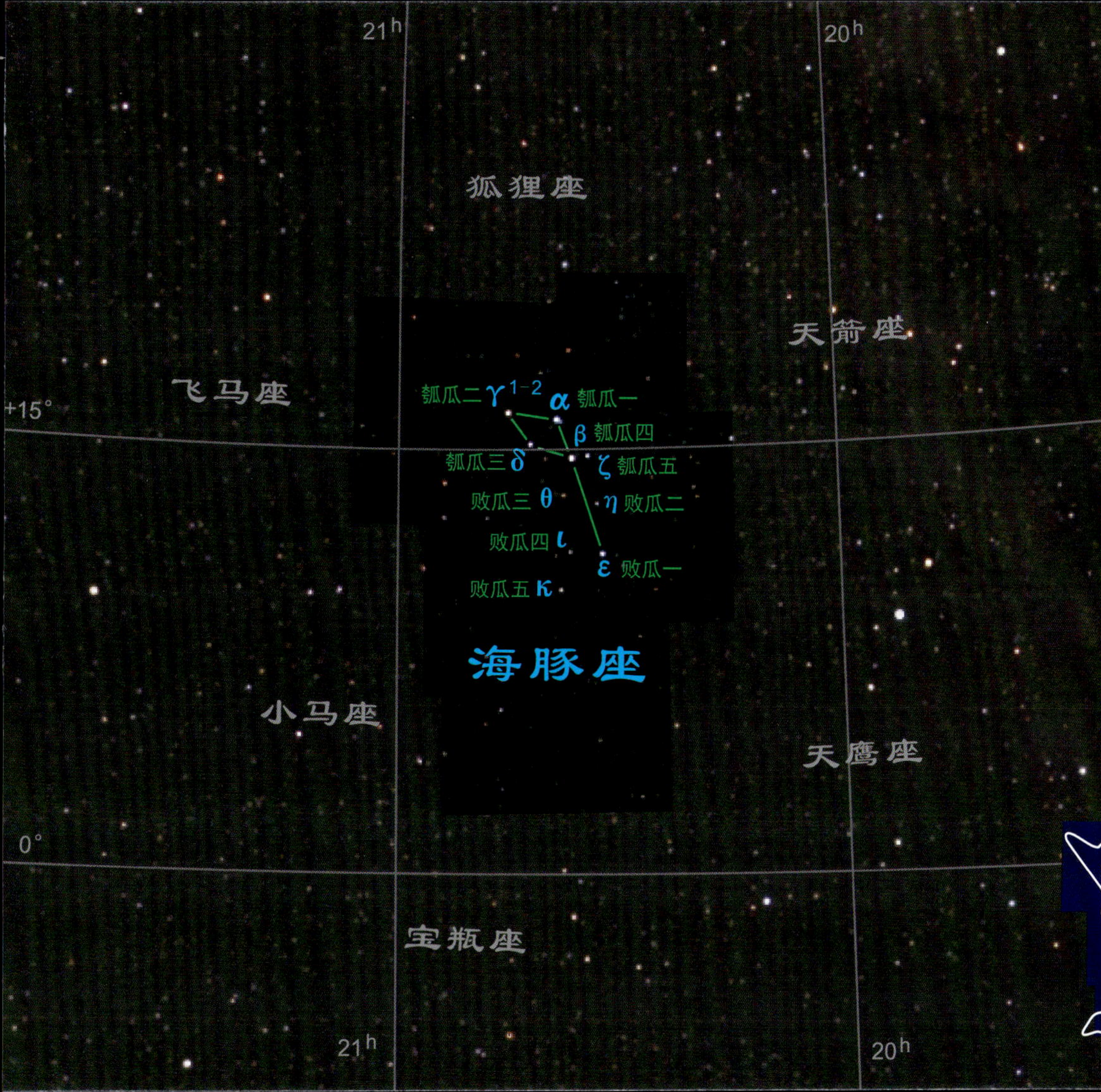

观测月份：7—9月

可见地点：北纬90°～南纬69°

星座位置：北天(20.5h，+15°)

目测宽度：

目测深度：

面积位次：189平方度 第69位

主要恒星：5颗

拜耳/佛氏恒星：19颗

有行星的恒星：5颗

3等以上亮星：0颗

最亮恒星：β Del，星等3.63

梅西耶天体：0个

重点观测：α 星(瓠瓜一)
β 星(瓠瓜四)
γ 星(瓠瓜二)
δ 星(瓠瓜三)

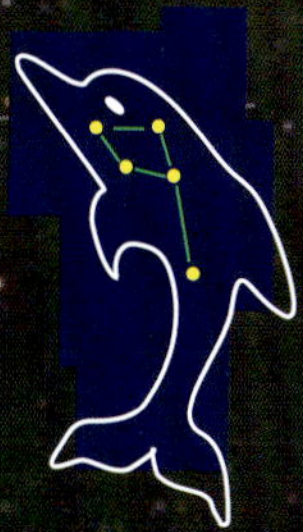

流星雨：无

星座想象图：救过奥利恩性命的海豚

剑鱼座
Dorado(Dor)

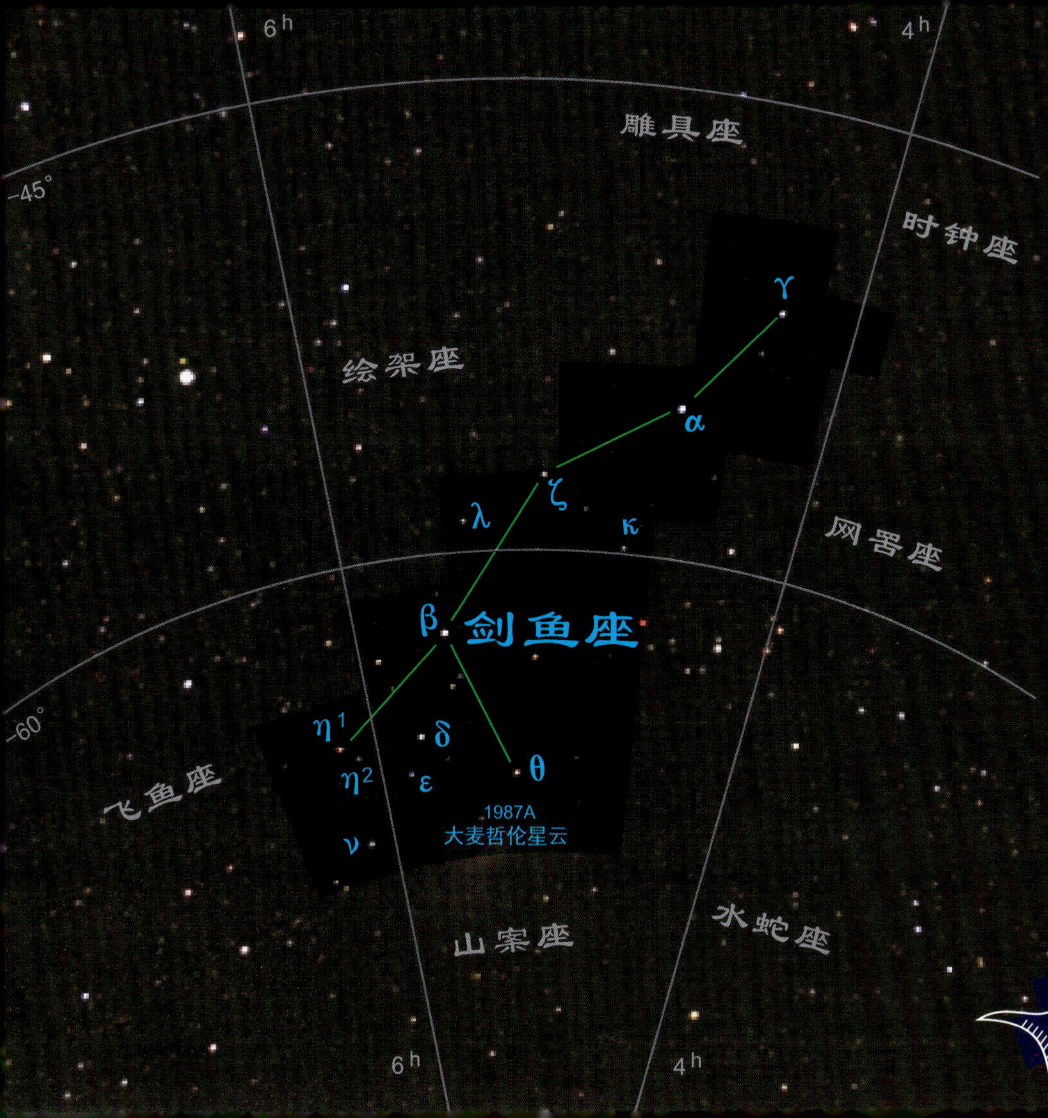

剑鱼座

Dorado(Dor)

观测月份：12—1月

可见地点：北纬20°～南纬90°

星座位置：南天(5^h，－60°)

目测宽度：

目测深度：

面积位次：179平方度 第72位

主要恒星：3颗

拜耳/佛氏恒星：14颗

有行星的恒星：5颗

3等以上亮星：0颗

最亮恒星：αDor，星等3.27

梅西耶天体：0个

重点观测：β星
NGC2070
超新星1987A
大麦哲伦星云

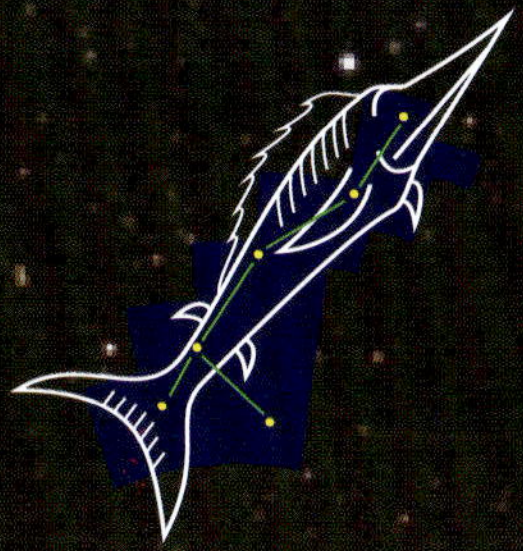

流星雨：无

星座想象图：
热带海洋里的剑鱼

天龙座
Draco(Dra)

天龙座

Draco(Dra)

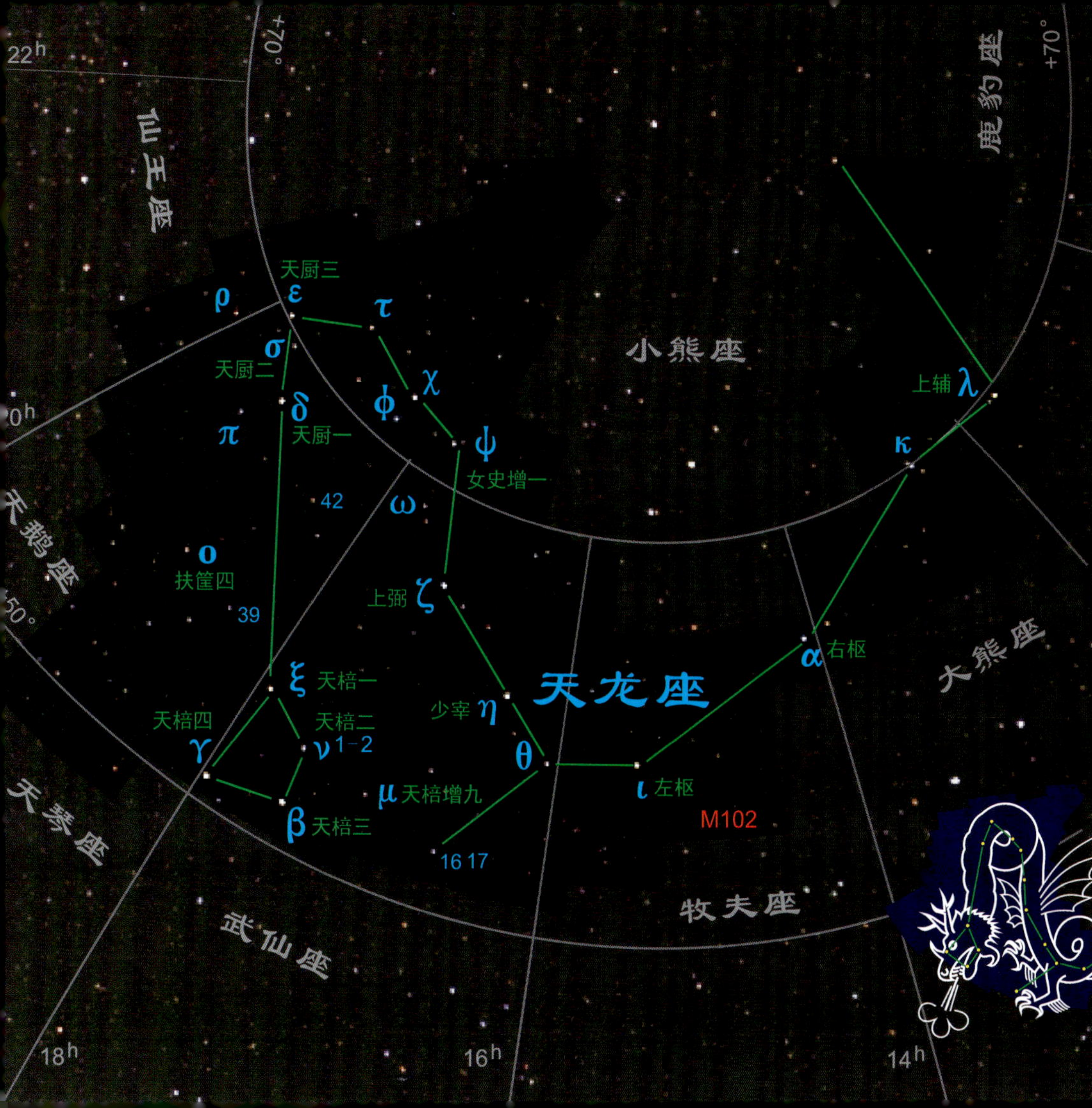

观测月份：5—9月

可见地点：北纬90°～南纬4°

星座位置：北天(17h，+60°)

目测宽度：

目测深度：

面积位次：1083平方度 第8位

主要恒星：14颗

拜耳/佛氏恒星：76颗

有行星的恒星：19颗

3等以上亮星：3颗

最亮恒星：γ Dra，星等2.24

梅西耶天体：1个

重点观测：μ星(天棓赠九)
ν星(天棓二)
ψ星(女使增一)
16
17
39
NGC6543

流星雨：
天龙座流星雨

星座想象图：
守卫金苹果的天龙

# 小马座
Equuleus(Equ)

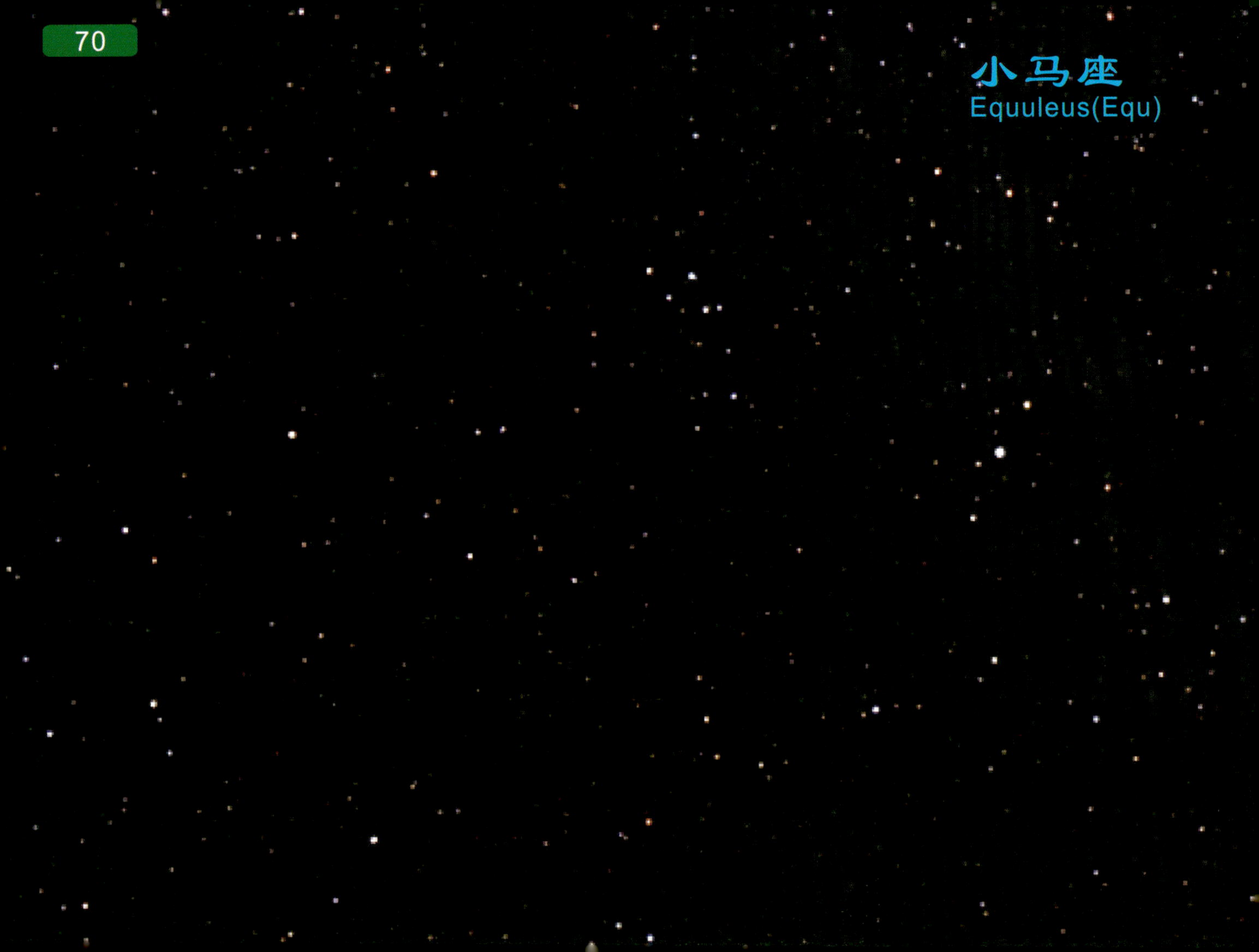

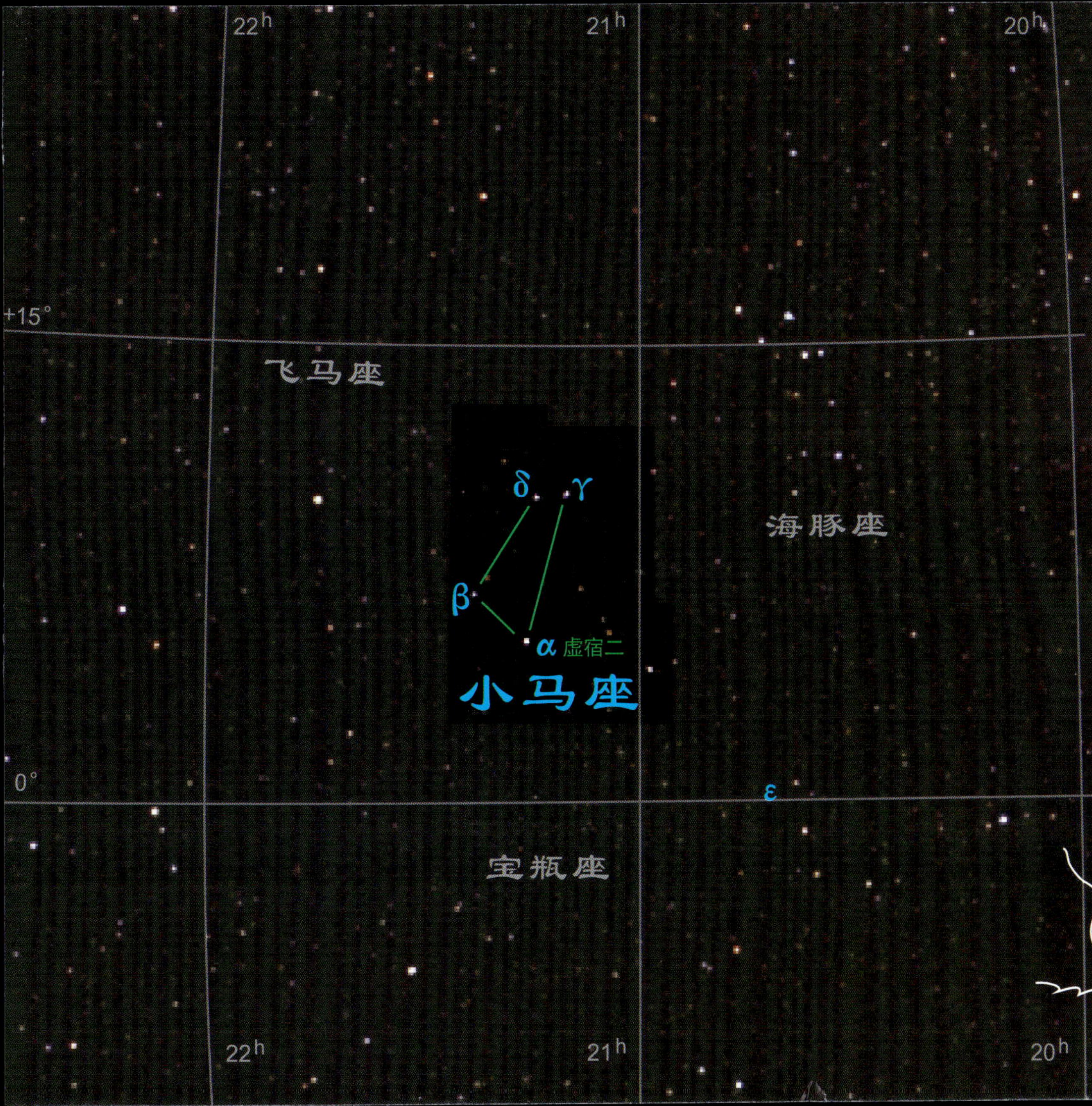

小马座

Equuleus(Equ)

观测月份：8—10月

可见地点：北纬90°～南纬77°

星座位置：北天(21.2h，+10°)

目测宽度：

目测深度：

面积位次：72平方度 第87位

主要恒星：3颗

拜耳/佛氏恒星：10颗

有行星的恒星：2颗

3等以上亮星：0颗

最亮恒星：α Equ，星等3.92

梅西耶天体：0个

重点观测：γ 星
ε 星

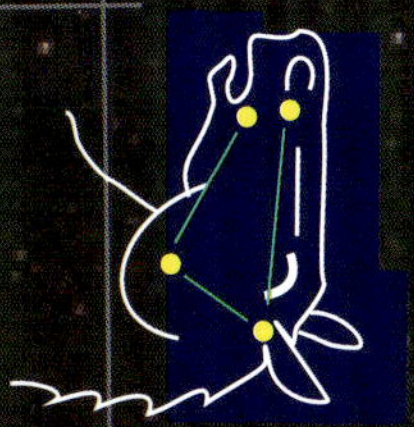

流星雨：无

星座想象图：

天穹上的小马驹

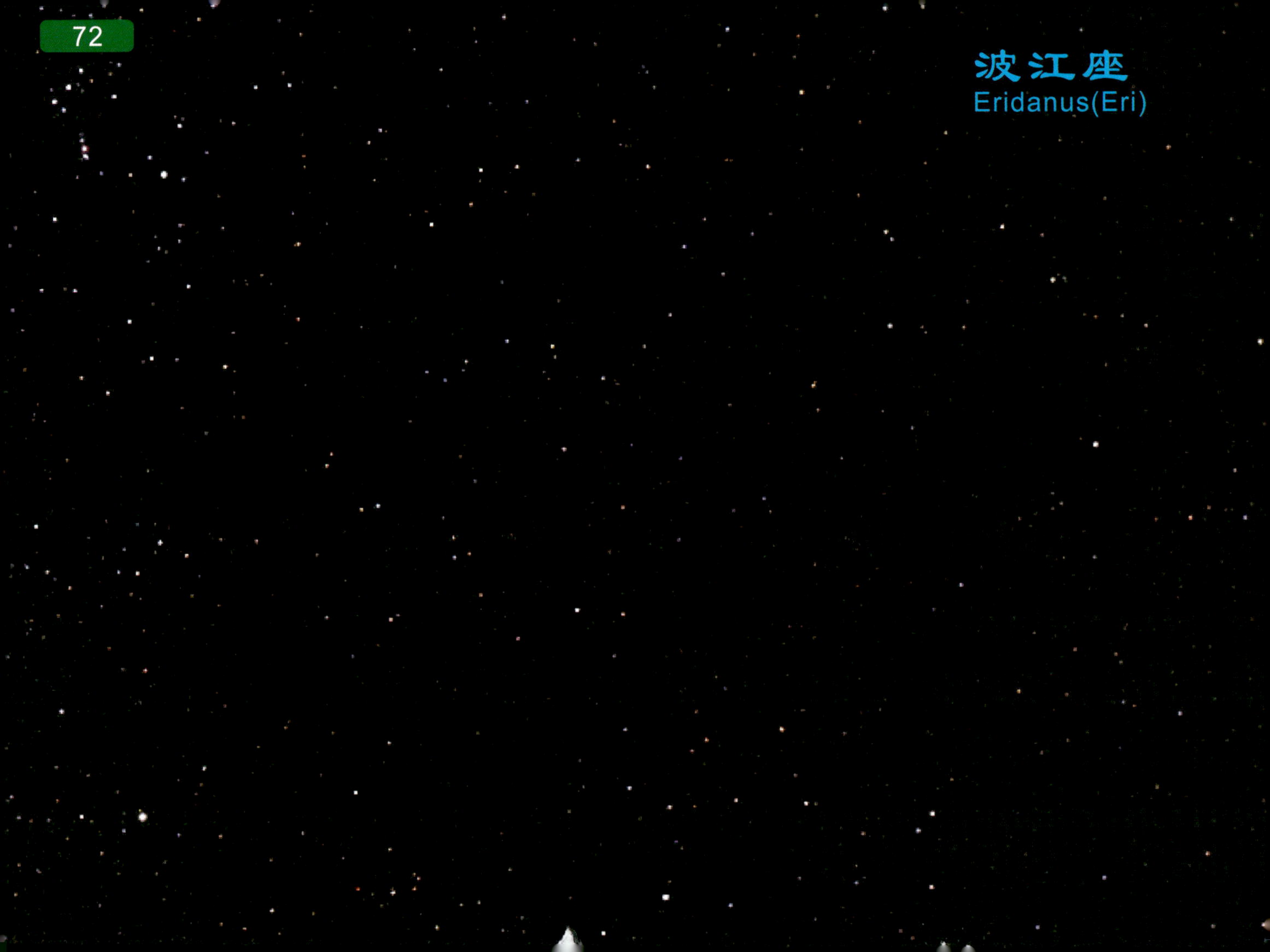
波江座
Eridanus(Eri)

波江座

Eridanus(Eri)

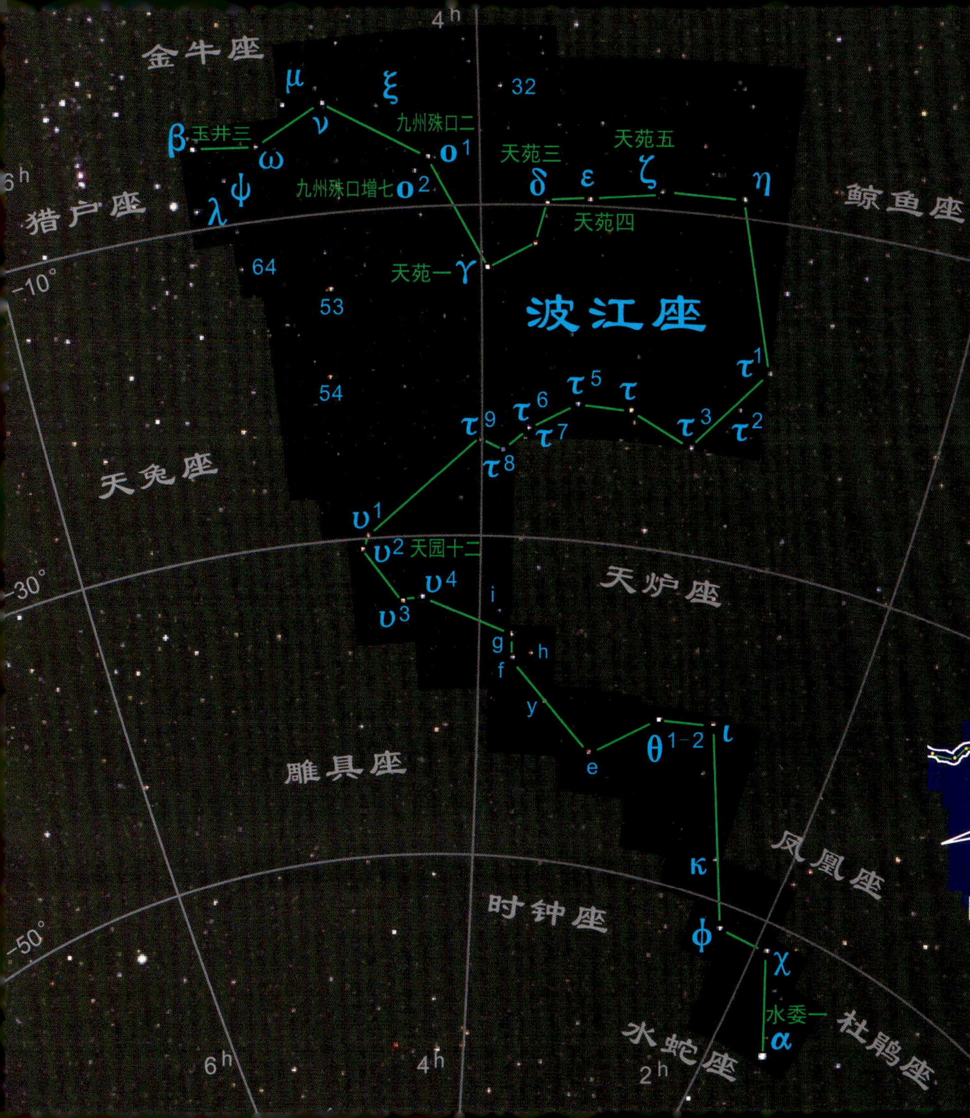

观测月份：11—1月

可见地点：北纬32°～南纬90°

星座位置：南天(4^h，－20°)

目测宽度：

目测深度：

面积位次：1138平方度 第6位

主要恒星：24颗

拜耳/佛氏恒星：87颗

有行星的恒星：32颗

3等以上亮星：4颗

最亮恒星：α Eri，星等0.46

梅西耶天体：0个

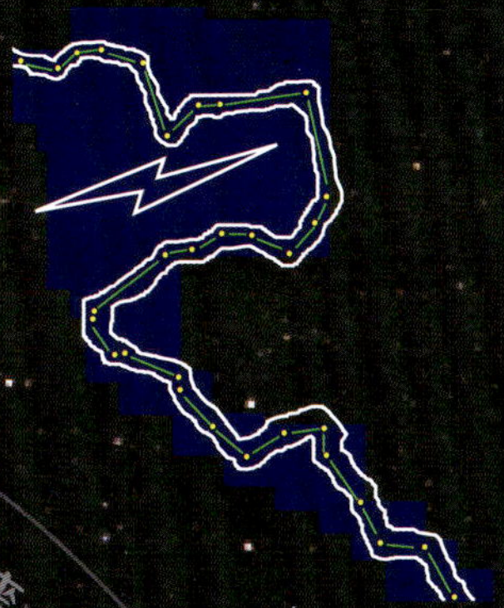

重点观测：

α 星（水委一）

ε 星（天苑四）

θ 星（天园六）

o^2（九州殊口增七）

32

流星雨：无

星座想象图：

波江（法厄同被雷电打中落入的河流）

天炉座
Fornax(For)

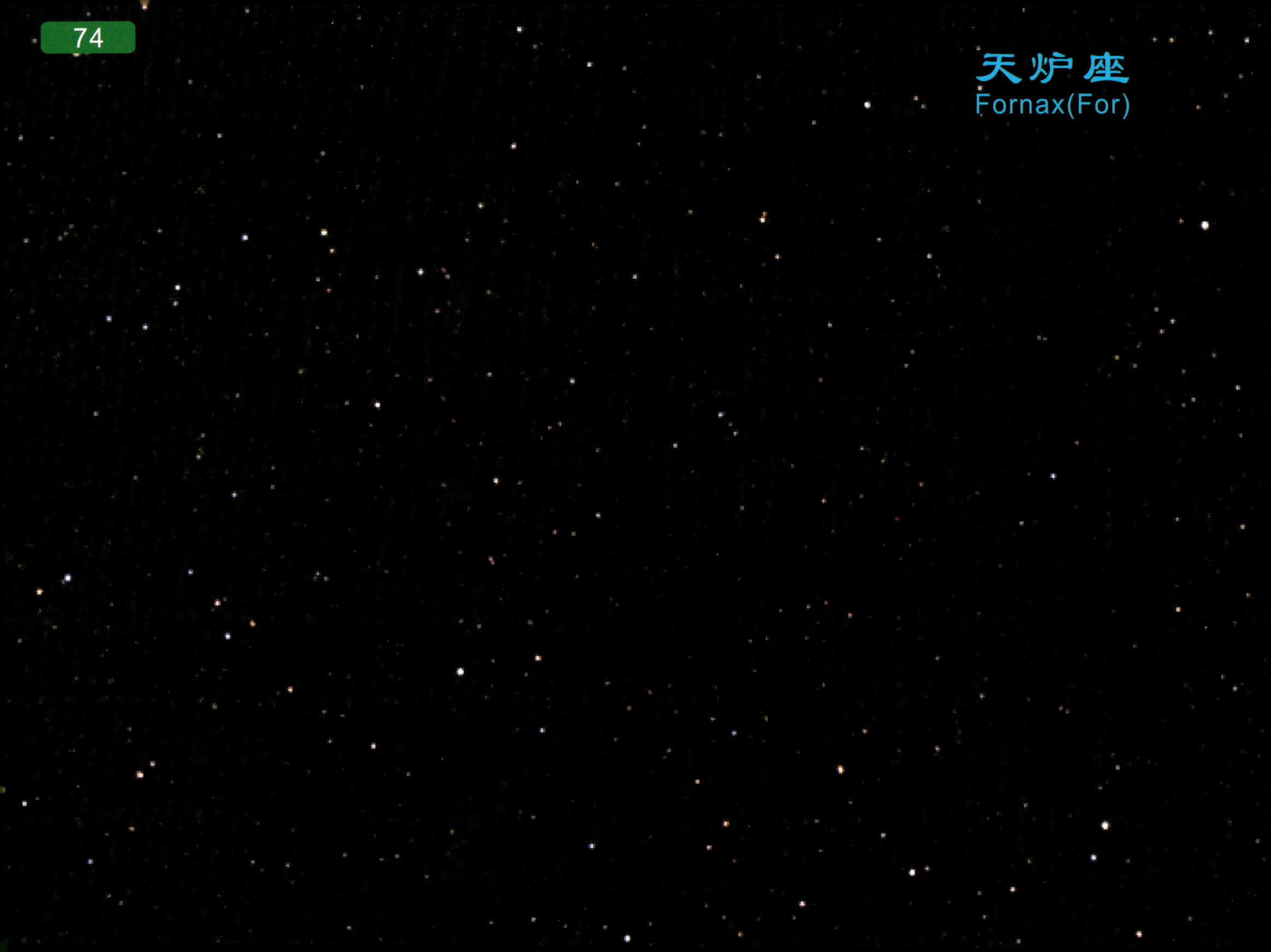

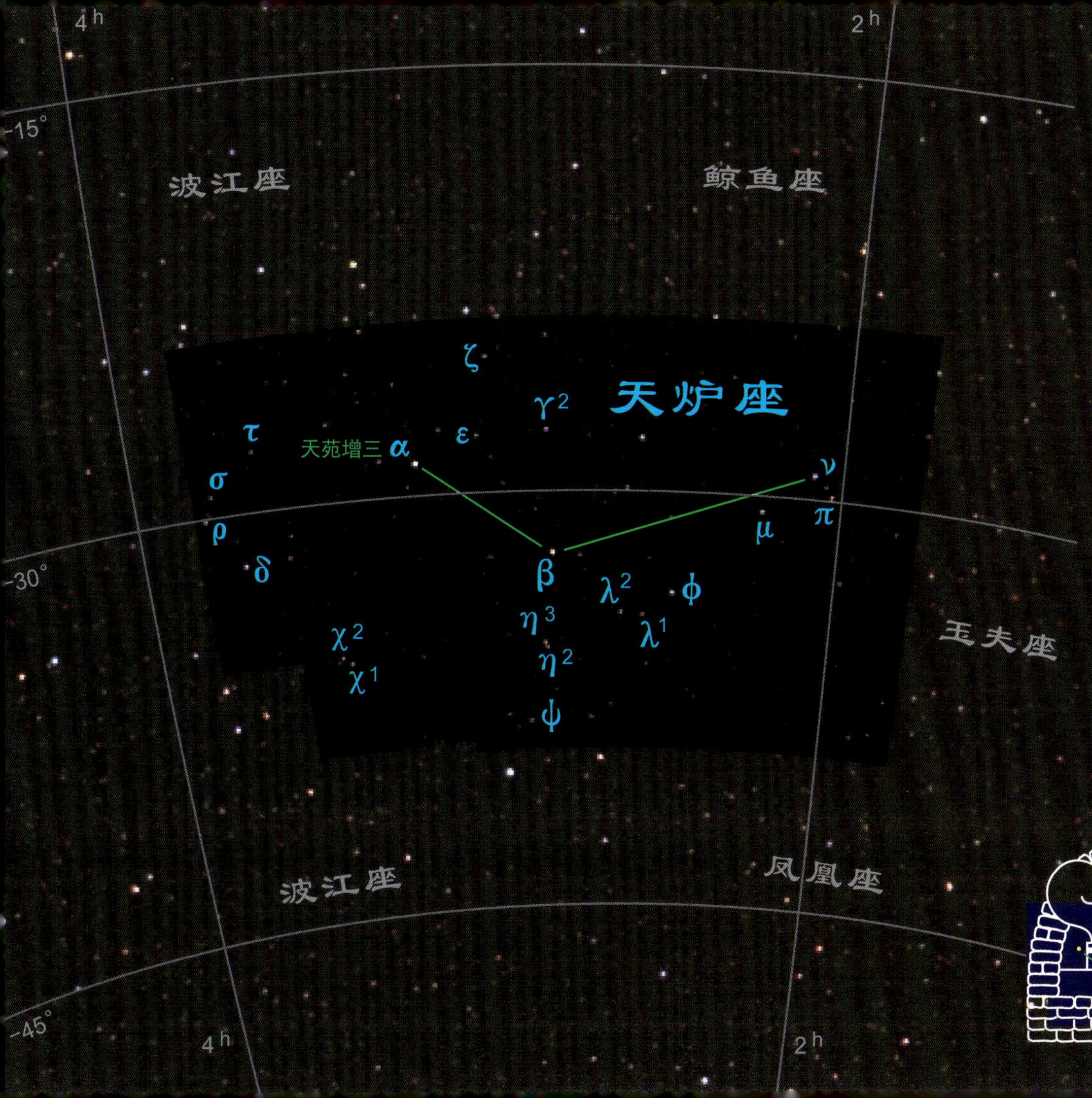

天炉座

Fornax(For)

观测月份：11—12月

可见地点：北纬50°～南纬90°

星座位置：南天(3^h，－30°)

目测宽度：

目测深度：

面积位次：398平方度 第41位

主要恒星：2颗

拜耳/佛氏恒星：27颗

有行星的恒星：7颗

3等以上亮星：0颗

最亮恒星：α For，星等3.8

梅西耶天体：0个

重点观测：α星
天炉座星系团

流星雨：无

星座想象图：
实验室里的化学熔炉

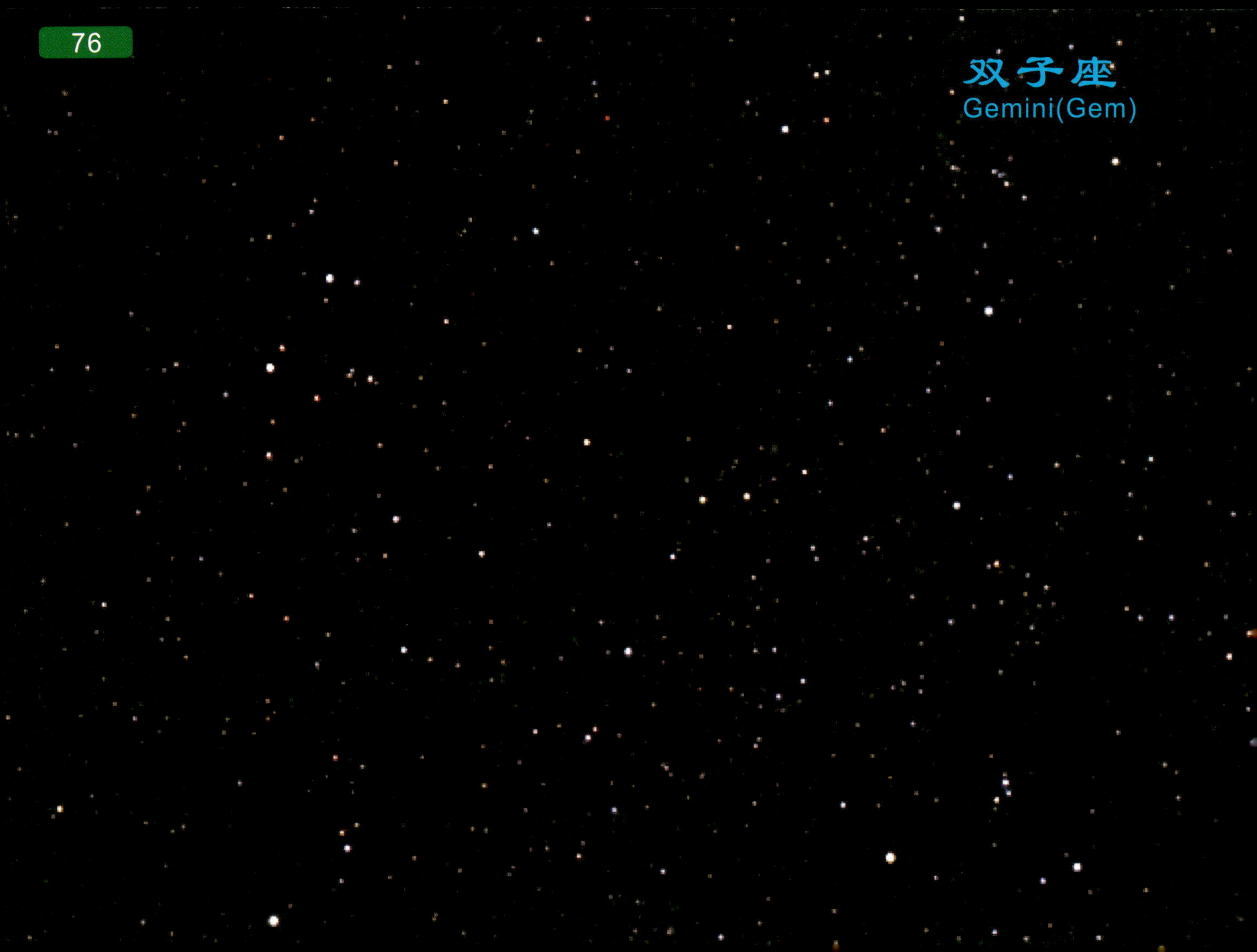
双子座
Gemini(Gem)

双子座

Gemini(Gem)

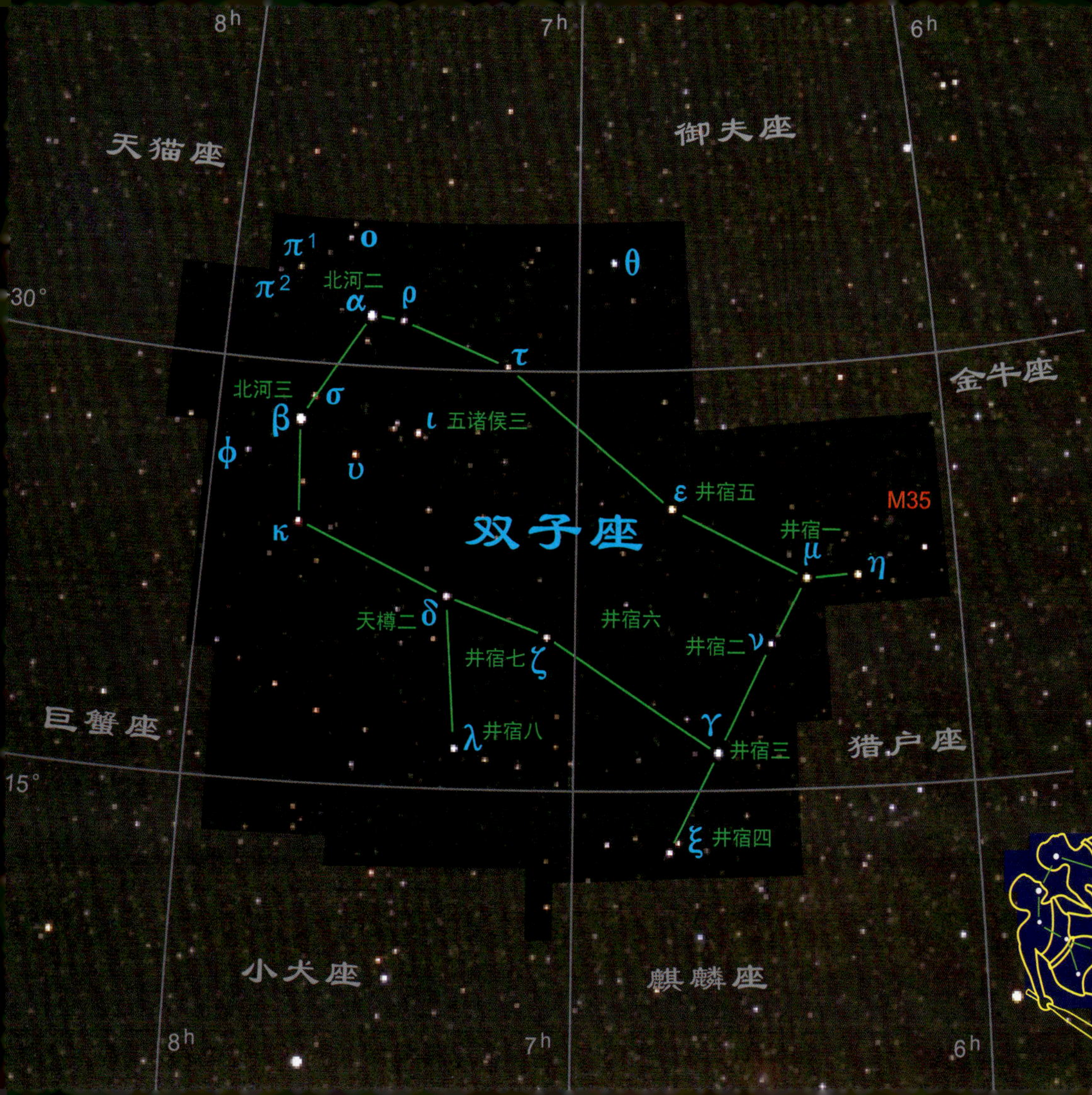

观测月份：1—2月

可见地点：北纬90°～南纬55°

星座位置：黄道（7^h，+20°）

目测宽度：

目测深度：

面积位次：514平方度 第30位

主要恒星：8颗

拜耳/佛氏恒星：80颗

有行星的恒星：8颗

3等以上亮星：4颗

最亮恒星：β Gem，星等1.15

梅西耶天体：1个

重点观测：α星（北河二）
β星（北河三）
ζ星（井宿七）
η星（钺）
M35
NGC2392

流星雨：
双子座流星雨
双子座ρ流星雨

星座想象图：双胞胎
卡斯托和波吕丢刻斯

天鹤座
Grus(Gru)

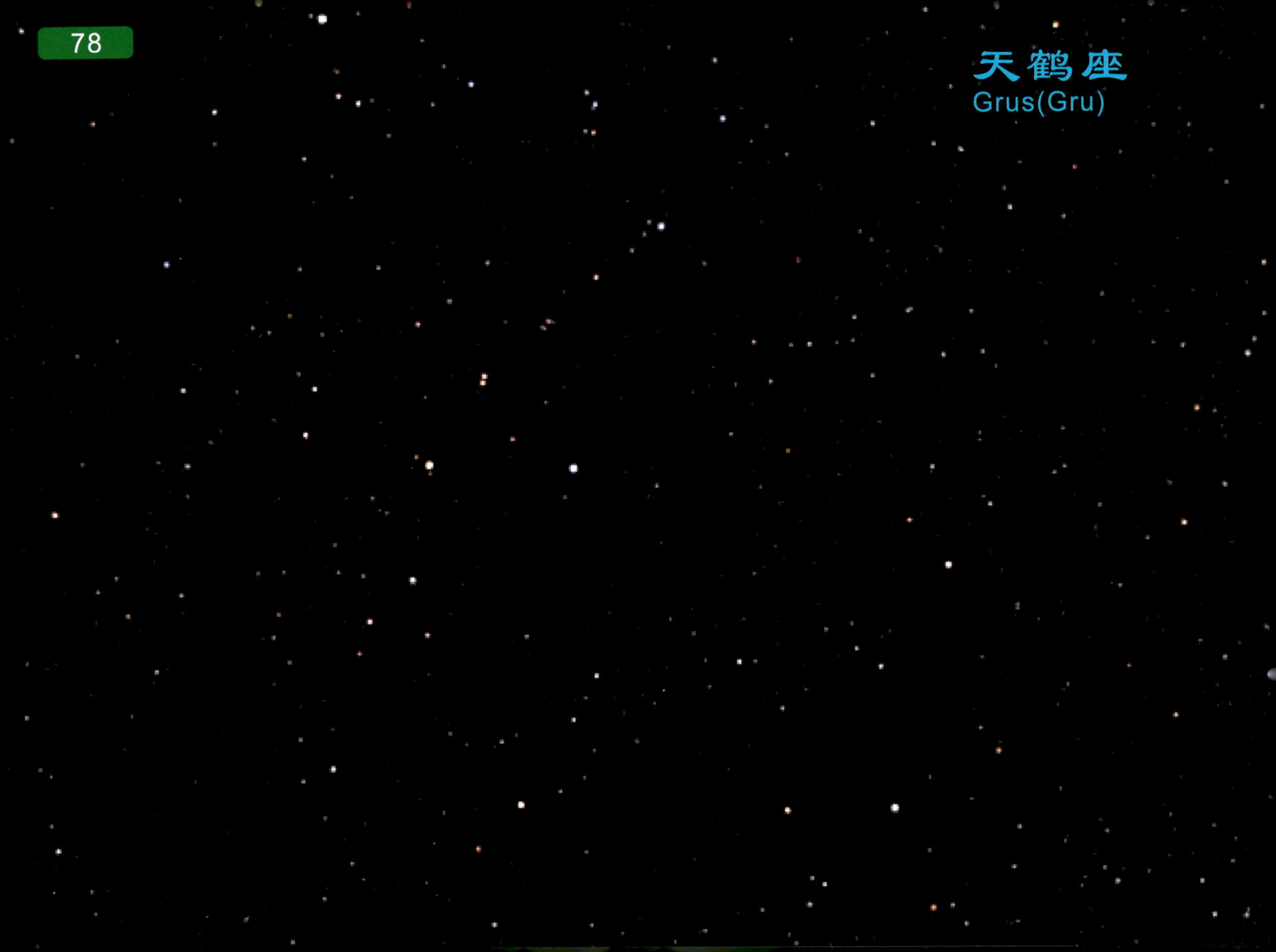

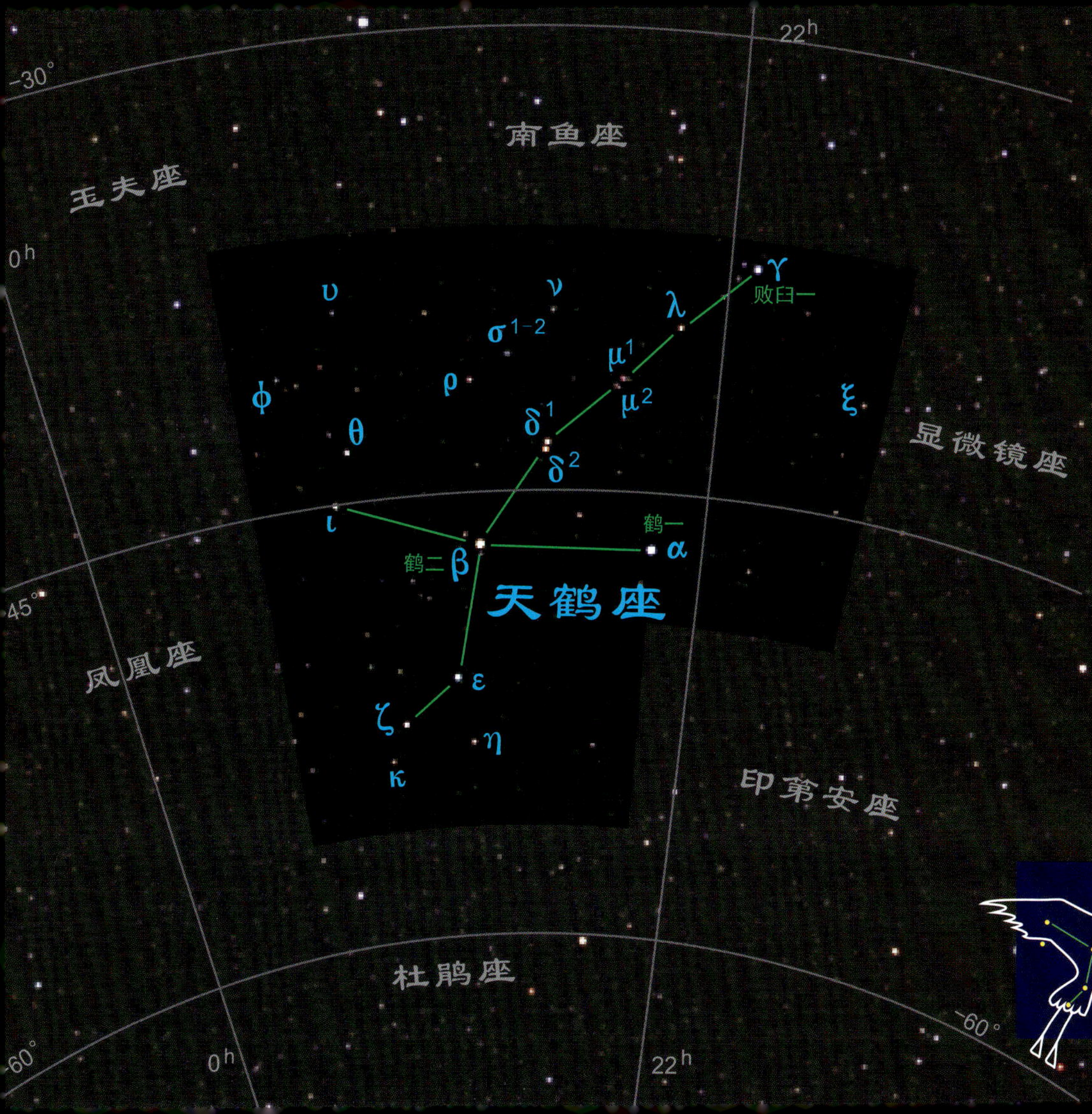

天鹤座

Grus(Gru)

观测月份：8—10月

可见地点：北纬33°～南纬90°

星座位置：南天(22.5ʰ，－45°)

目测宽度：

目测深度：

面积位次：366平方度 第45位

主要恒星：8颗

拜耳/佛氏恒星：28颗

有行星的恒星：6颗

3等以上亮星：3颗

最亮恒星：α Gru，星等1.73

梅西耶天体：0个

重点观测：δ星
μ星

流星雨：无

星座想象图：
鹤科长颈涉禽

# 武仙座
Hercules(Her)

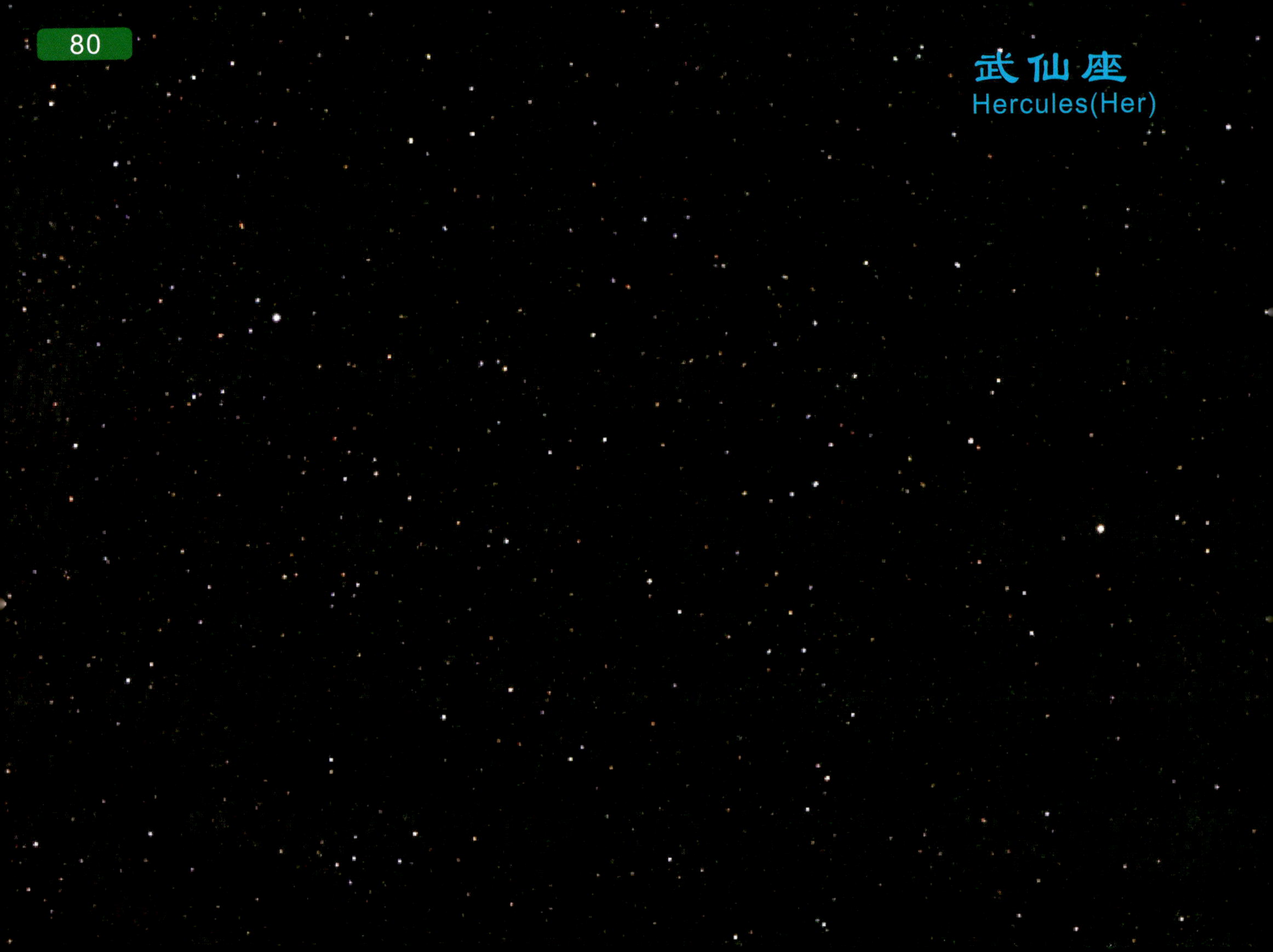

武仙座

Hercules(Her)

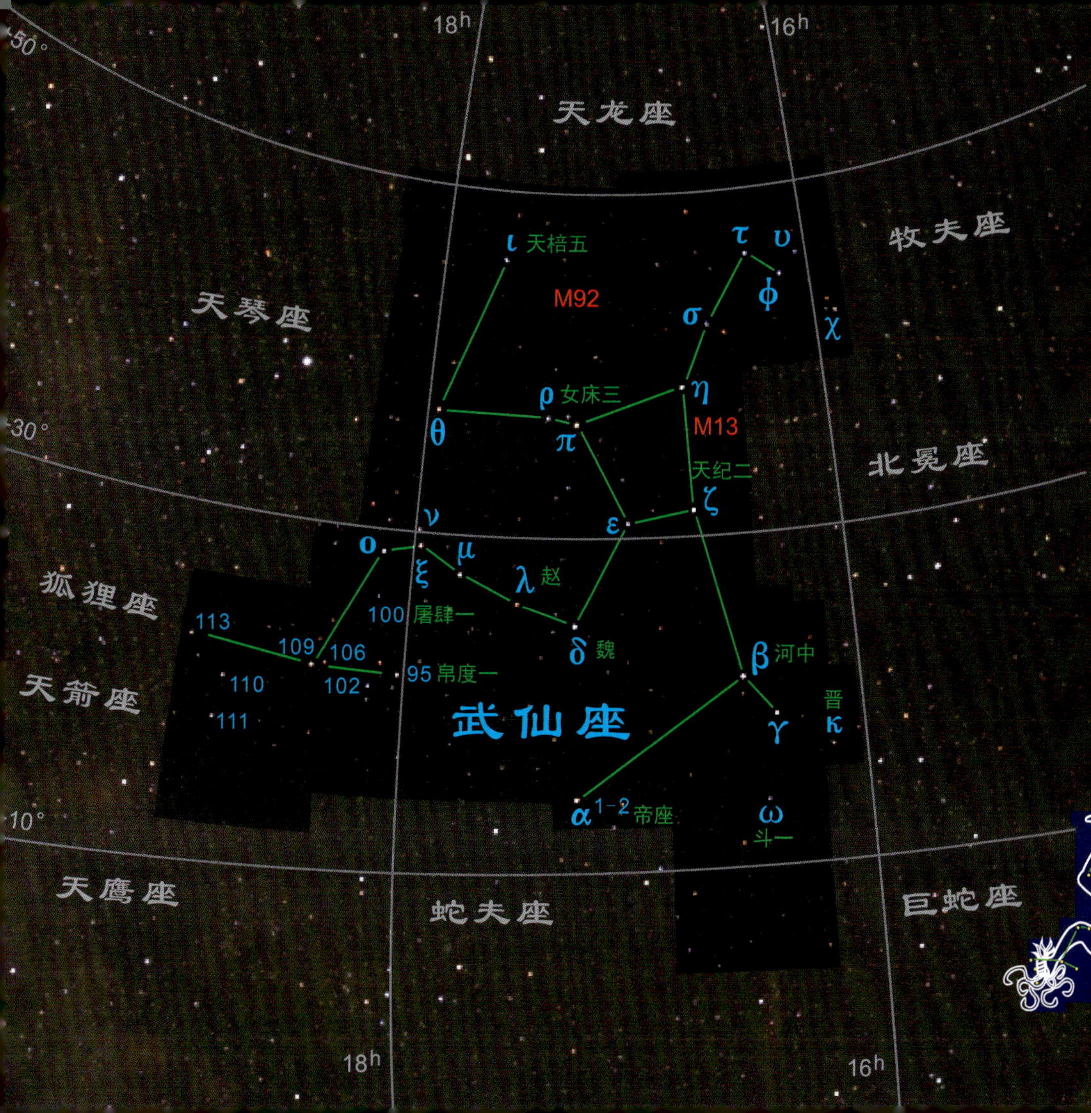

观测月份：6—8月

可见地点：北纬90°～南纬39°

星座位置：北天（17^h，+30°）

目测宽度：

目测深度：

面积位次：1225平方度 第5位

主要恒星：14颗

拜耳/佛氏恒星：106颗

有行星的恒星：15颗

3等以上亮星：2颗

最亮恒星：β Her，星等2.78

梅西耶天体：2个

重点观测：α 星（帝座）

ρ 星（女床三）

95（帛度一）

100（屠肆一）

M13

M92

流星雨：

武仙座 τ 流星雨

星座想象图：

英雄赫拉克勒斯

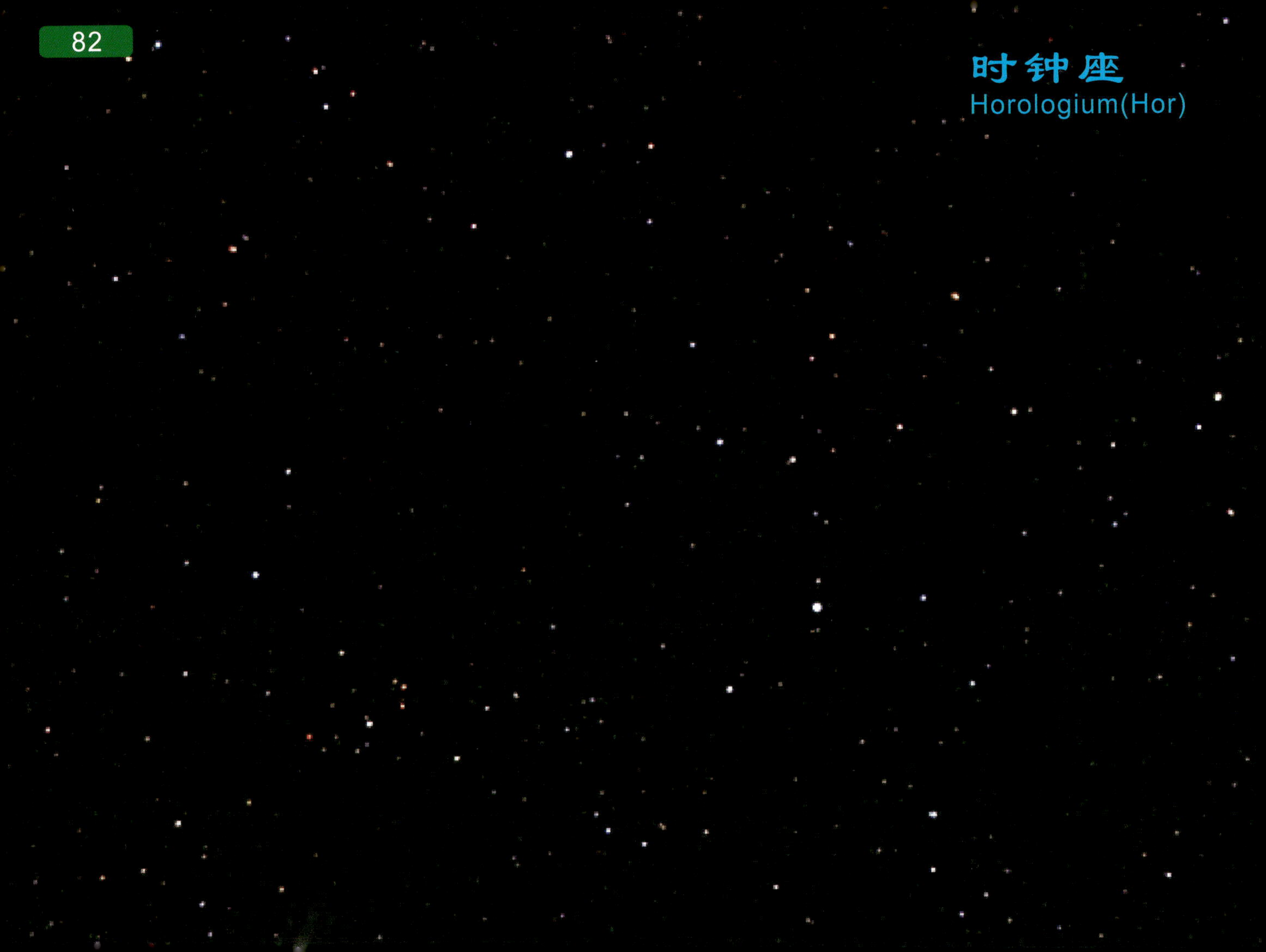
时钟座
Horologium(Hor)

时钟座

Horologium(Hor)

观测月份：11—12月

可见地点：北纬23°～南纬90°

星座位置：南天(3h，－50°)

目测宽度：

目测深度：

面积位次：249平方度　第58位

主要恒星：6颗

拜耳/佛氏恒星：10颗

有行星的恒星：2颗

3等以上亮星：0颗

最亮恒星：α Hor，星等3.85

梅西耶天体：0个

重点观测：R

TW

流星雨：无

星座想象图：

天穹上的摆锤时钟

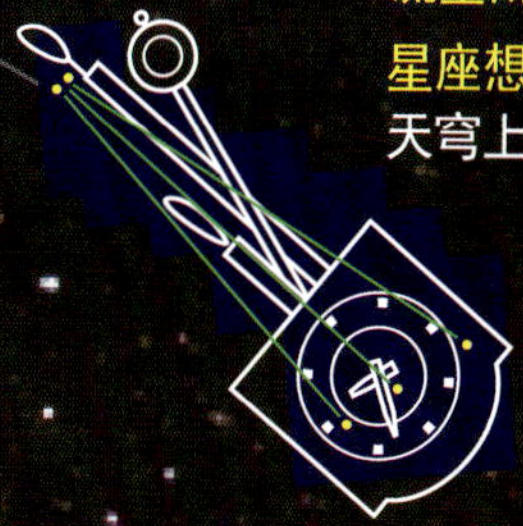

# 长蛇座
Hydra(Hya)

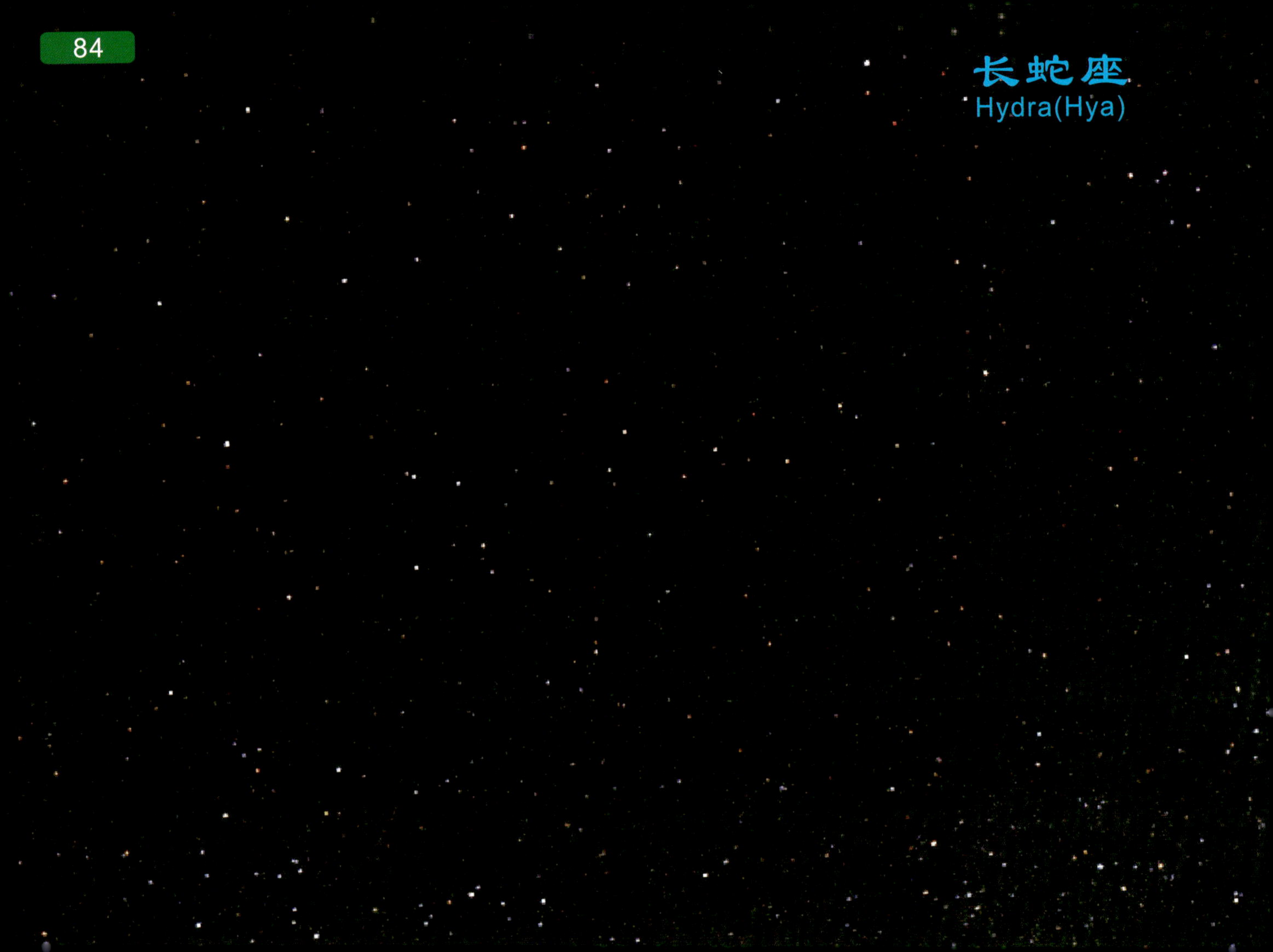

# 长蛇座
Hydra(Hya)

观测月份：3—6月
可见地点：北纬55°～南纬83°
星座位置：南天（10^h，-15°）
目测宽度：
目测深度：
面积位次：1303平方度 第1位
主要恒星：17颗
拜耳/佛氏恒星：75颗
有行星的恒星：18颗
3等以上亮星：2颗

最亮恒星：α Hya，星等1.98
梅西耶天体：3个
重点观测：α 星（星宿一）、ε 星（柳宿五）、R、U、M48、M68、M83、NGC3242
流星雨：长蛇座α、σ流星雨
星座想象图：九头蛇希德拉

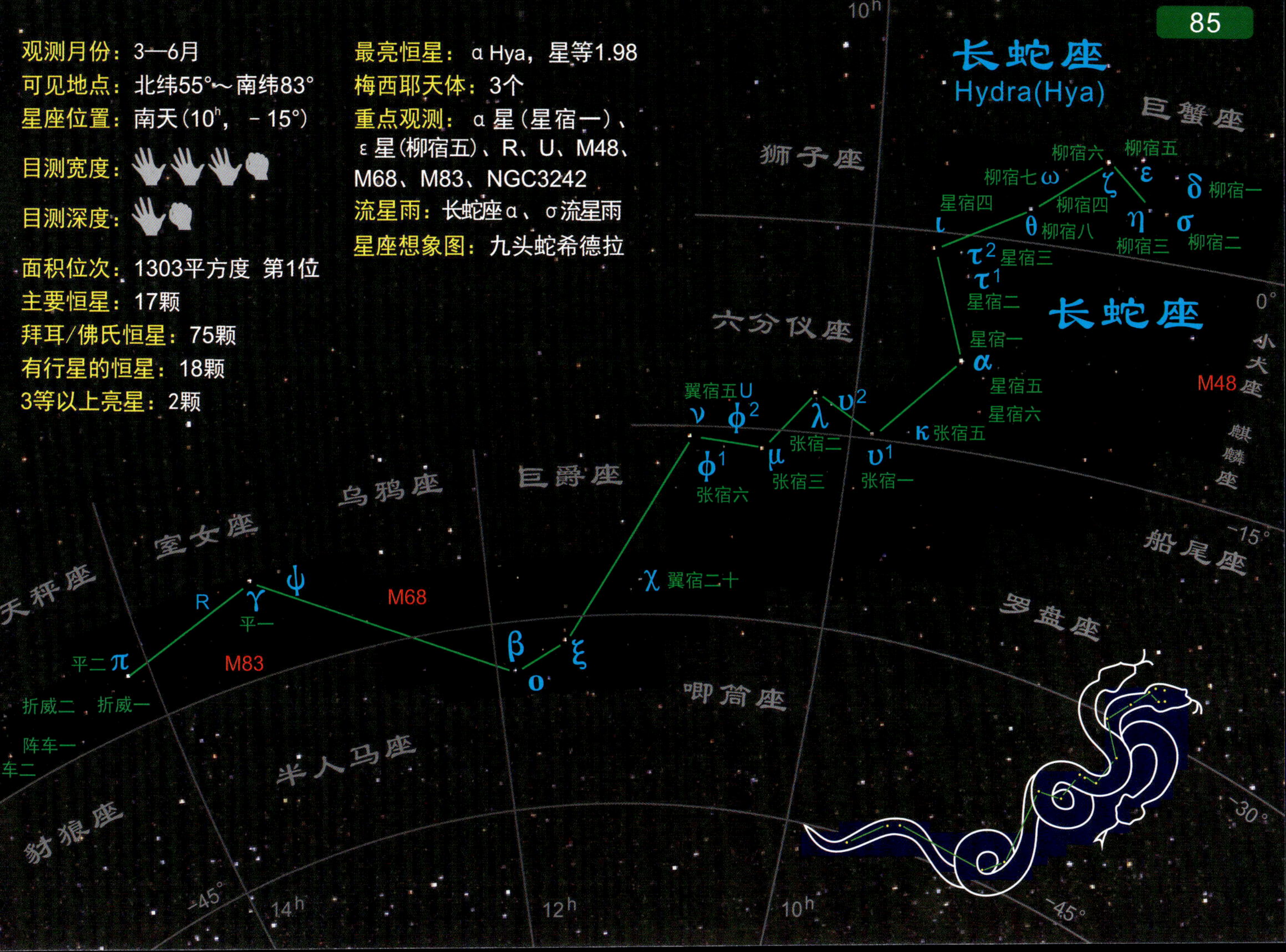

# 水蛇座
Hydrus(Hyi)

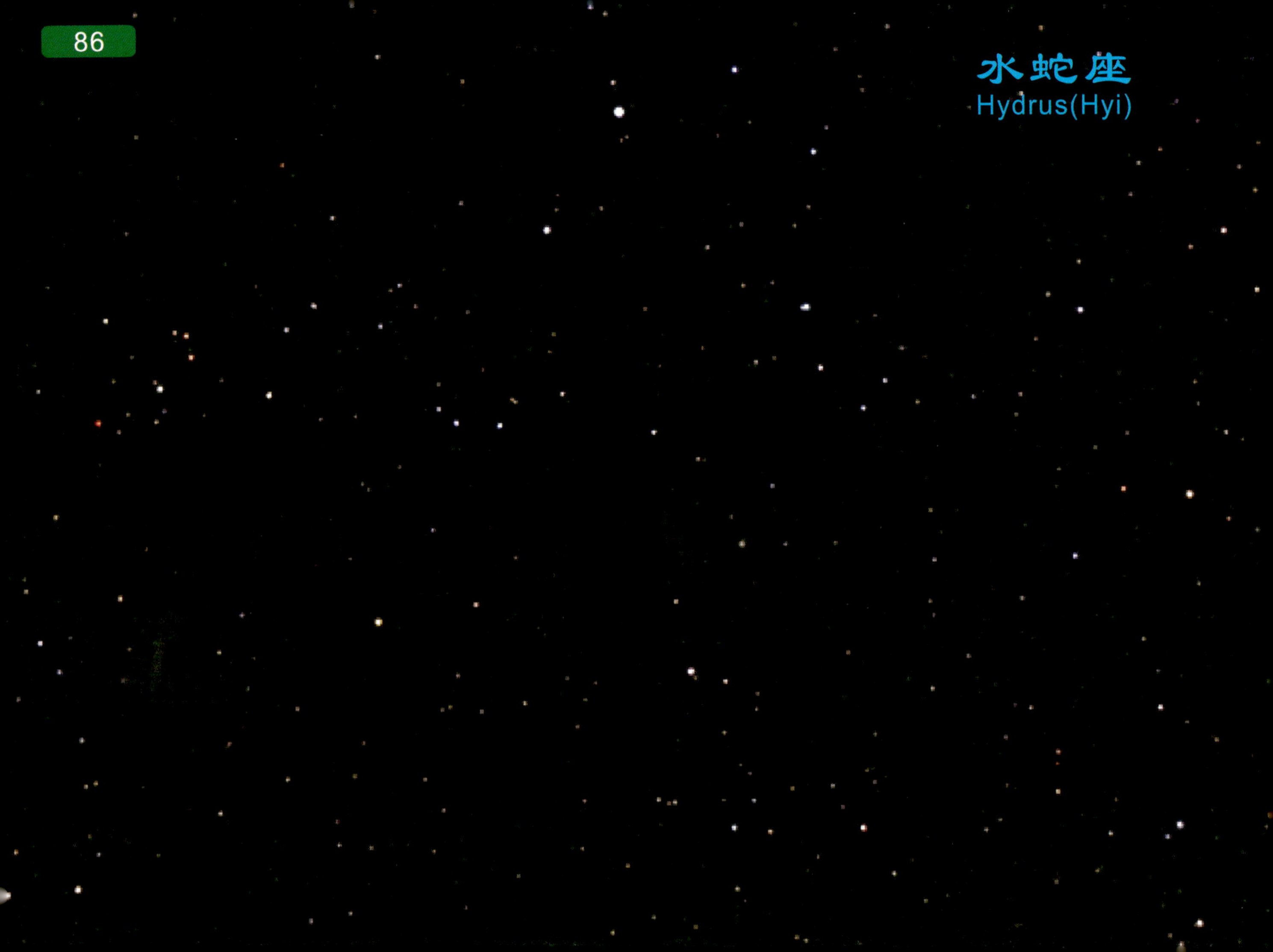

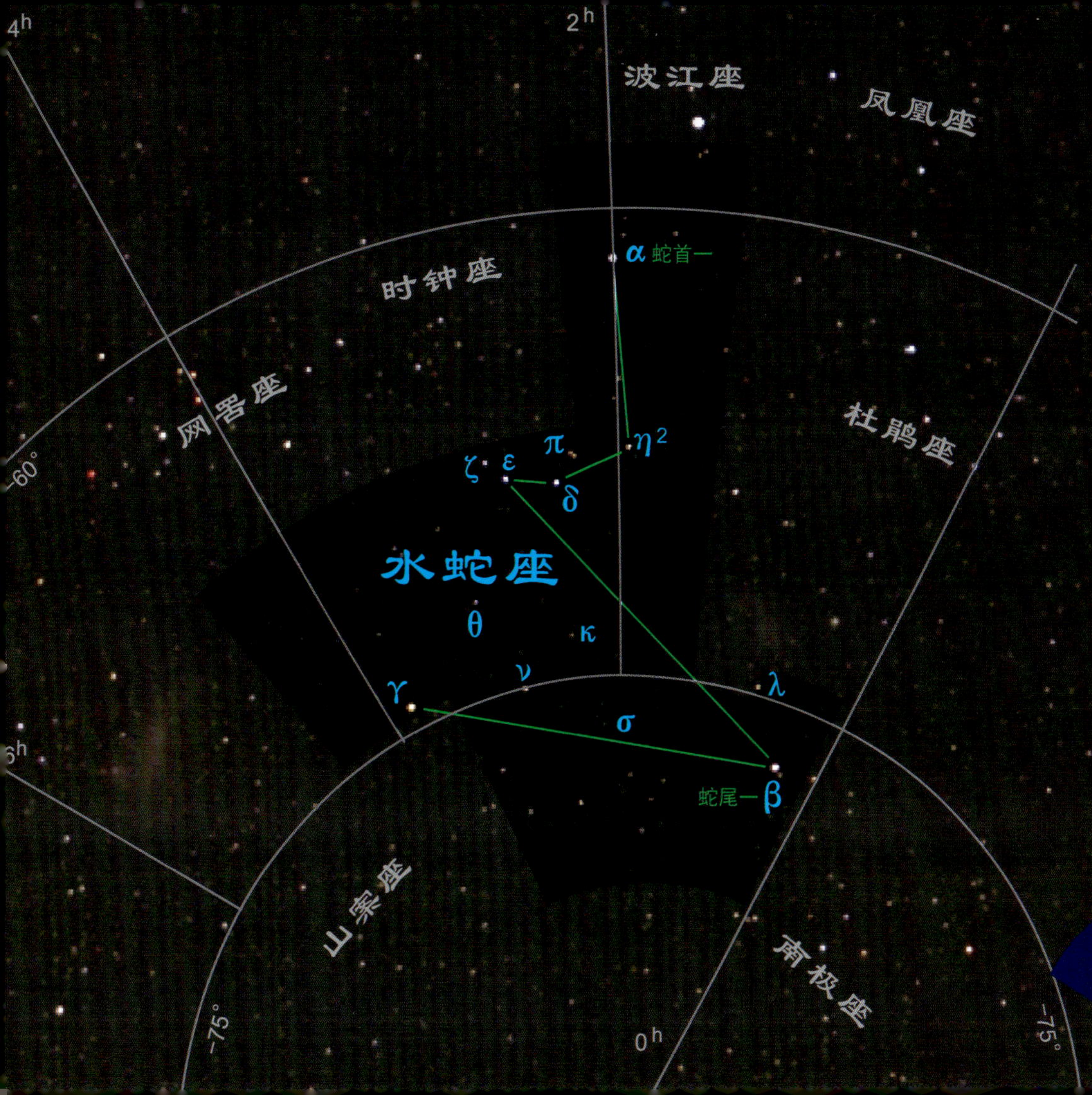

水蛇座

Hydrus(Hyi)

观测月份：10—12月

可见地点：北纬8°～南纬90°

星座位置：南天(2h，－70°)

目测宽度：

目测深度：

面积位次：243平方度 第61位

主要恒星：3颗

拜耳/佛氏恒星：19颗

有行星的恒星：4颗

3等以上亮星：2颗

最亮恒星：β Hyi，星等2.82

梅西耶天体：0个

重点观测：π星

流星雨：无

星座想象图：天穹上的水蛇

# 印第安座
Indus(Ind)

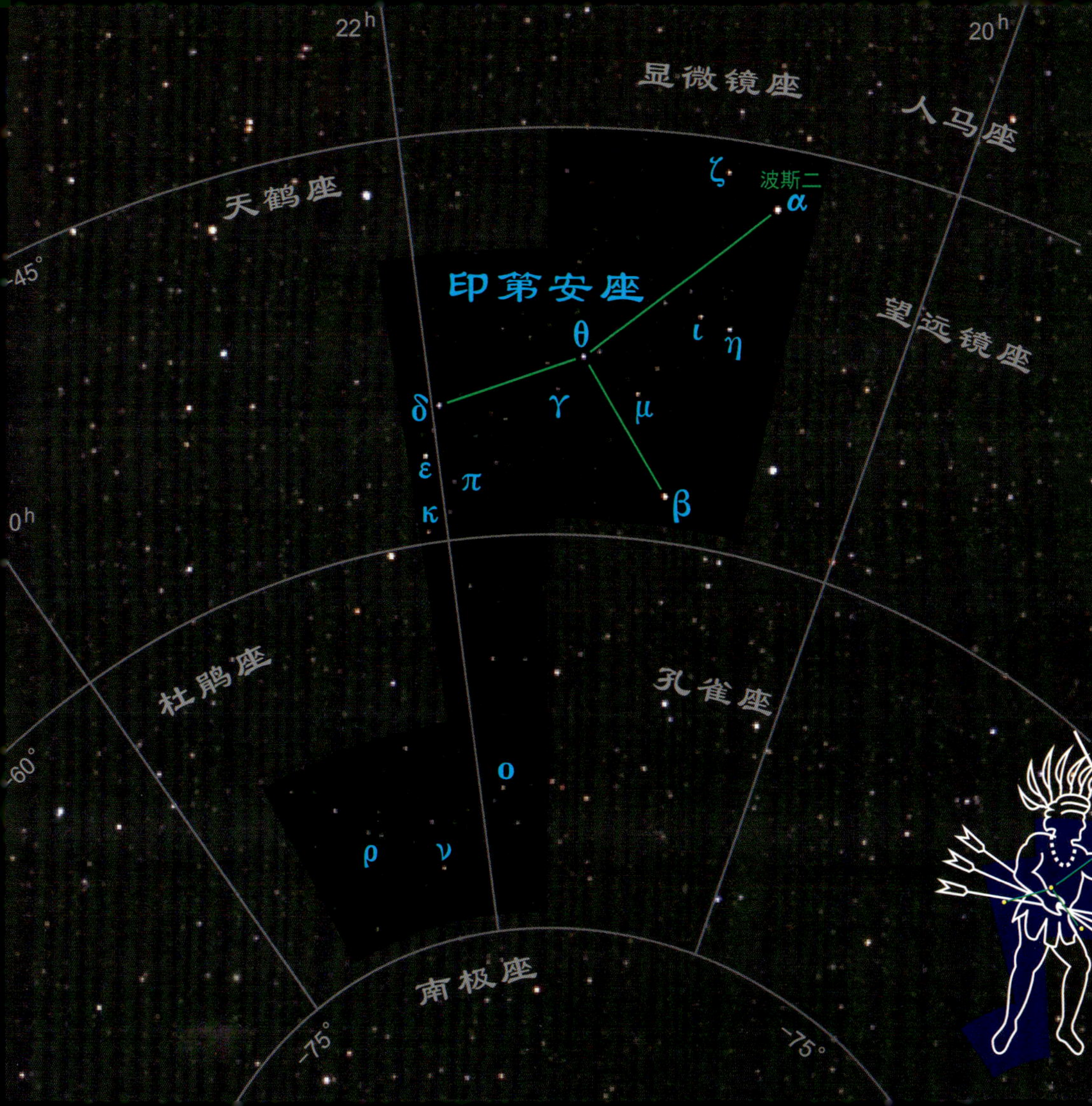

印第安座

Indus(Ind)

观测月份：8—10月

可见地点：北纬75°～南纬90°

星座位置：南天(22h，－55°)

目测宽度：

目测深度：

面积位次：294平方度 第49位

主要恒星：3颗

拜耳/佛氏恒星：16颗

有行星的恒星：3颗

3等以上亮星：0颗

最亮恒星：α Ind，星等3.62

梅西耶天体：0个

重点观测：ε星
θ星

流星雨：无

星座想象图：
美洲土著居民
印第安人

蝎虎座

Lacerta(Lac)

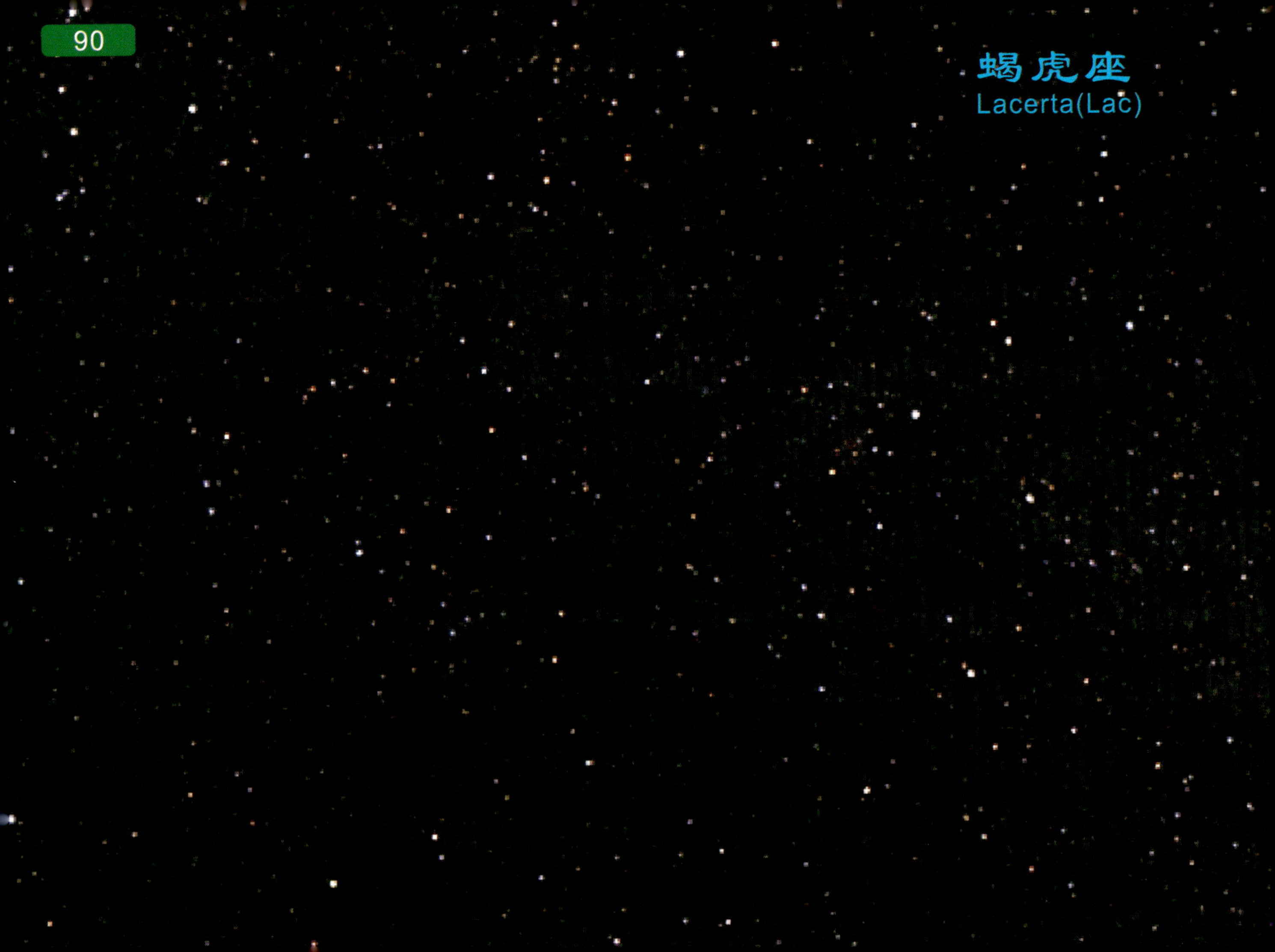

# 蝎虎座
Lacerta(Lac)

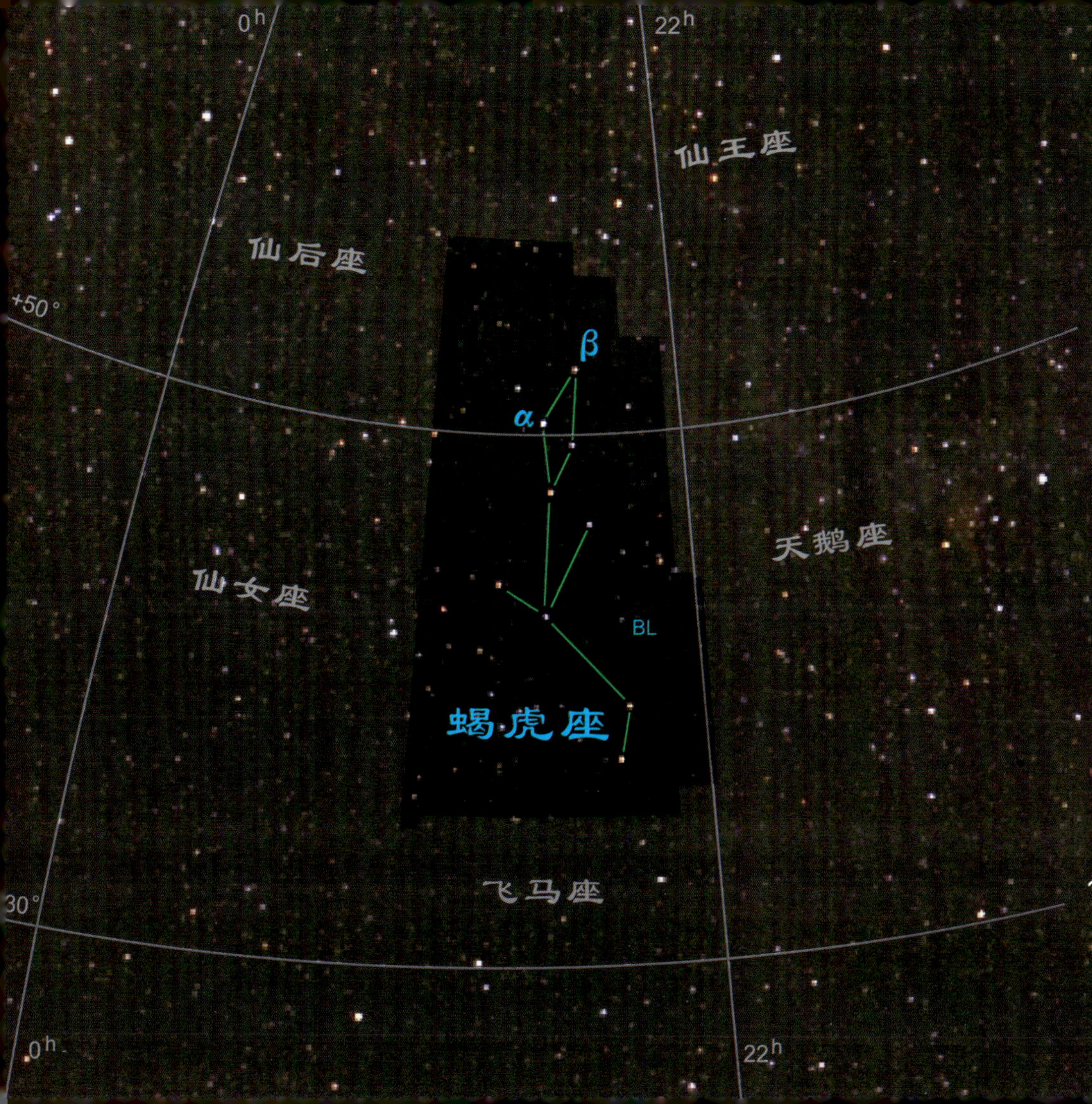

观测月份：8—10月
可见地点：北纬90°～南纬33°
星座位置：北天（22.5^h，+45°）
目测宽度：
目测深度：
面积位次：201平方度　第68位
主要恒星：5颗
拜耳/佛氏恒星：17颗
有行星的恒星：12颗
3等以上亮星：0颗
最亮恒星：α Lac，星等3.76
梅西耶天体：0个
重点观测：BL
流星雨：无
星座想象图：
天穹上的壁虎

狮子座
Leo(Leo)

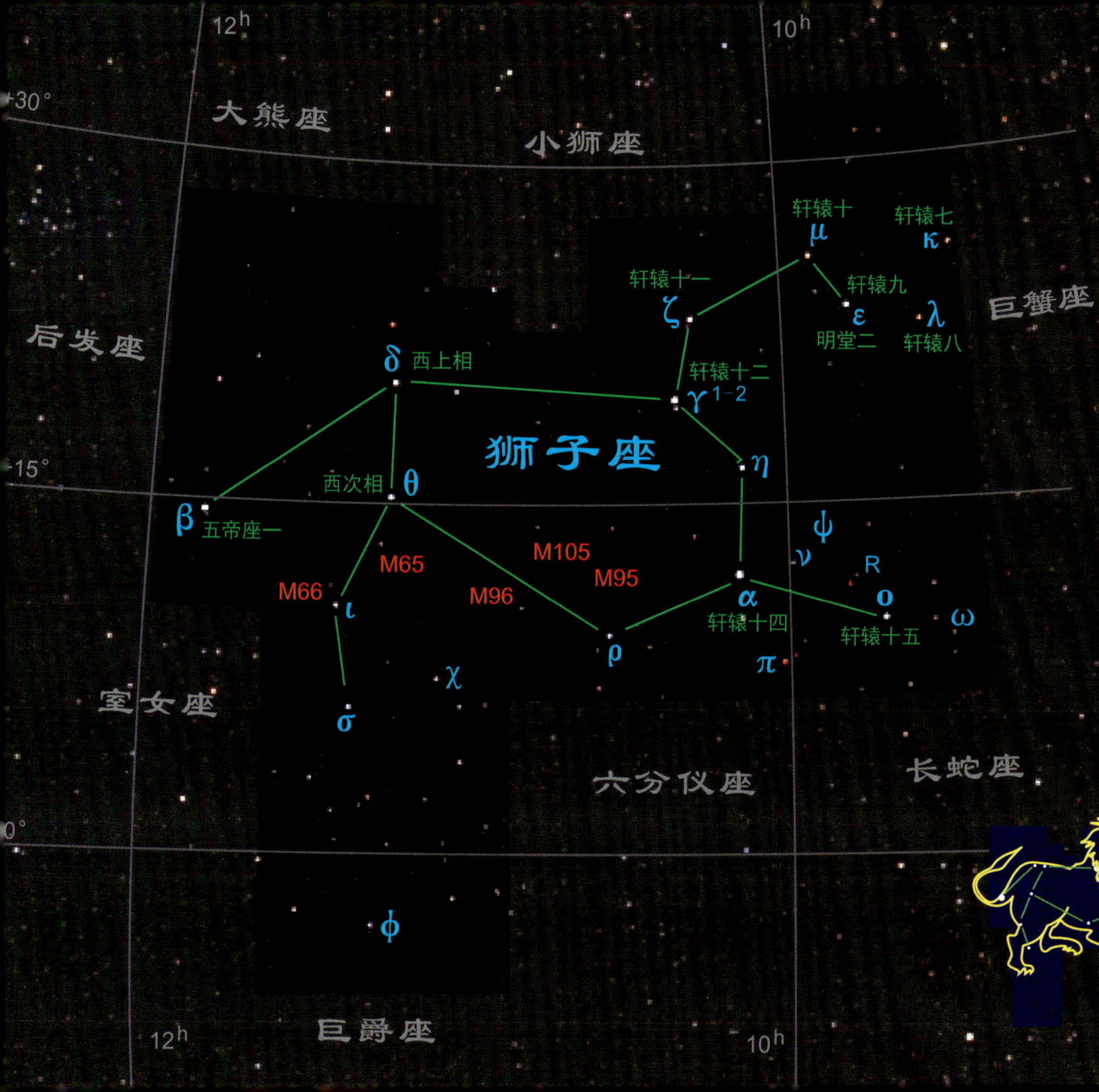

狮子座

Leo(Leo)

观测月份：3—4月

可见地点：北纬84°～南纬57°

星座位置：黄道(10.5^h，+15°)

目测宽度：

目测深度：

面积位次：947平方度 第12位

主要恒星：9颗

拜耳/佛氏恒星：92颗

有行星的恒星：13颗

3等以上亮星：5颗

最亮恒星：α Leo，星等1.35

梅西耶天体：5个

重点观测：α星(轩辕十四)
γ星(轩辕十二)
ζ星(轩辕十一)
M65
M66
M95
M96
M105
R

流星雨：狮子座流星雨

星座想象图：狮子墨涅亚

小狮座
Leo Minor(LMi)

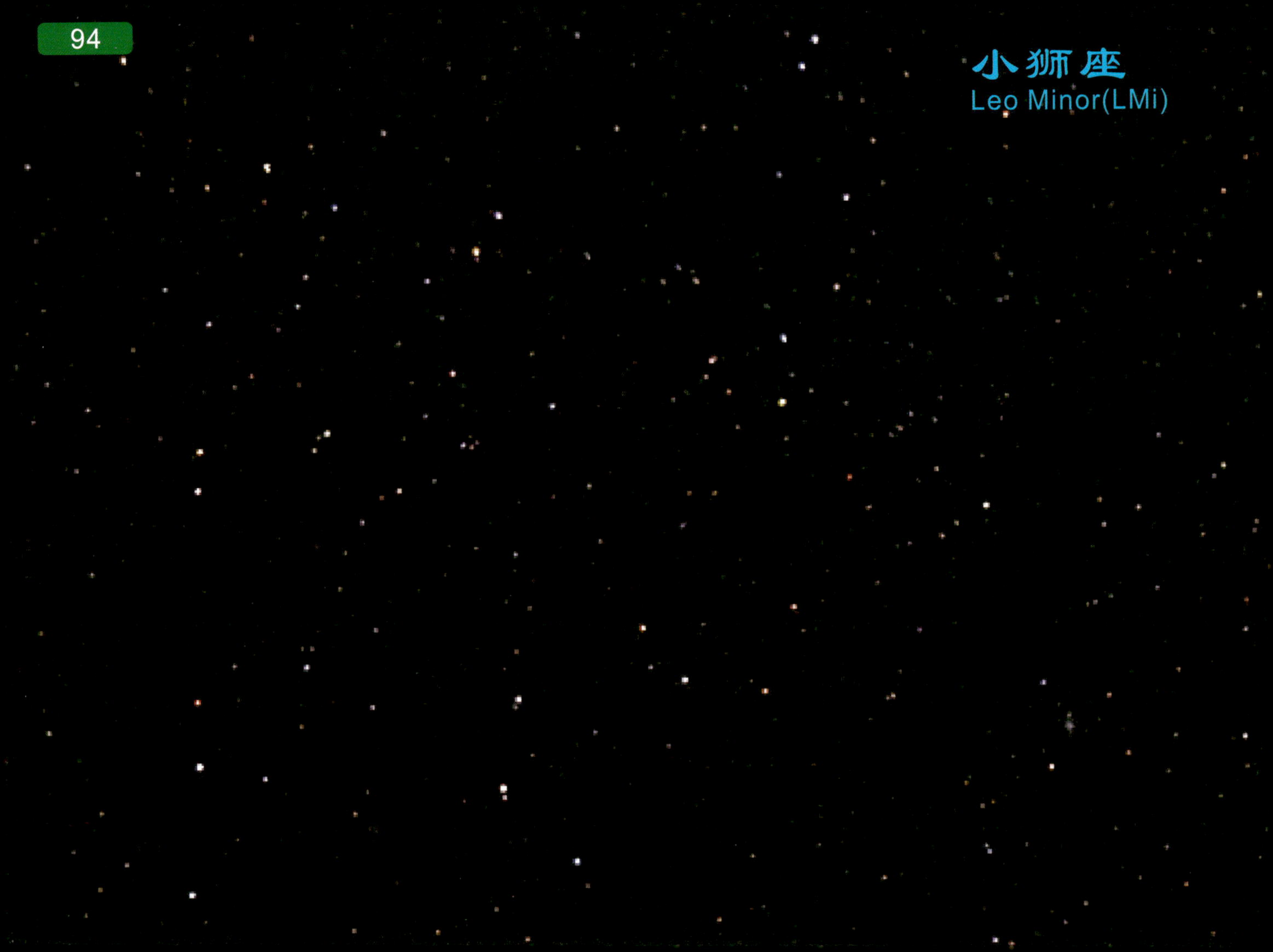

小狮座

Leo Minor(LMi)

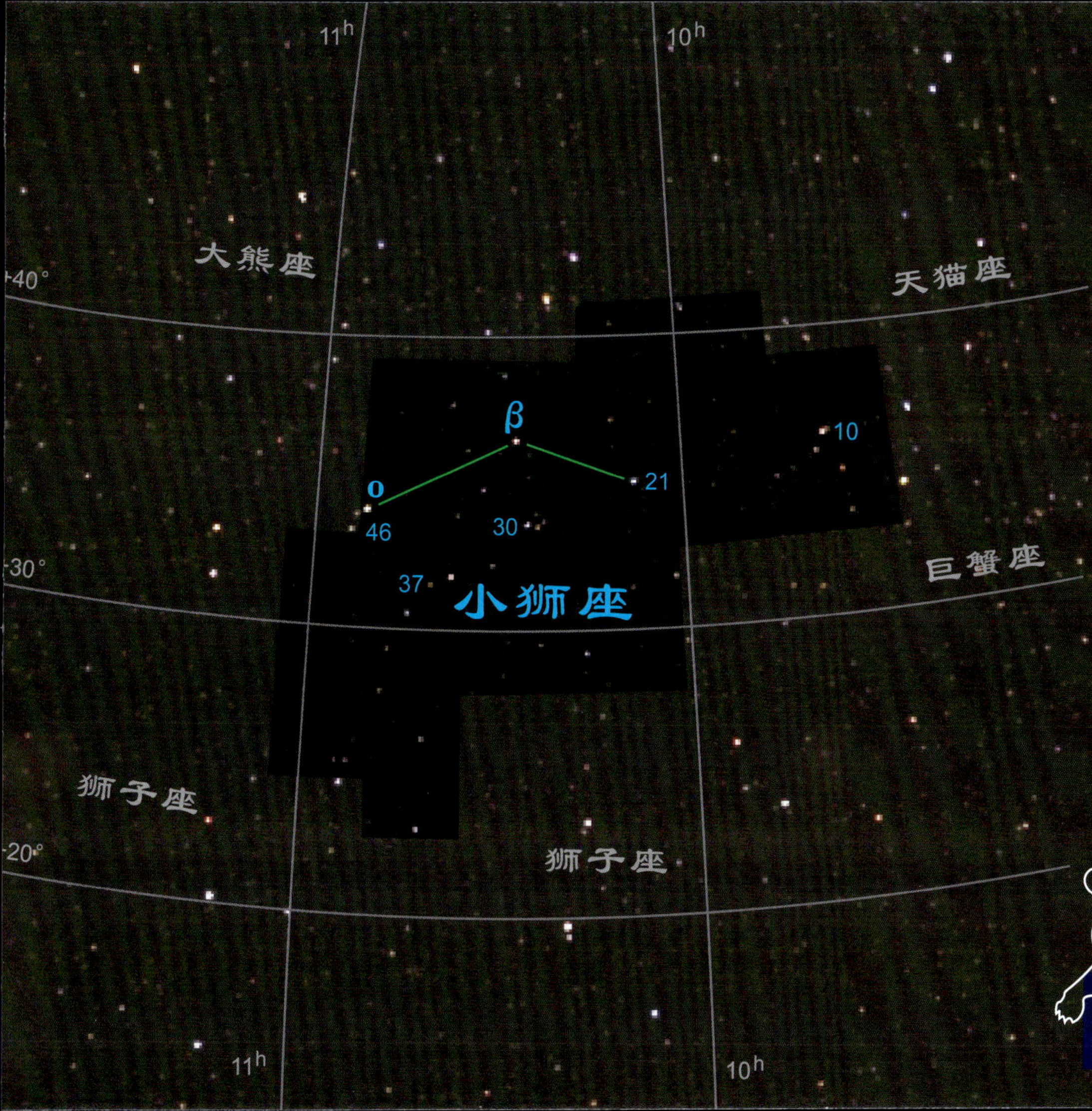

观测月份：2—4月

可见地点：北纬90°～南纬48°

星座位置：北天（10.5h，+35°）

目测宽度：

目测深度：

面积位次：232平方度 第64位

主要恒星：3颗

拜耳/佛氏恒星：34颗

有行星的恒星：3颗

3等以上亮星：0颗

最亮恒星：46LMi，星等3.83

梅西耶天体：0个

重点观测：β星

流星雨：小狮座流星雨

星座想象图：天穹上的幼狮

# 天兔座
Lepus(Lep)

天兔座

Lepus(Lep)

观测月份：12—2月

可见地点：北纬63°～南纬90°

星座位置：南天(5.5h，－20°)

目测宽度：

目测深度：

面积位次：290平方度 第51位

主要恒星：8颗

拜耳/佛氏恒星：20颗

有行星的恒星：3颗

3等以上亮星：2颗

最亮恒星：α Lep，星等2.58

梅西耶天体：1个

重点观测：γ星(厕三)
R
M79
NGC2017

流星雨：无

星座想象图：
猎人奥利恩狩猎的兔子

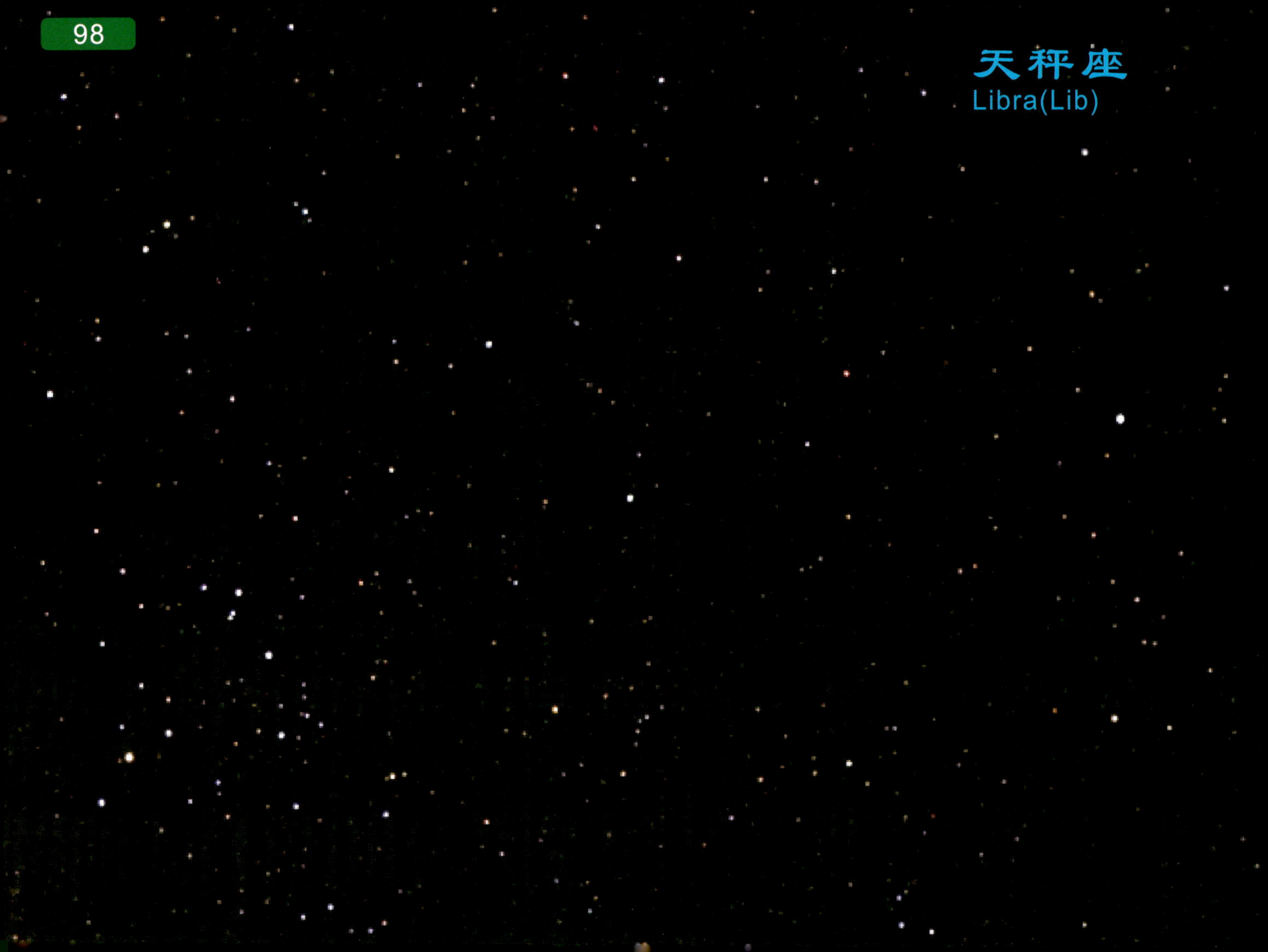
天秤座
Libra(Lib)

天秤座

Libra(Lib)

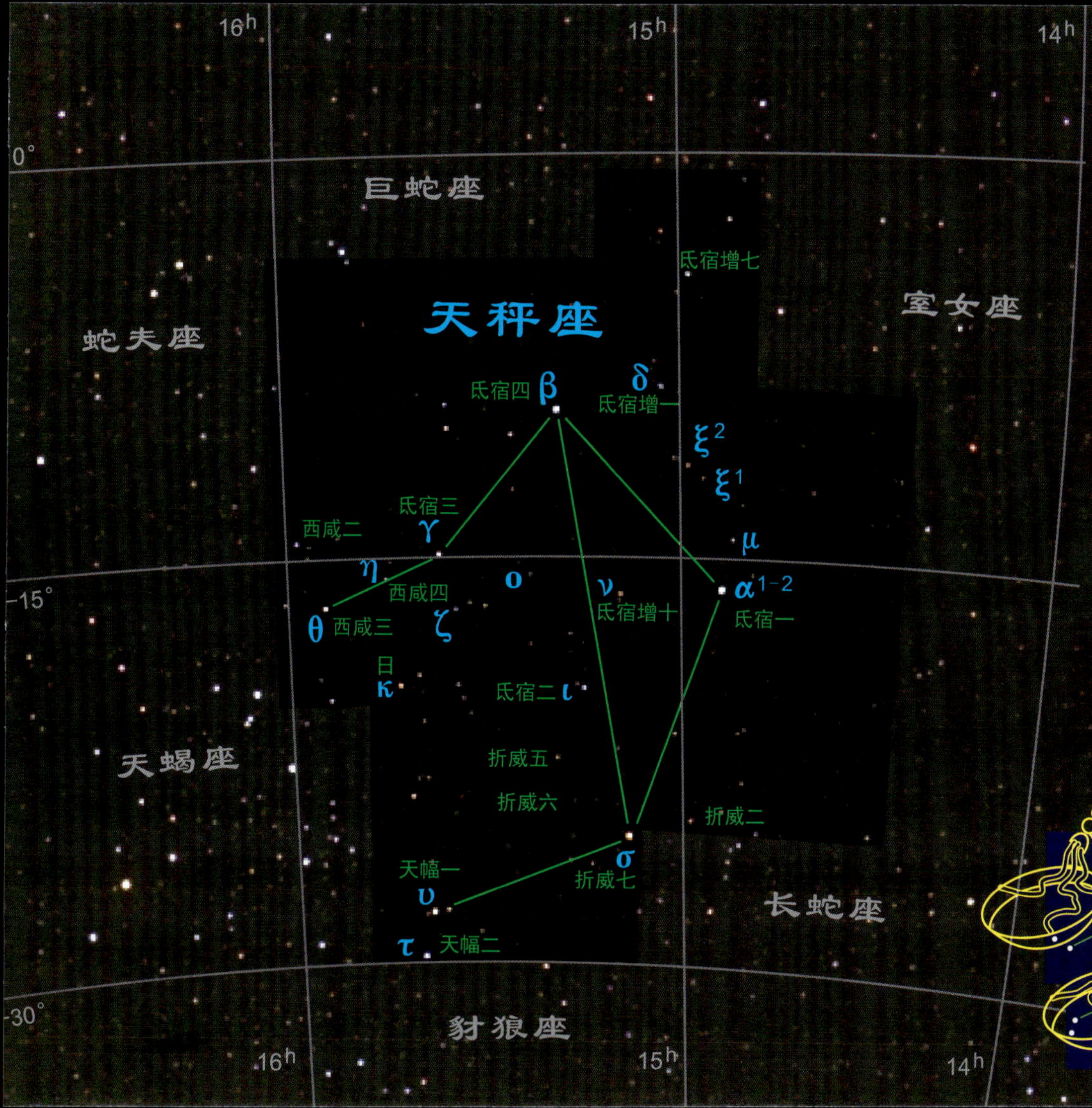

观测月份：5—6月

可见地点：北纬60°～南纬90°

星座位置：黄道(15h，－15°)

目测宽度：

目测深度：

面积位次：538平方度　第29位

主要恒星：4颗

拜耳/佛氏恒星：46颗

有行星的恒星：3颗

3等以上亮星：2颗

最亮恒星：βLib，星等2.61

梅西耶天体：0个

重点观测：α星(氐宿一/南螯)
β星(氐宿四/北螯)
δ星(氐宿增一)
μ星
ι星(氐宿二)

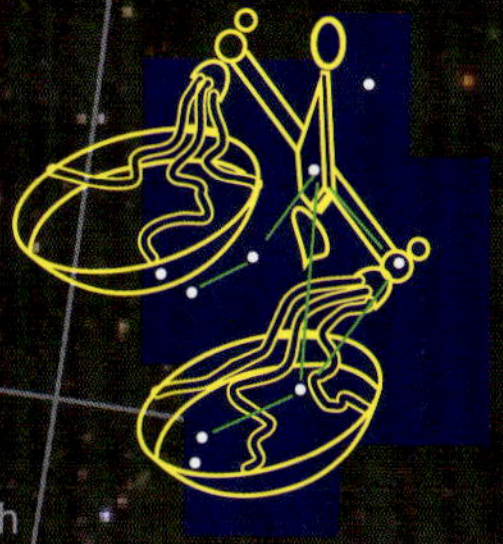

流星雨：
天秤座五月流星雨

星座想象图：
阿斯特拉亚的天秤

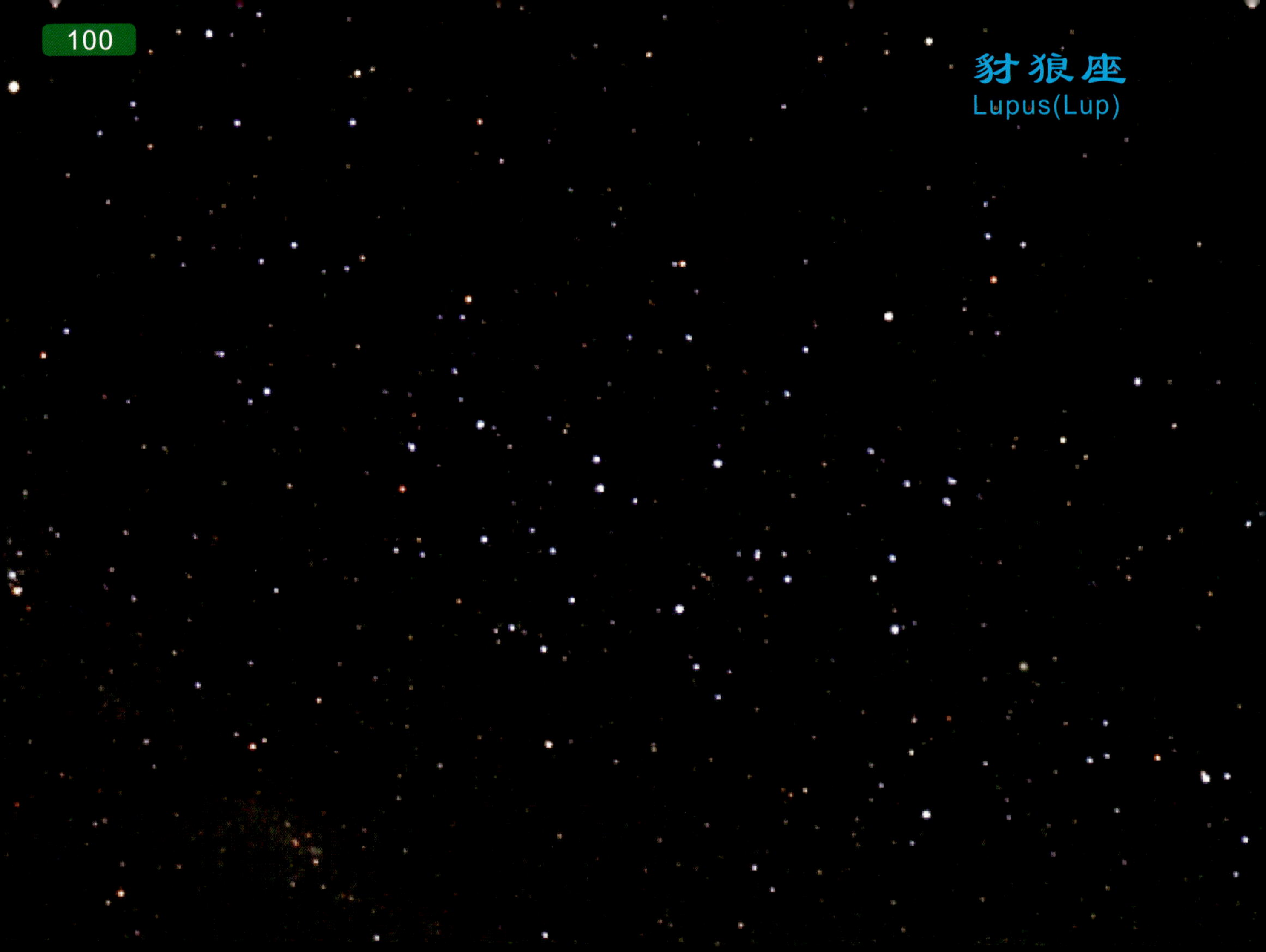
豺狼座
Lupus(Lup)

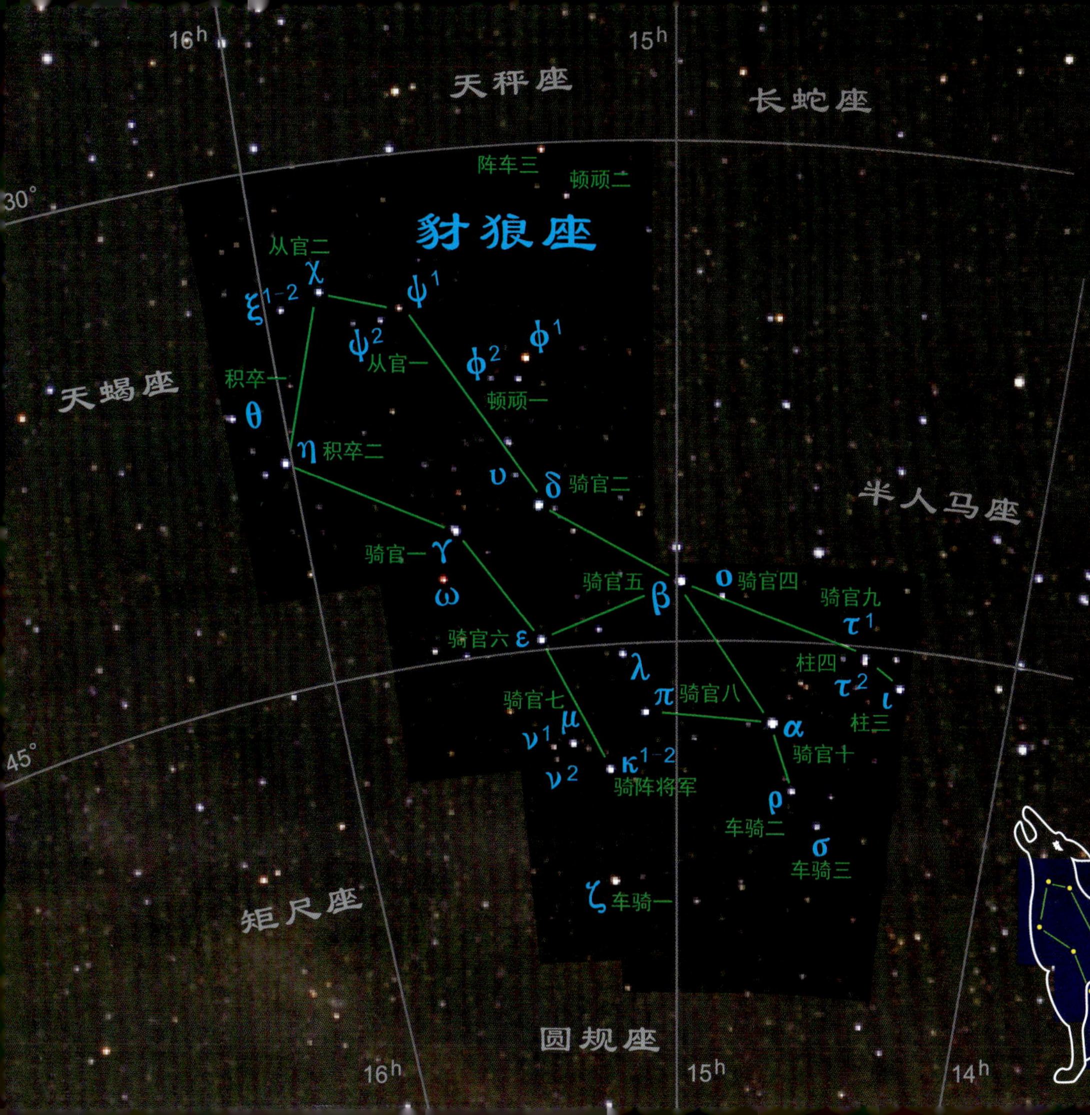

豺狼座

Lupus(Lup)

观测月份：5—6月

可见地点：北纬35°～南纬90°

星座位置：南天（15.5h，-40°）

目测宽度：

目测深度：

面积位次：334平方度 第46位

主要恒星：9颗

拜耳/佛氏恒星：41颗

有行星的恒星：5颗

3等以上亮星：3颗

最亮恒星：α Lup，星等2.3

梅西耶天体：0个

重点观测：κ 星
μ 星（骑官七）
ξ 星
π 星（骑官八）
NGC5822

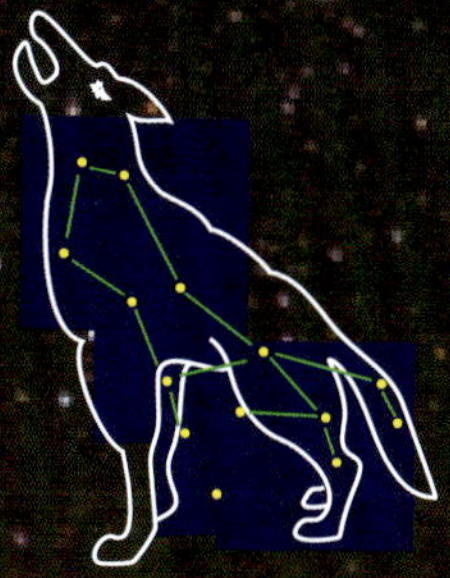

流星雨：无

星座想象图：
浪迹南天的狼

天猫座
Lynx(Lyn)

天猫座
Lynx(Lyn)

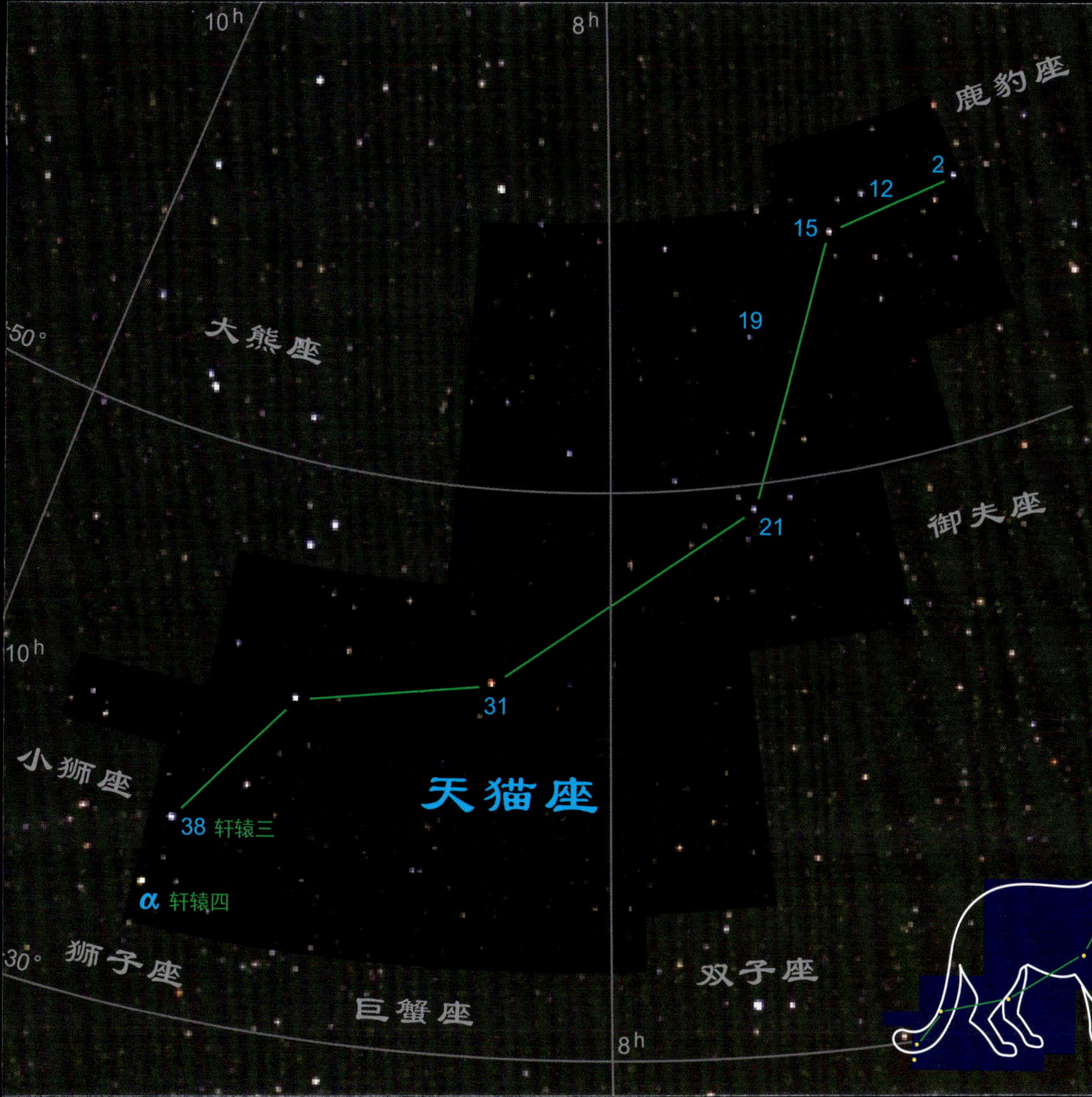

观测月份： 1—3月

可见地点： 北纬90°～南纬28°

星座位置： 北天（8h，+45°）

目测宽度：

目测深度：

面积位次： 545平方度 第28位

主要恒星： 4颗

拜耳/佛氏恒星： 42颗

有行星的恒星： 6颗

3等以上亮星： 0颗

最亮恒星： α Lyn，星等3.14

梅西耶天体： 0个

重点观测： 12
19
38（轩辕三）
NGC2419

流星雨：
天猫座α、十月流星雨

星座想象图：
天穹上的山猫

# 天琴座
Lyra(Lyr)

天琴座

Lyra(Lyr)

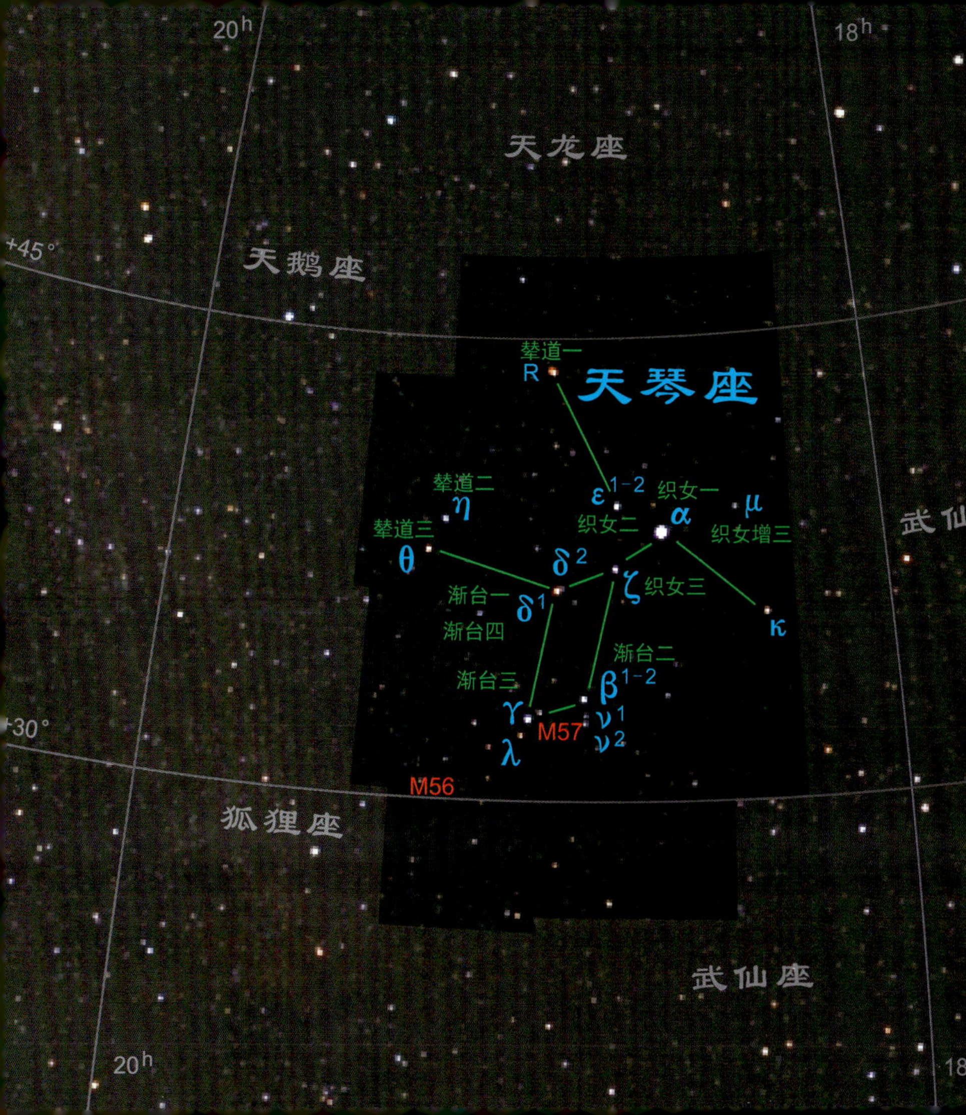

观测月份：7—8月

可见地点：北纬90°～南纬42°

星座位置：北天（19h，+35°）

目测宽度：

目测深度：

面积位次：286平方度 第52位

主要恒星：5颗

拜耳/佛氏恒星：25颗

有行星的恒星：0颗

3等以上亮星：1颗

最亮恒星：α Lyr，星等0.03

梅西耶天体：2个

重点观测：α星（织女一）
β星（渐台二）
δ星（渐台一）
ε星（织女二）
ζ星（织女三）
M57（环状星云）

流星雨：
天琴座流星雨、α、六月流星雨

星座想象图：
奥菲斯的宝琴

# 山案座
Mensa(Men)

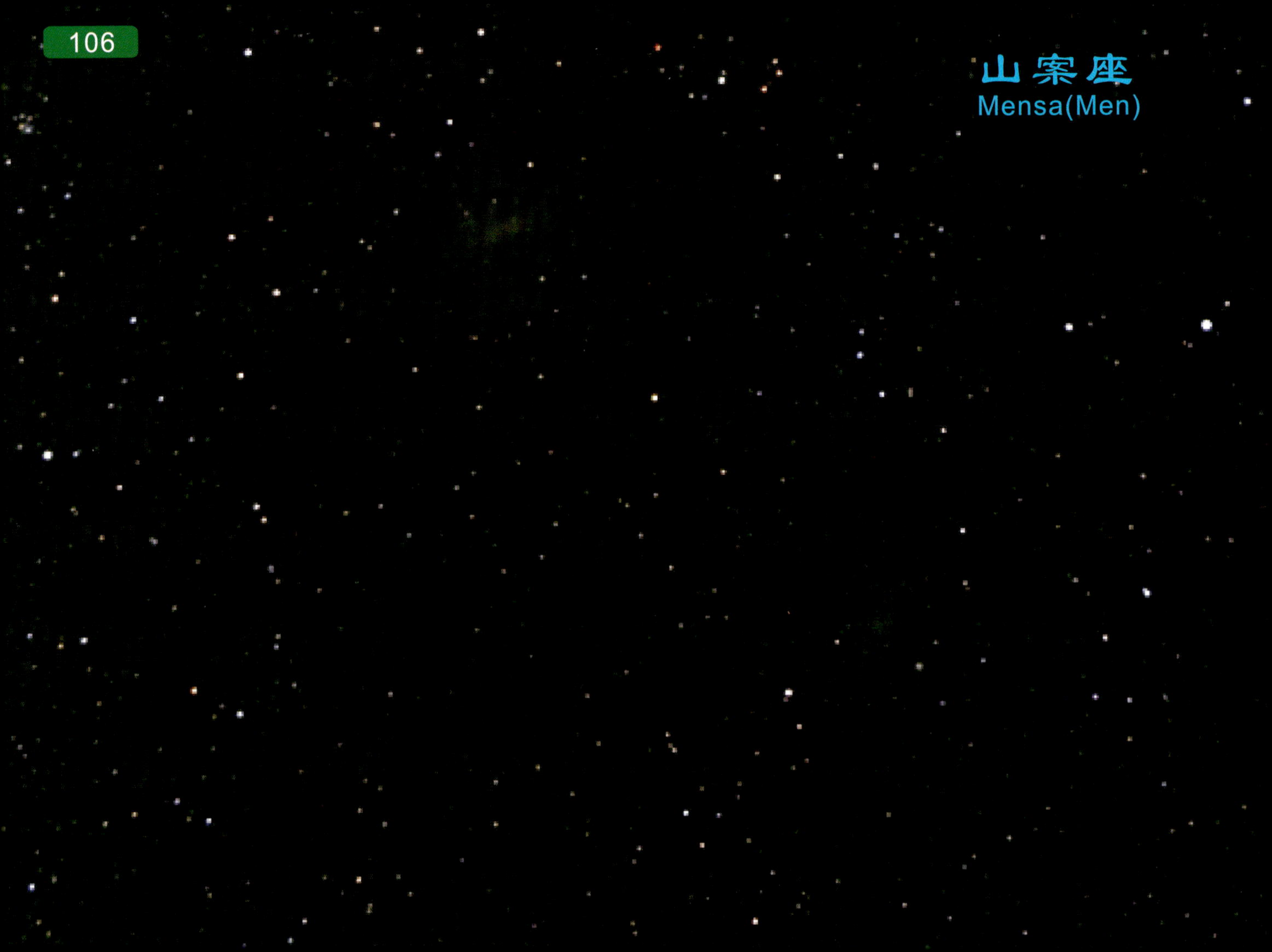

山案座

Mensa(Men)

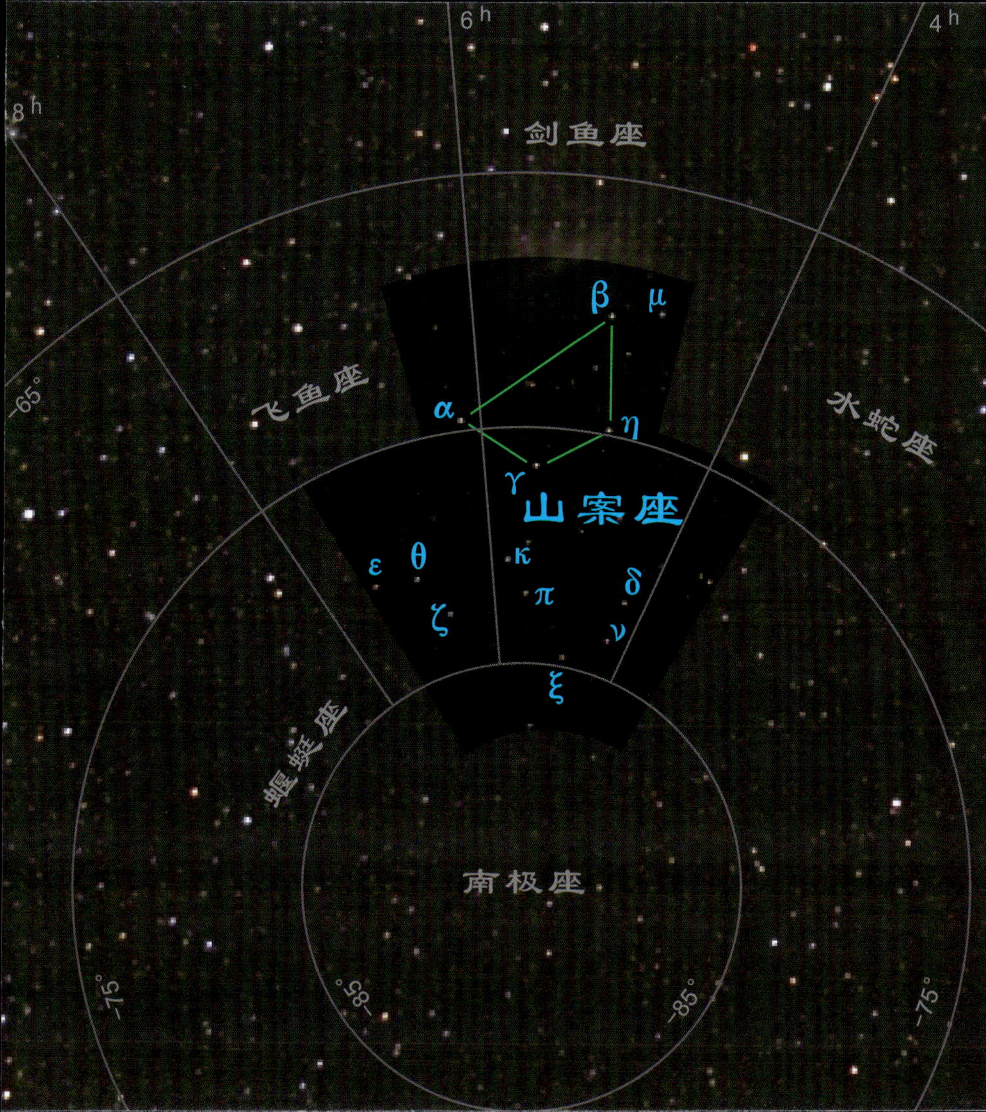

观测月份：12—2月

可见地点：北纬5°～南纬90°

星座位置：南天(5.5^h，－75°)

目测宽度：

目测深度：

面积位次：153平方度 第75位

主要恒星：4颗

拜耳/佛氏恒星：16颗

有行星的恒星：2颗

3等以上亮星：0颗

最亮恒星：α Men，星等5.09

梅西耶天体：0个

重点观测：α星

流星雨：无

星座想象图：

开普敦桌山

# 显微镜座
Microscopium(Mio)

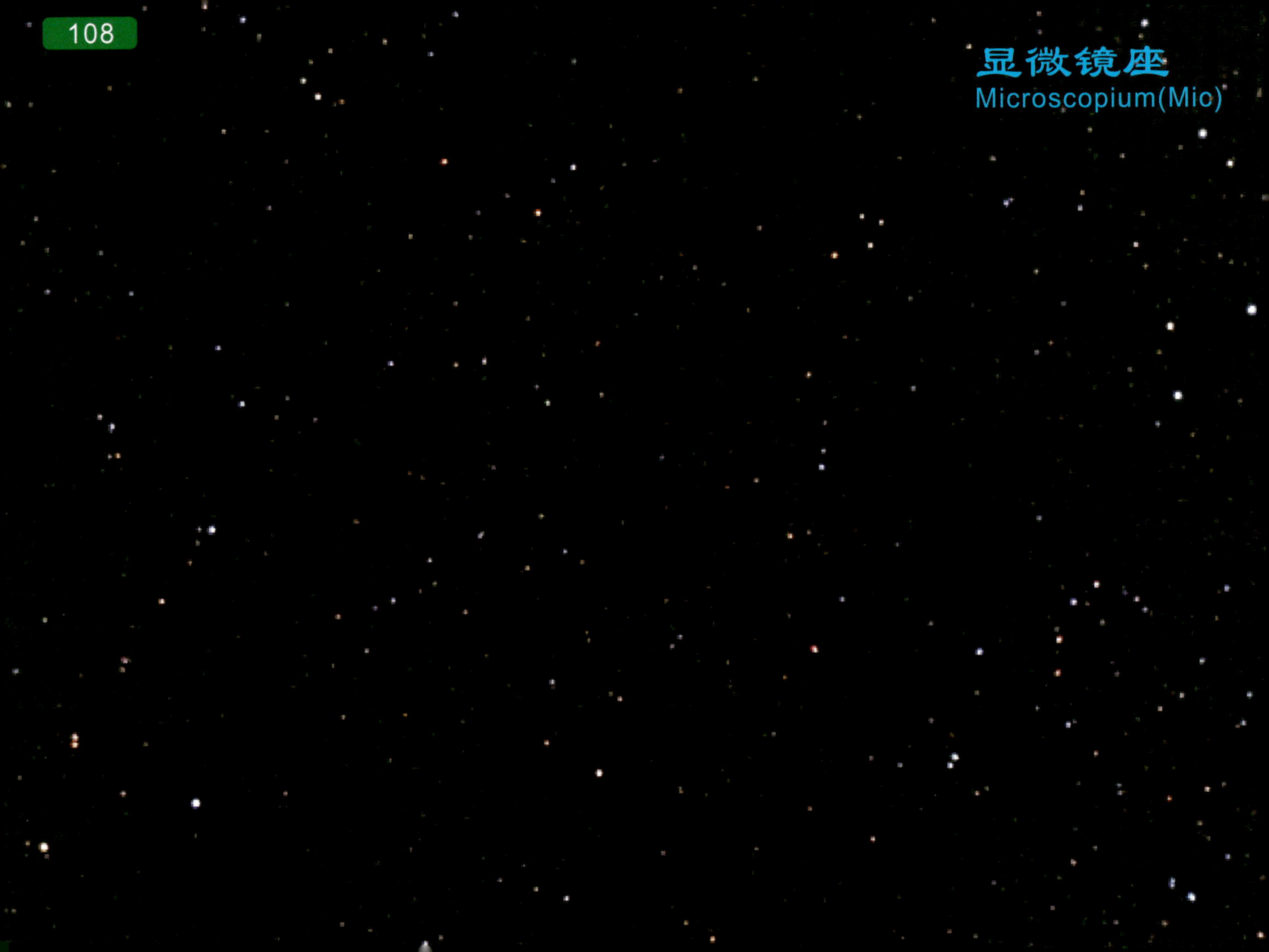

显微镜座

Microscopium(Mic)

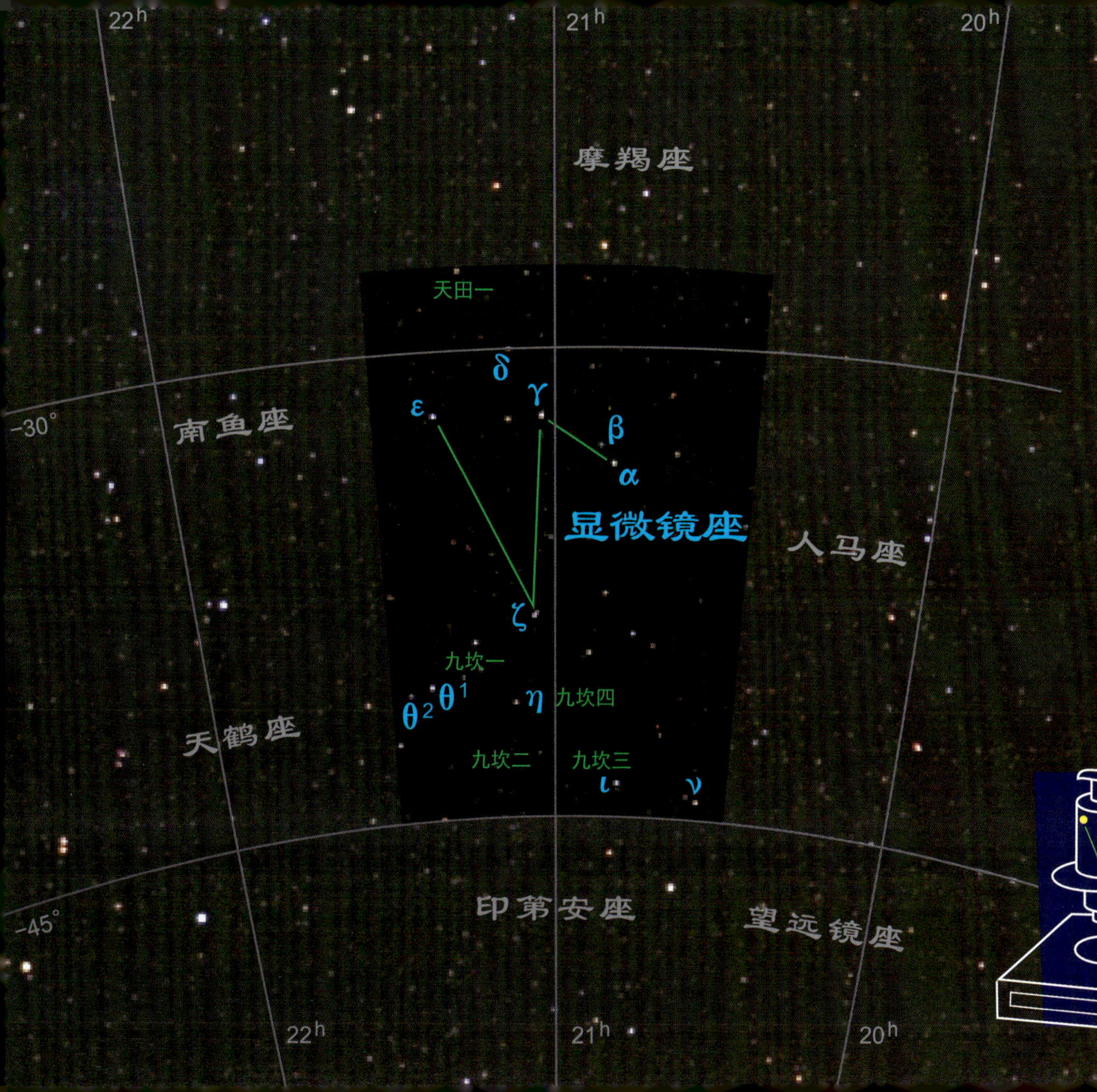

观测月份：8—9月

可见地点：北纬45°～南纬90°

星座位置：南天（21^h，－35°）

目测宽度：

目测深度：

面积位次：210平方度 第66位

主要恒星：5颗

拜耳/佛氏恒星：13颗

有行星的恒星：2颗

3等以上亮星：0颗

最亮恒星：γ Mic，星等4.67

梅西耶天体：0个

重点观测：α星

流星雨：显微镜座流星雨

星座想象图：仪器显微镜

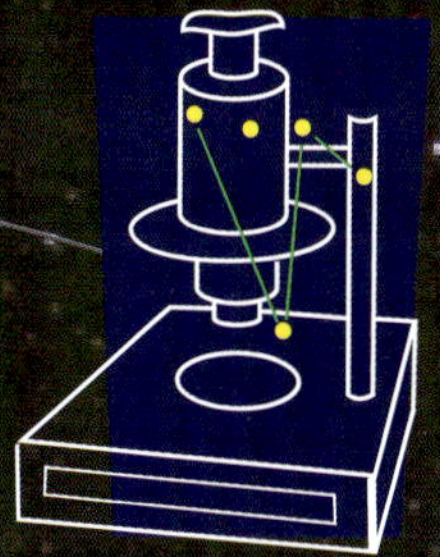

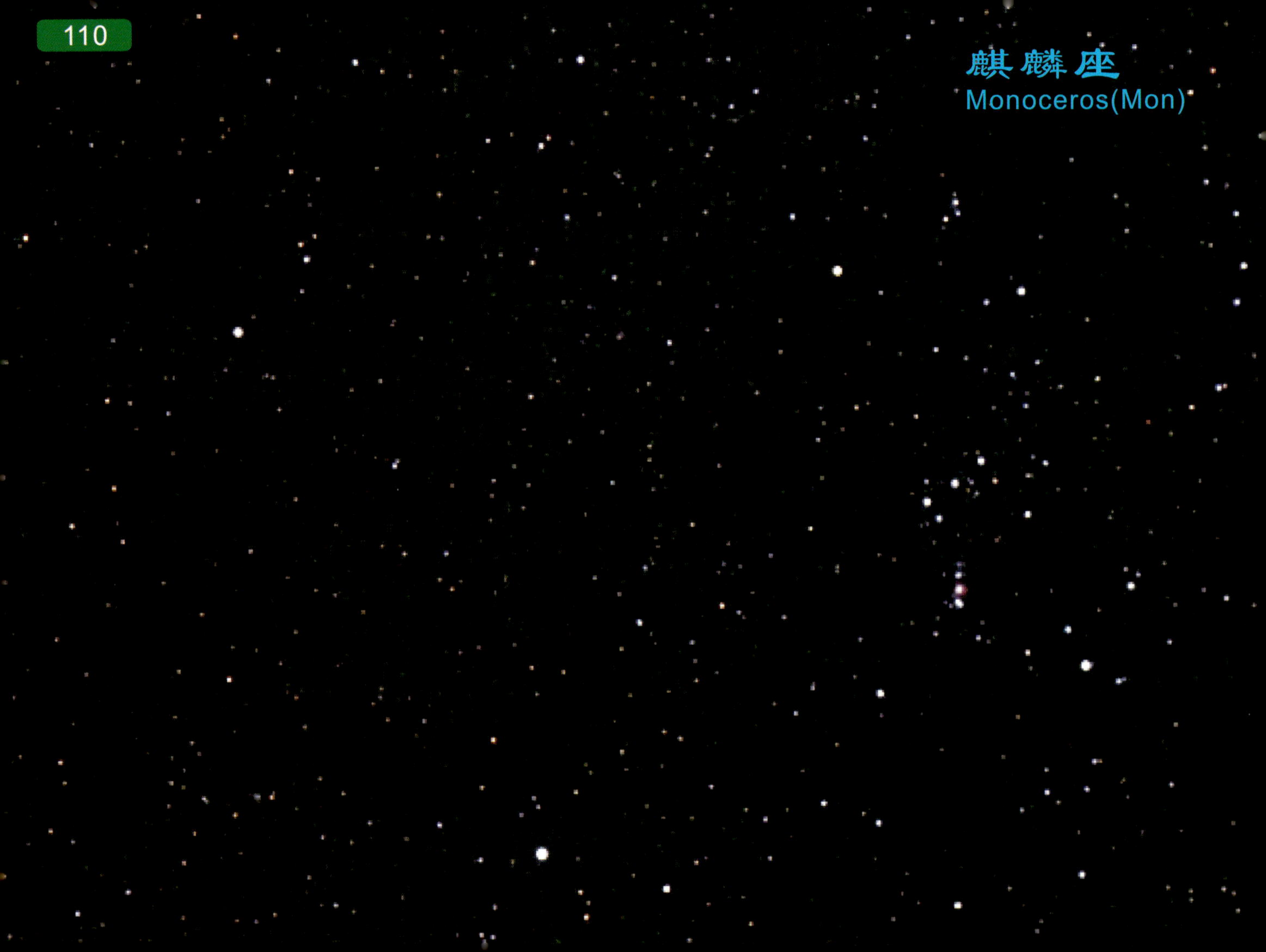
麒麟座
Monoceros(Mon)

麒麟座

Monoceros(Mon)

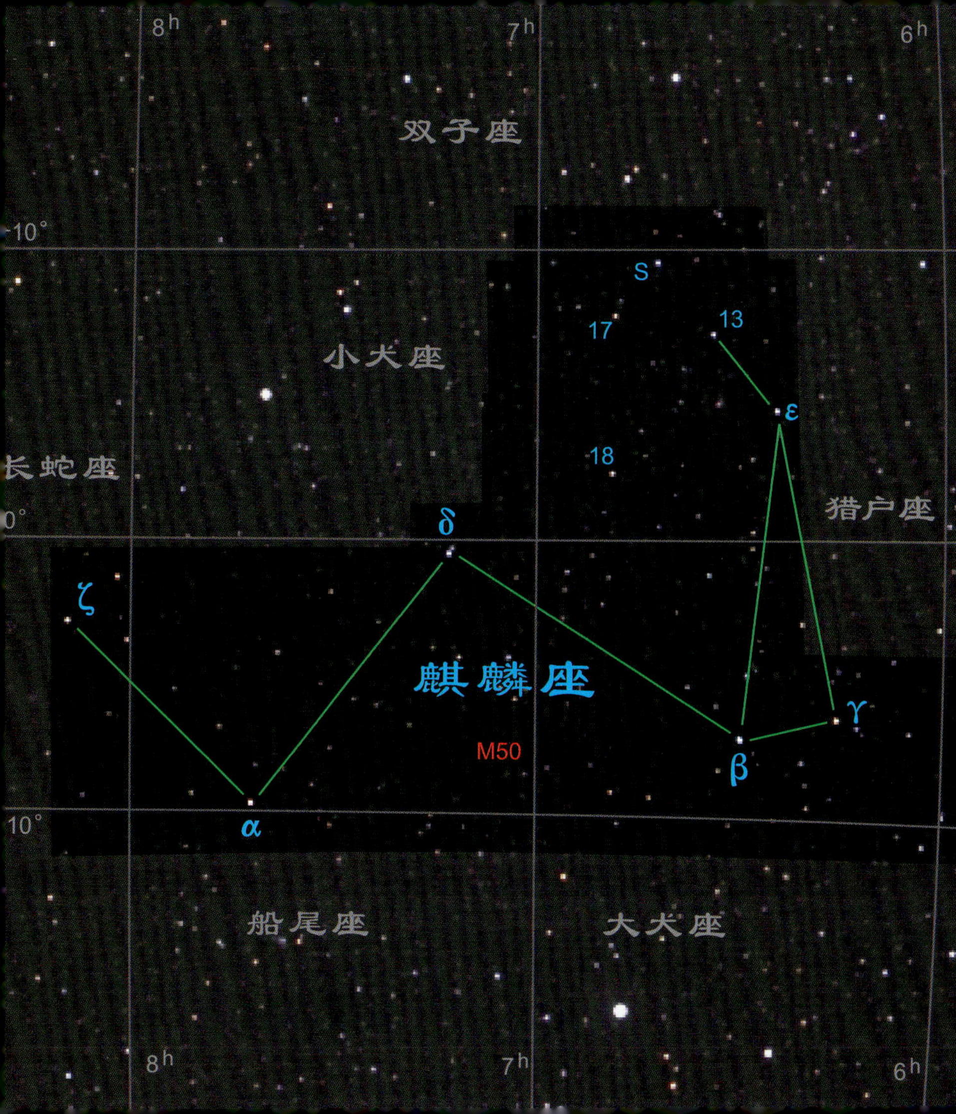

观测月份：1—2月

可见地点：北纬79°～南纬78°

星座位置：南天（7h，－5°）

目测宽度：

目测深度：

面积位次：482平方度　第35位

主要恒星：4颗

拜耳/佛氏恒星：32颗

有行星的恒星：16颗

3等以上亮星：0颗

最亮恒星：β Mon，星等4.09

梅西耶天体：1个

重点观测：β星
ε星
S
M50（疏散星团）
NGC2232
NGC2244
NGC2264

流星雨：麒麟座α、十二月流星雨

星座想象图：

神话中的独角兽

苍蝇座
Musca(Mus)

苍蝇座

Musca(Mus)

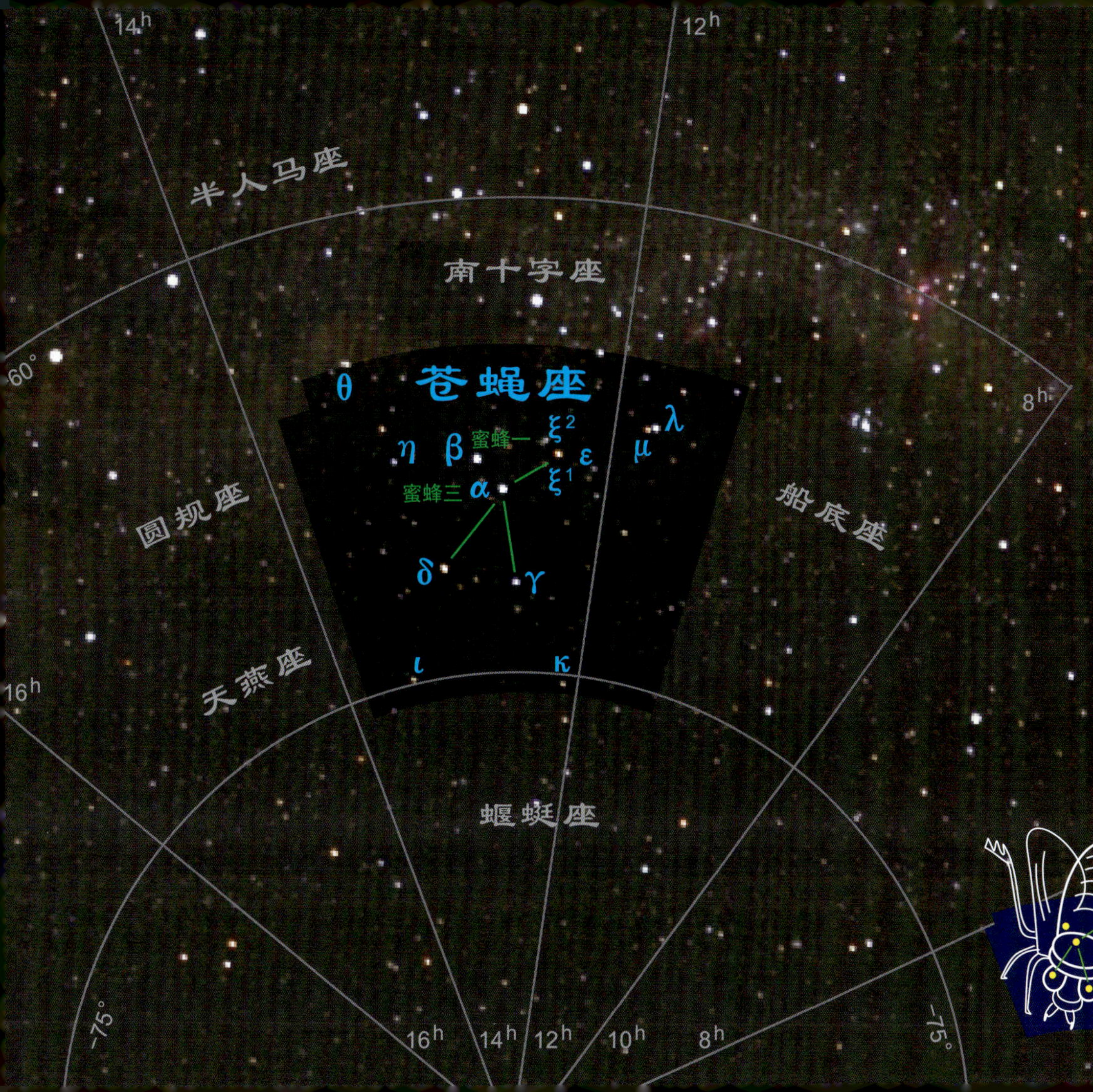

观测月份：3—5月

可见地点：北纬15°～南纬90°

星座位置：南天（12.5^h，－70°）

目测宽度：

目测深度：

面积位次：138平方度　第77位

主要恒星：6颗

拜耳/佛氏恒星：13颗

有行星的恒星：3颗

3等以上亮星：1颗

最亮恒星：α Mus，星等2.69

梅西耶天体：0个

重点观测：β星
θ星

流星雨：无

星座想象图：

天穹上的苍蝇

矩尺座
Norma(Nor)

矩尺座

Norma(Nor)

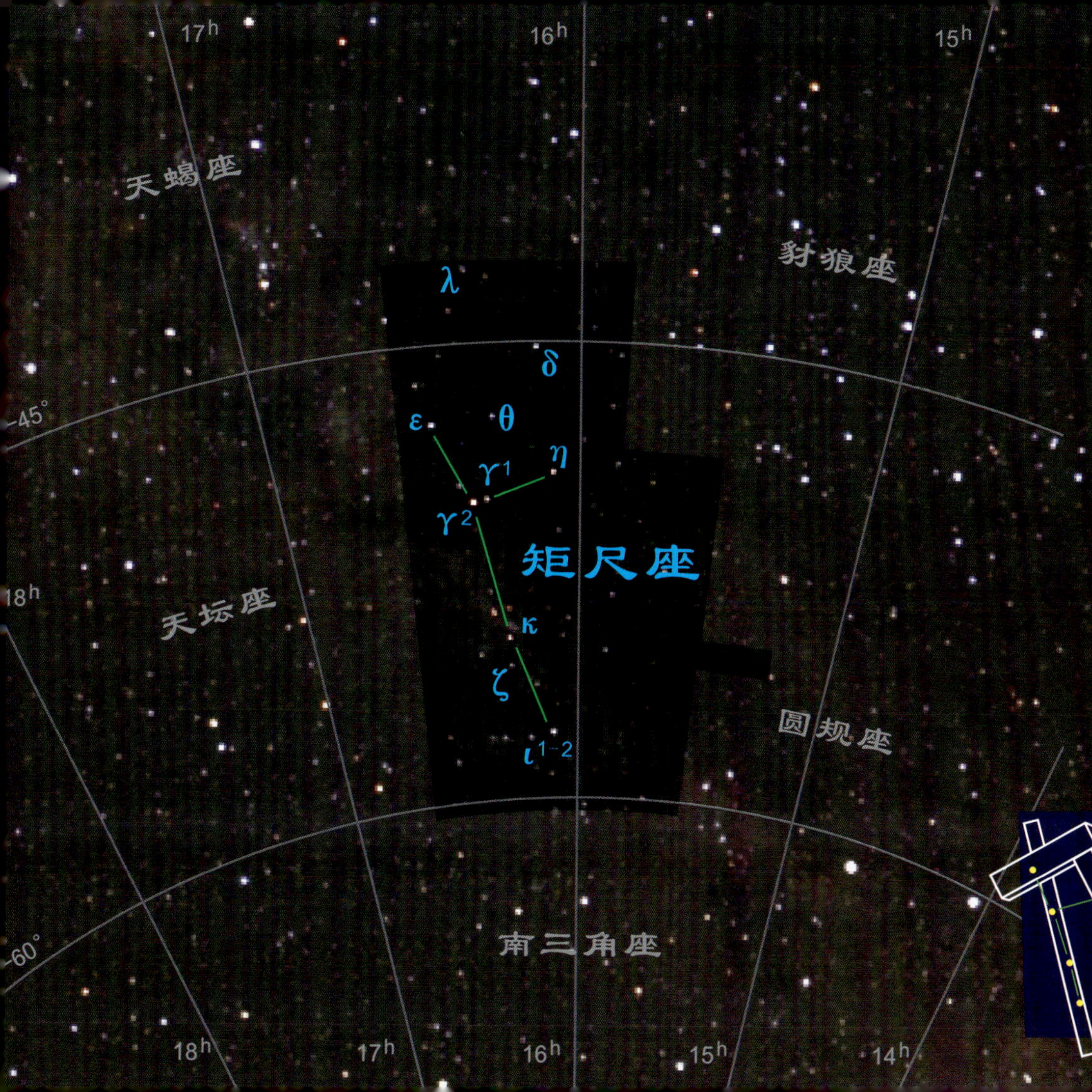

观测月份：5—7月

可见地点：北纬30°～南纬90°

星座位置：南天(16h，-50°)

目测宽度：

目测深度：

面积位次：165平方度 第74位

主要恒星：4颗

拜耳/佛氏恒星：13颗

有行星的恒星：4颗

3等以上亮星：0颗

最亮恒星：γ_2 Nor，星等4.01

梅西耶天体：0个

重点观测：γ星
ε星
ι^1星

流星雨：
矩尺座γ流星雨

星座想象图：
科学器具矩尺

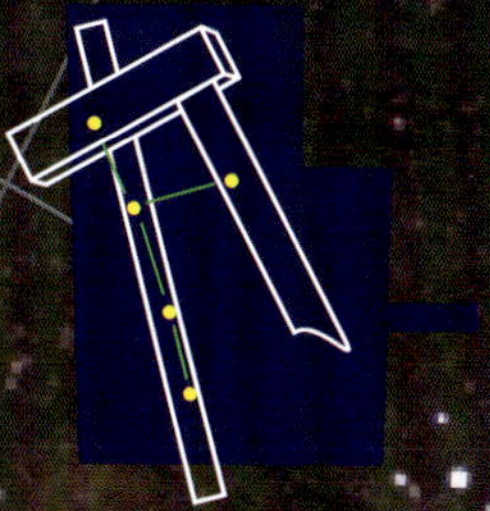

# 南极座
Octans(Oct)

南极座

Octans(Oct)

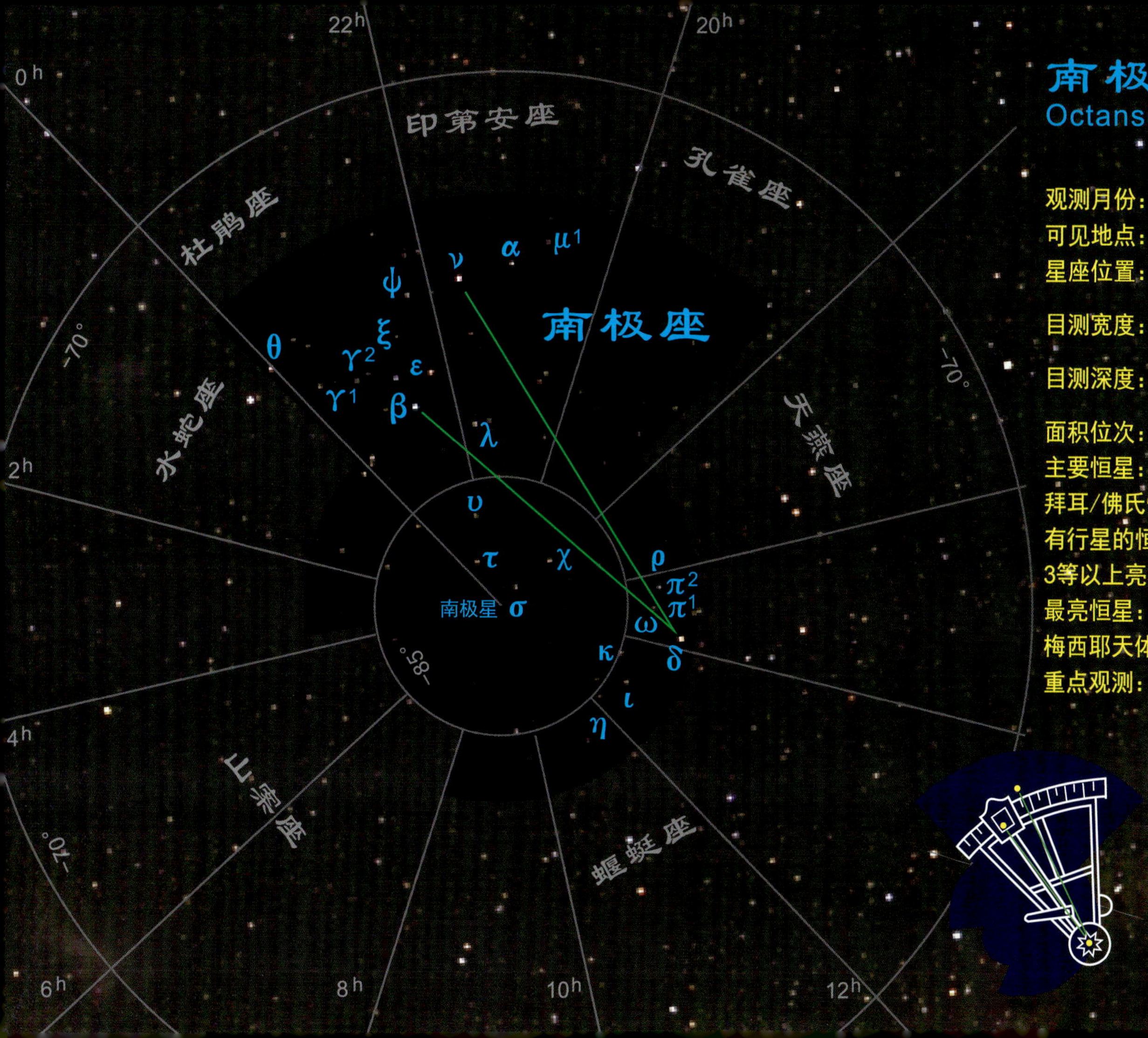

观测月份：10—11月

可见地点：北纬0°～南纬90°

星座位置：南天（21h，－80°）

目测宽度：

目测深度：

面积位次：291平方度 第50位

主要恒星：3颗

拜耳/佛氏恒星：27颗

有行星的恒星：3颗

3等以上亮星：0颗

最亮恒星：ν Oct，星等3.73

梅西耶天体：0个

重点观测：σ星
λ星

流星雨：无

星座想象图：
航海仪器八分仪

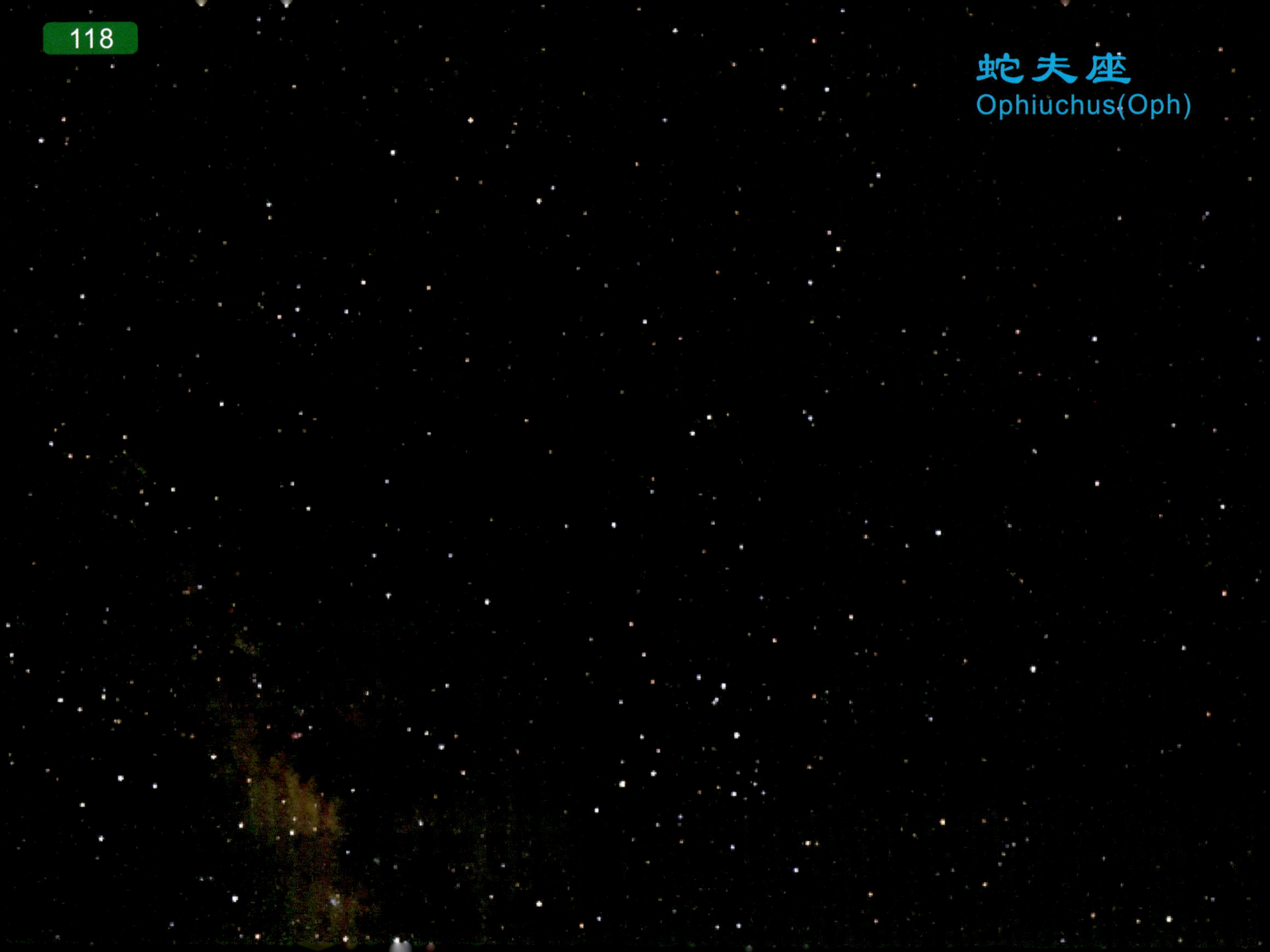
蛇夫座
Ophiuchus(Oph)

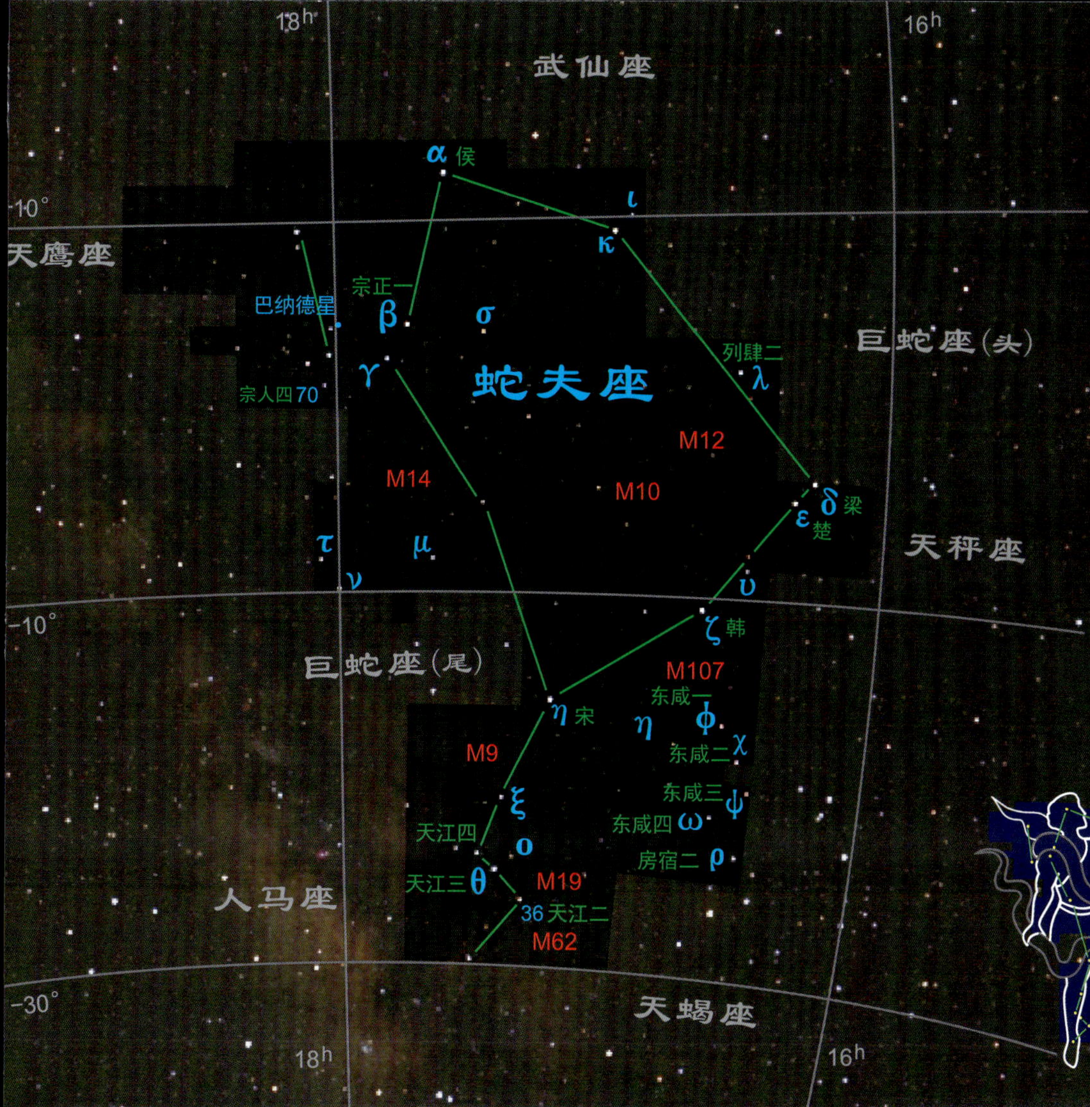

蛇夫座

Ophiuchus(Oph)

观测月份：6—7月

可见地点：北纬60°～南纬76°

星座位置：黄道(17^h，－5°)

目测宽度：

目测深度：

面积位次：948平方度 第11位

主要恒星：10颗

拜耳/佛氏恒星：62颗

有行星的恒星：15颗

3等以上亮星：5颗

最亮恒星：α Oph，星等2.08

梅西耶天体：7个

重点观测：ρ星、巴纳德星
36(天江二)
70(宗人四)
M10、M12
NGC6633
IC4665

流星雨：蛇夫座流星雨，蛇夫座北五月、南五月、θ流星雨

星座想象图：神医阿斯克勒庇俄斯

猎户座
Orion(Ori)

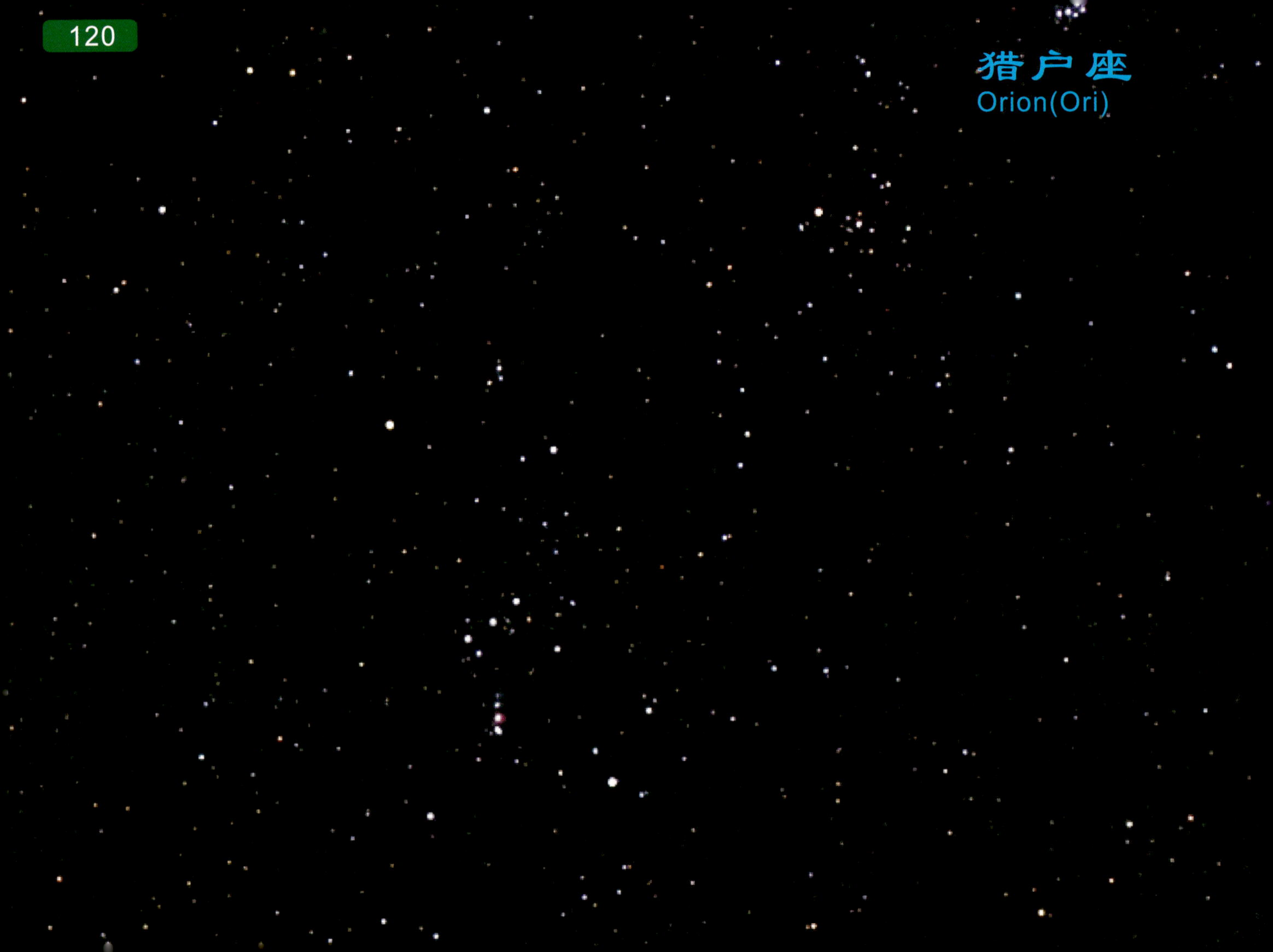

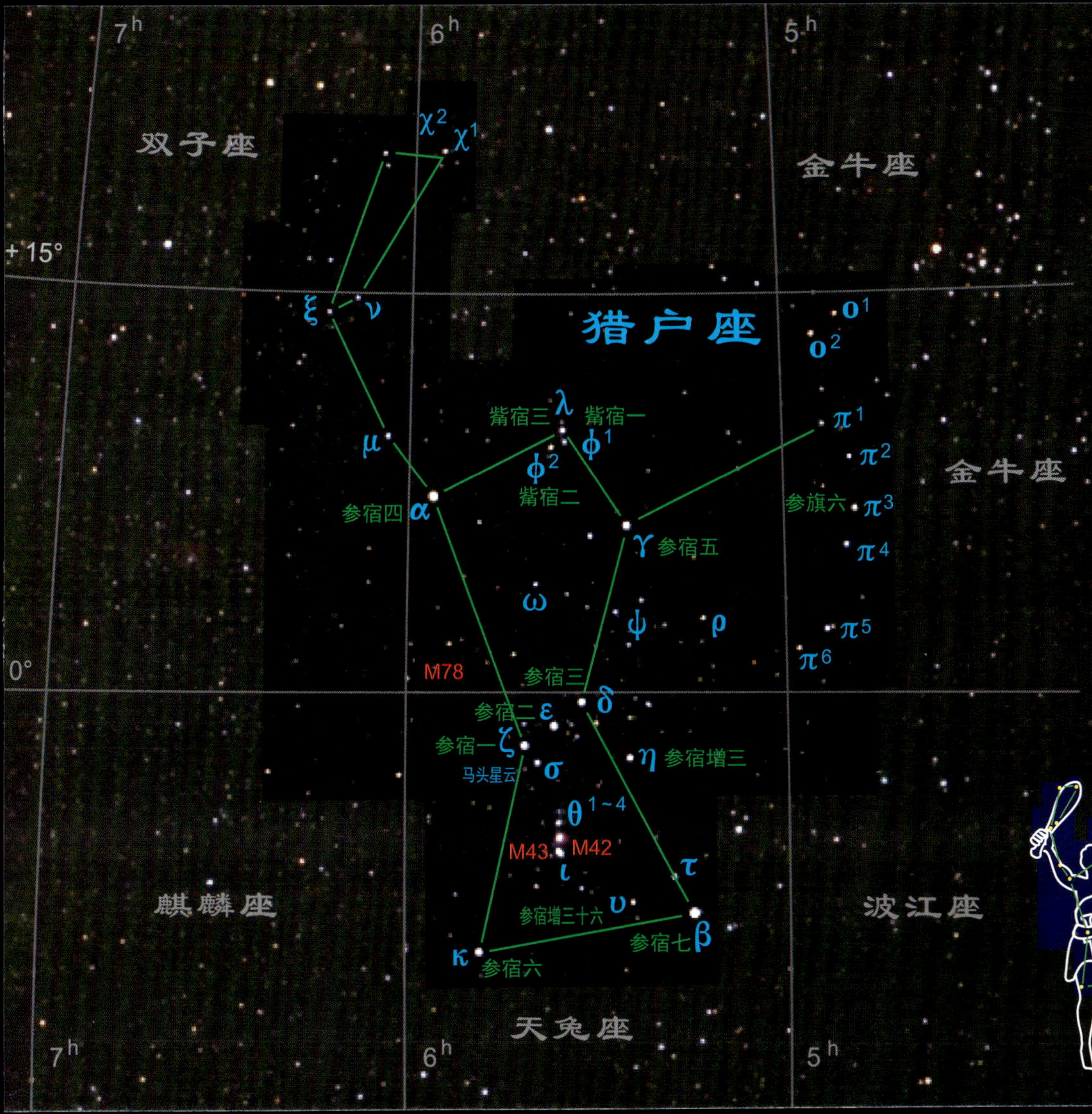

猎户座
Orion(Ori)

观测月份：12—1月

可见地点：北纬79°～南纬67°

星座位置：北天(5.5h，+5°)

目测宽度：

目测深度：

面积位次：594平方度 第26位

主要恒星：7颗

拜耳/佛氏恒星：81颗

有行星的恒星：10颗

3等以上亮星：8颗

最亮恒星：β Ori，星等0.12

梅西耶天体：3个

重点观测：α星(参宿四)
β星(参宿七)
θ星(四合星)
δ星(参宿三)、
M42(猎户座大星云)
NGC1981
马头星云

流星雨：猎户座流星雨、χ流星雨

星座想象图：
猎人奥利恩

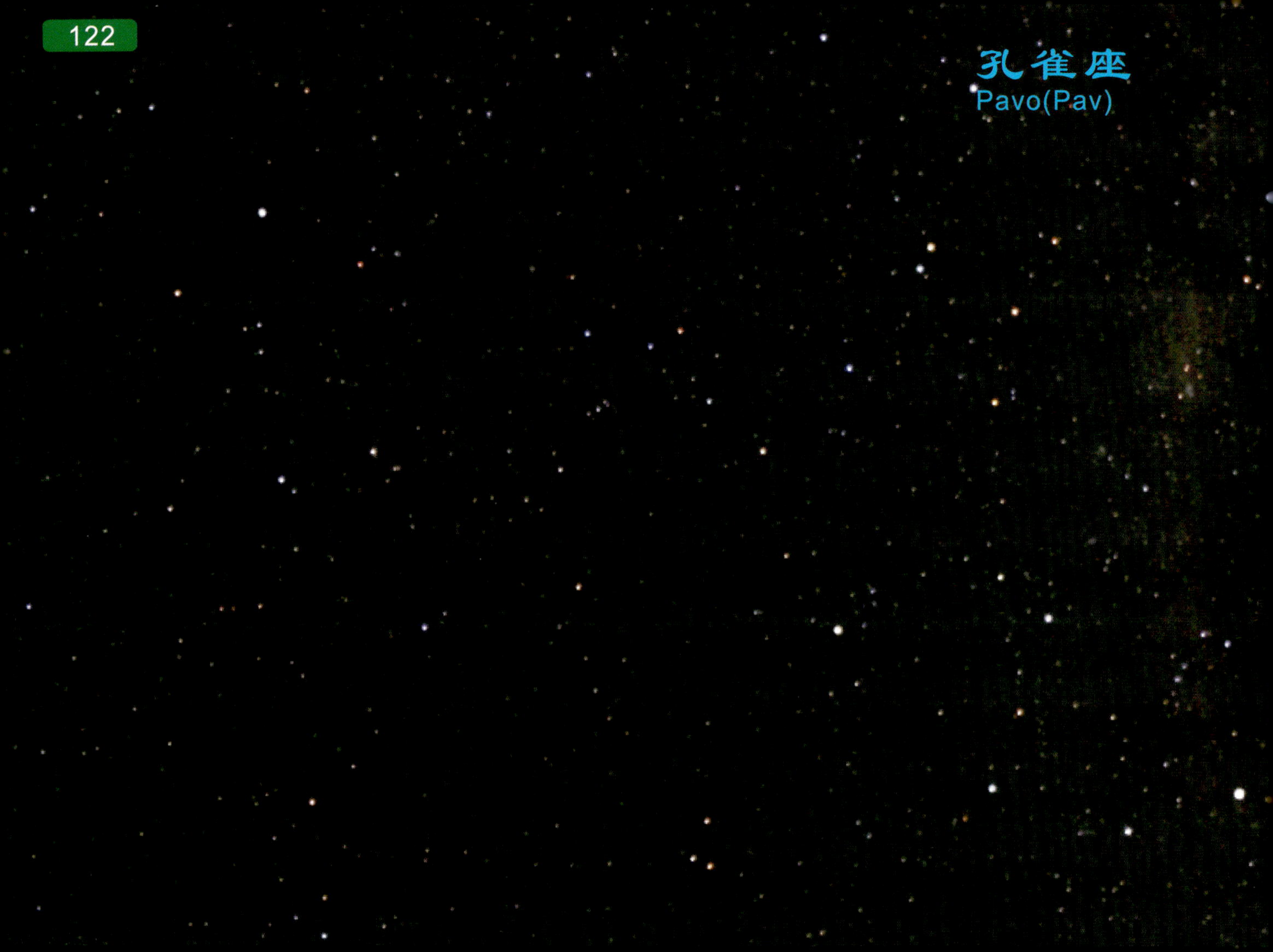
孔雀座
Pavo(Pav)

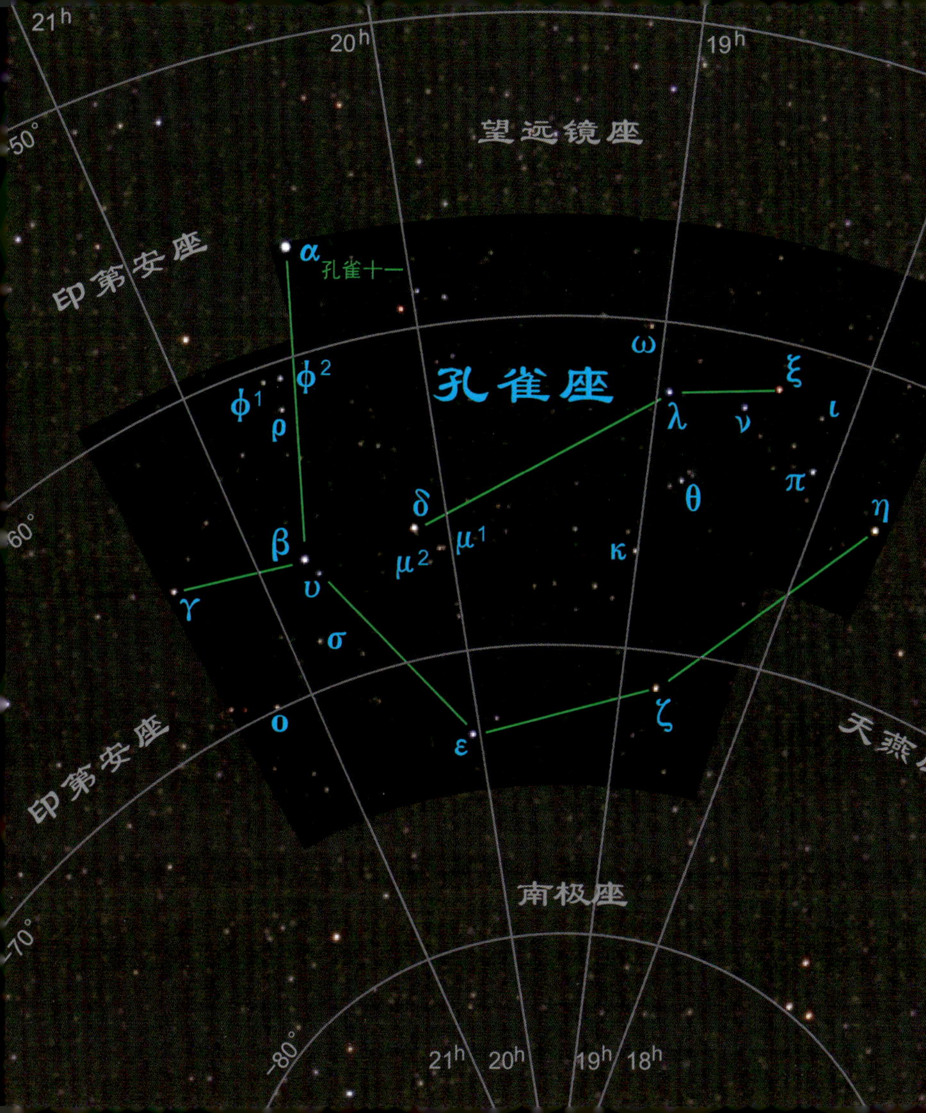

孔雀座

Pavo(Pav)

观测月份：7—9月

可见地点：北纬15°～南纬90°

星座位置：南天(19.5h，－65°)

目测宽度：

目测深度：

面积位次：378平方度 第44位

主要恒星：7颗

拜耳/佛氏恒星：24颗

有行星的恒星：6颗

3等以上亮星：1颗

最亮恒星：α Pav，星等1.91

梅西耶天体：0个

重点观测：κ星
ξ星
NGC6752

流星雨：
孔雀座八月、δ流星雨

星座想象图：
天穹中开屏的孔雀

飞马座

Pegasus(Peg)

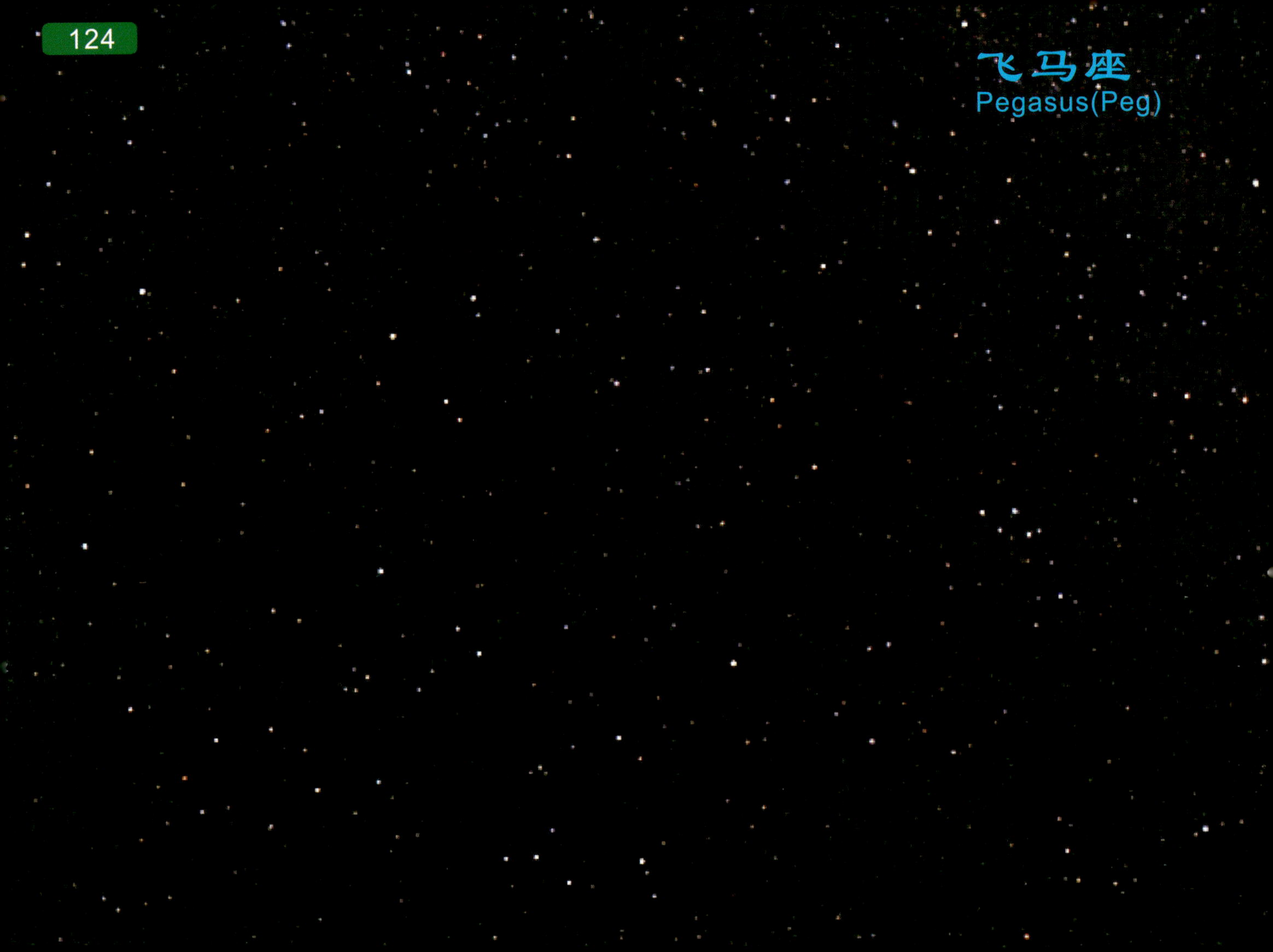

飞马座
Pegasus(Peg)

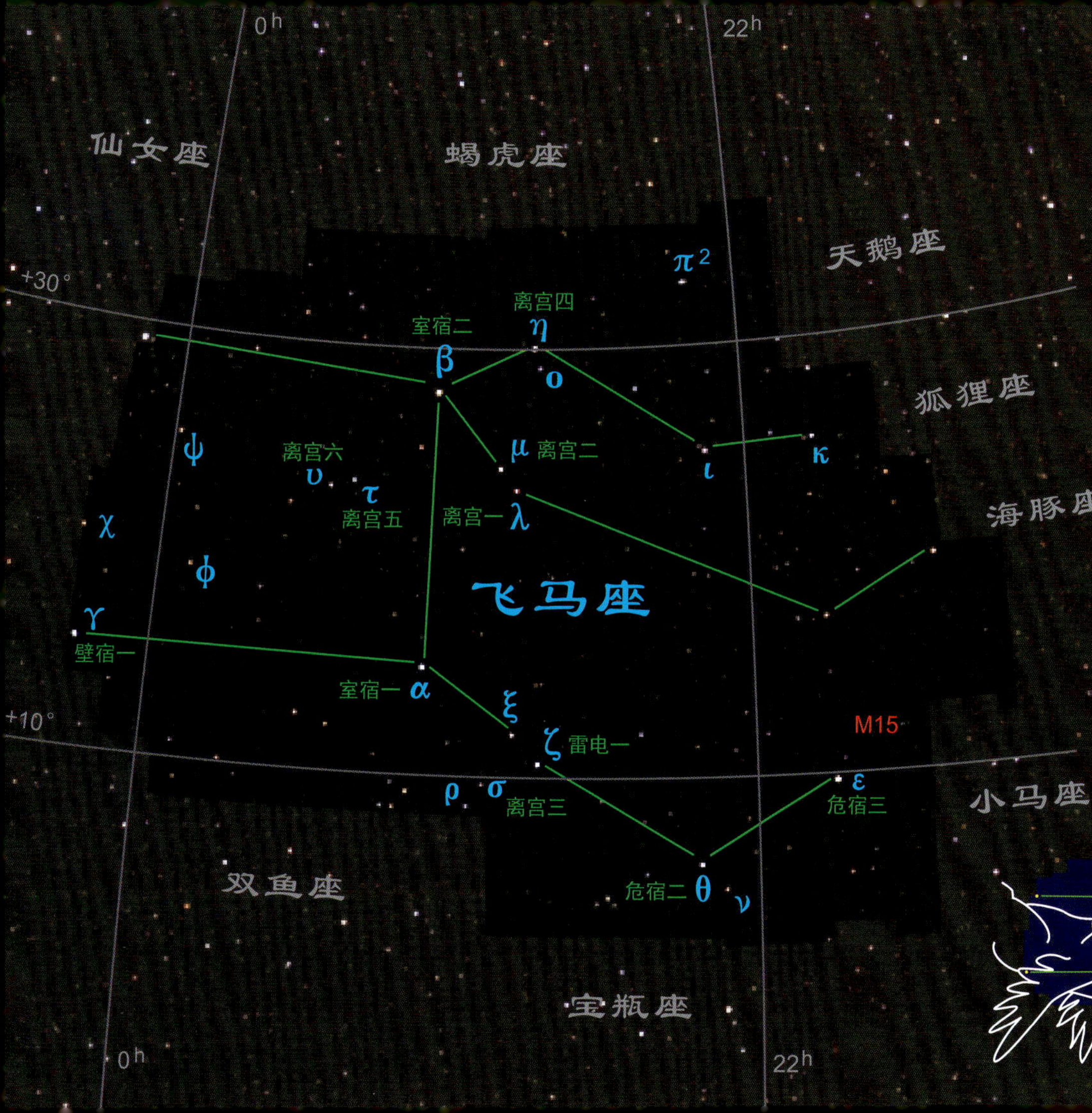

观测月份：9—10月

可见地点：北纬90°～南纬54°

星座位置：北天（23^h，+20°）

目测宽度：

目测深度：

面积位次：1121平方度 第7位

主要恒星：9颗

拜耳/佛氏恒星：88颗

有行星的恒星：12颗

3等以上亮星：5颗

最亮恒星：ε Peg，星等2.38

梅西耶天体：1个

重点观测：β星（室宿二）
ε星（危宿三）
M15（球状星团）

流星雨：
飞马座六月流星雨

星座想象图：
王子贝洛洛方的坐骑

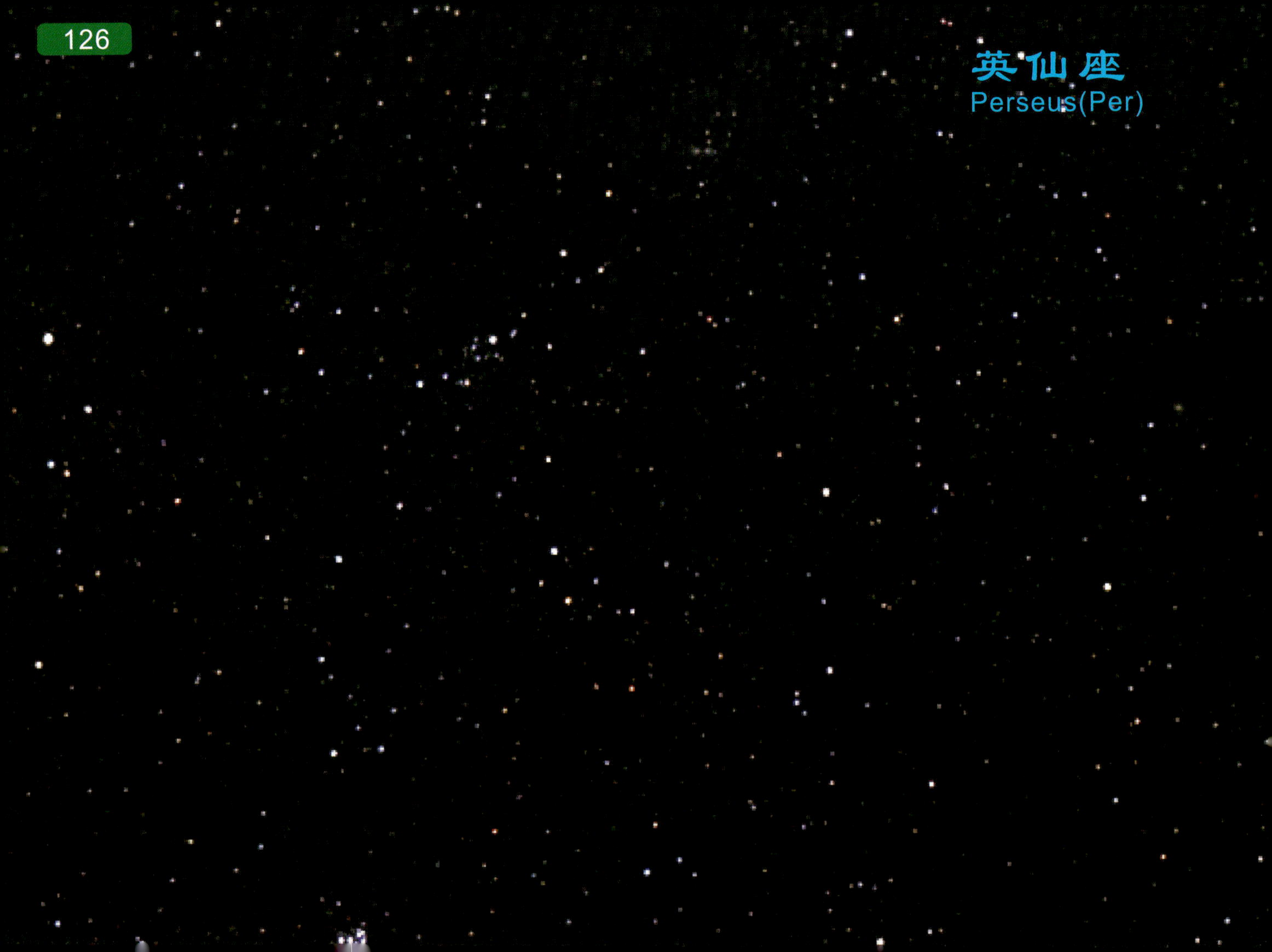
英仙座
Perseus(Per)

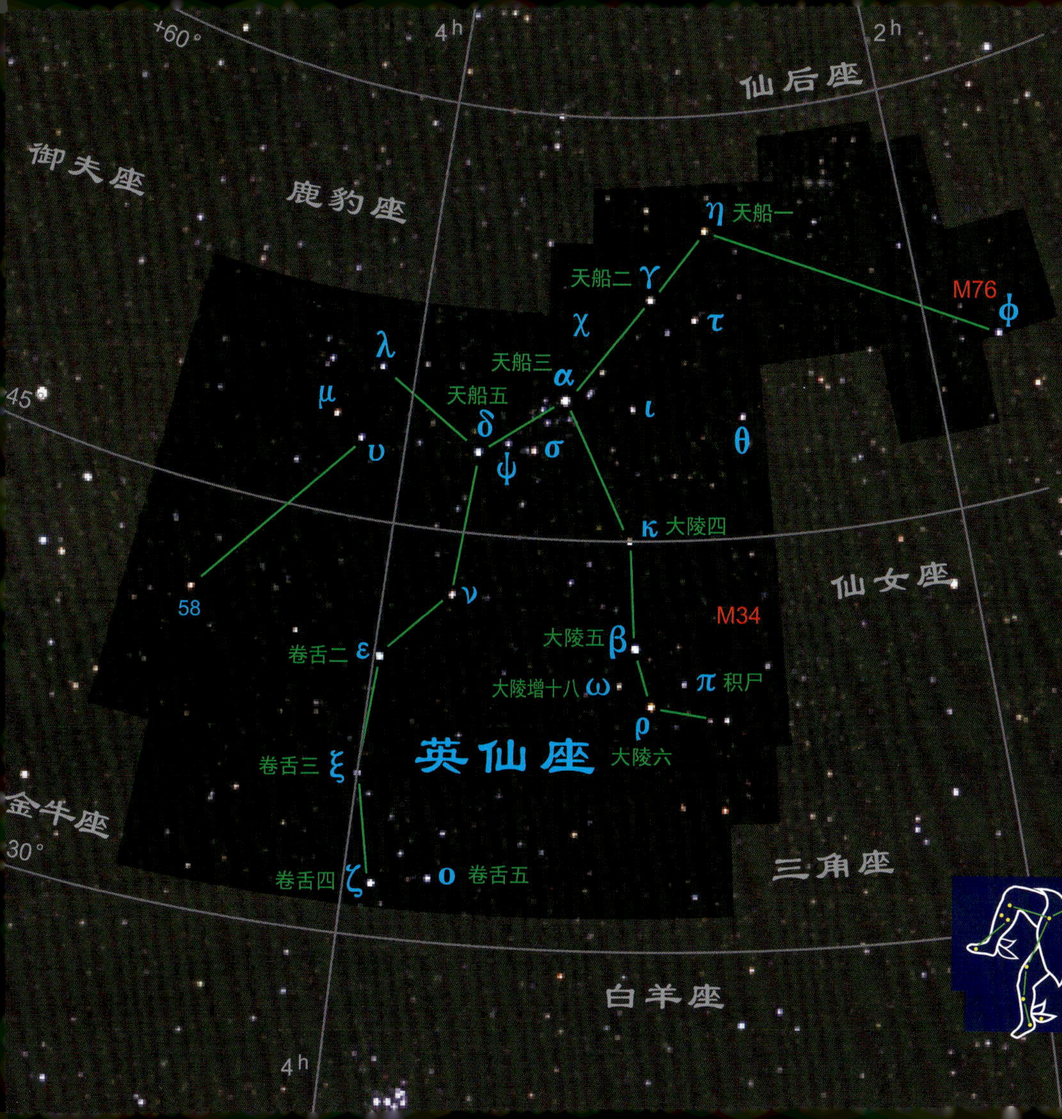

英仙座

Perseus(Per)

观测月份：11—12月

可见地点：北纬90°～南纬31°

星座位置：北天(3.5ʰ，+45°)

目测宽度：

目测深度：

面积位次：615平方度 第24位

主要恒星：19颗

拜耳/佛氏恒星：65颗

有行星的恒星：7颗

3等以上亮星：5颗

最亮恒星：αPer，星等1.79

梅西耶天体：2个

重点观测：α星(天船三)
β星(大陵五)
ρ星(大陵六)
M34(疏散星团)
NGC869
NGC884

流星雨：英仙座流星雨、九月流星雨

星座想象图：英雄柏修斯

凤凰座
Phoenix(Phe)

凤凰座

Phoenix(Phe)

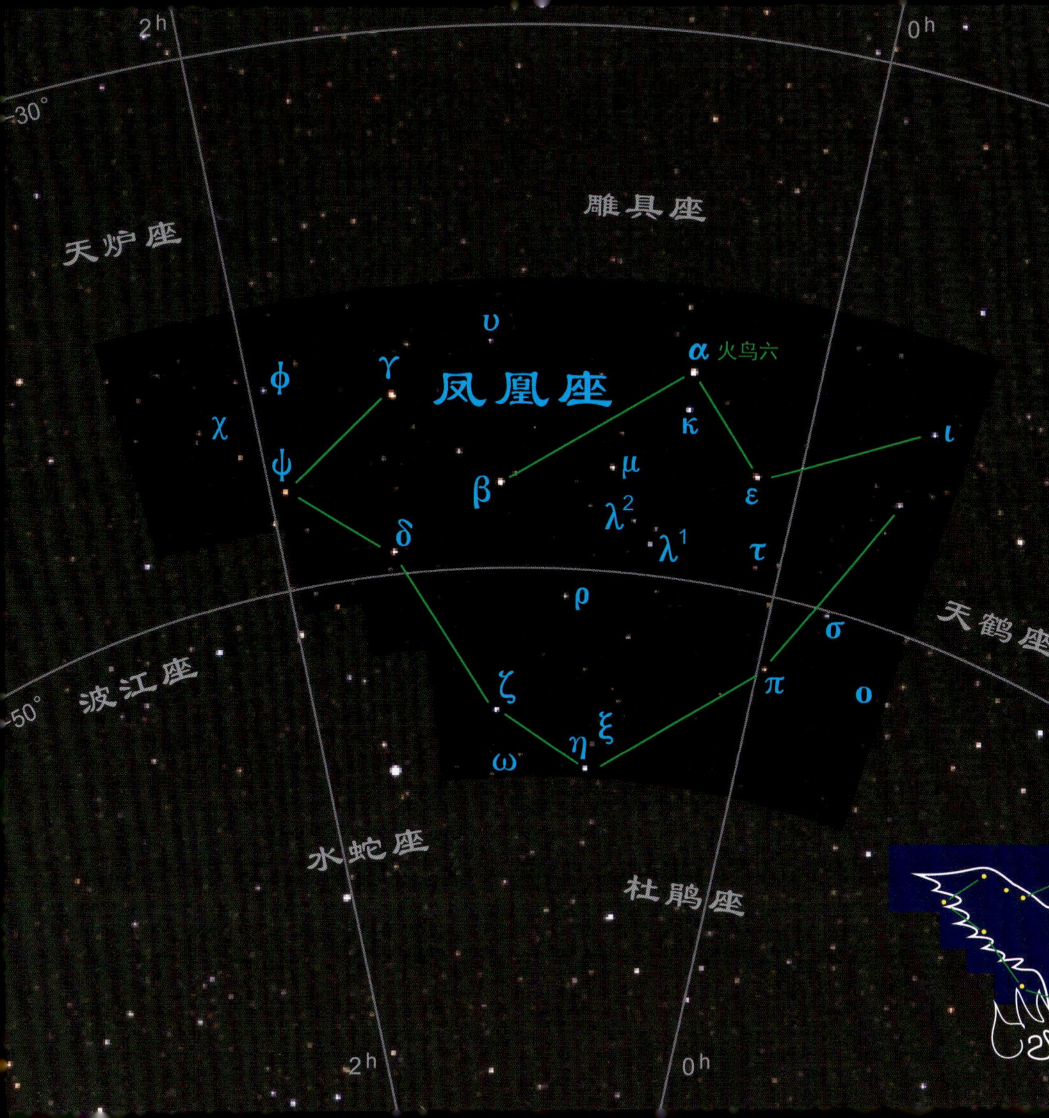

观测月份：10—11月

可见地点：北纬32°～南纬90°

星座位置：南天(1^h，－50°)

目测宽度：

目测深度：

面积位次：469平方度 第37位

主要恒星：4颗

拜耳/佛氏恒星：25颗

有行星的恒星：10颗

3等以上亮星：1颗

最亮恒星：α Phe，星等2.4

梅西耶天体：0个

重点观测：β星

ζ星

流星雨：

凤凰座流星雨

星座想象图：

涅槃重生的凤凰

绘架座
Pictor(Pic)

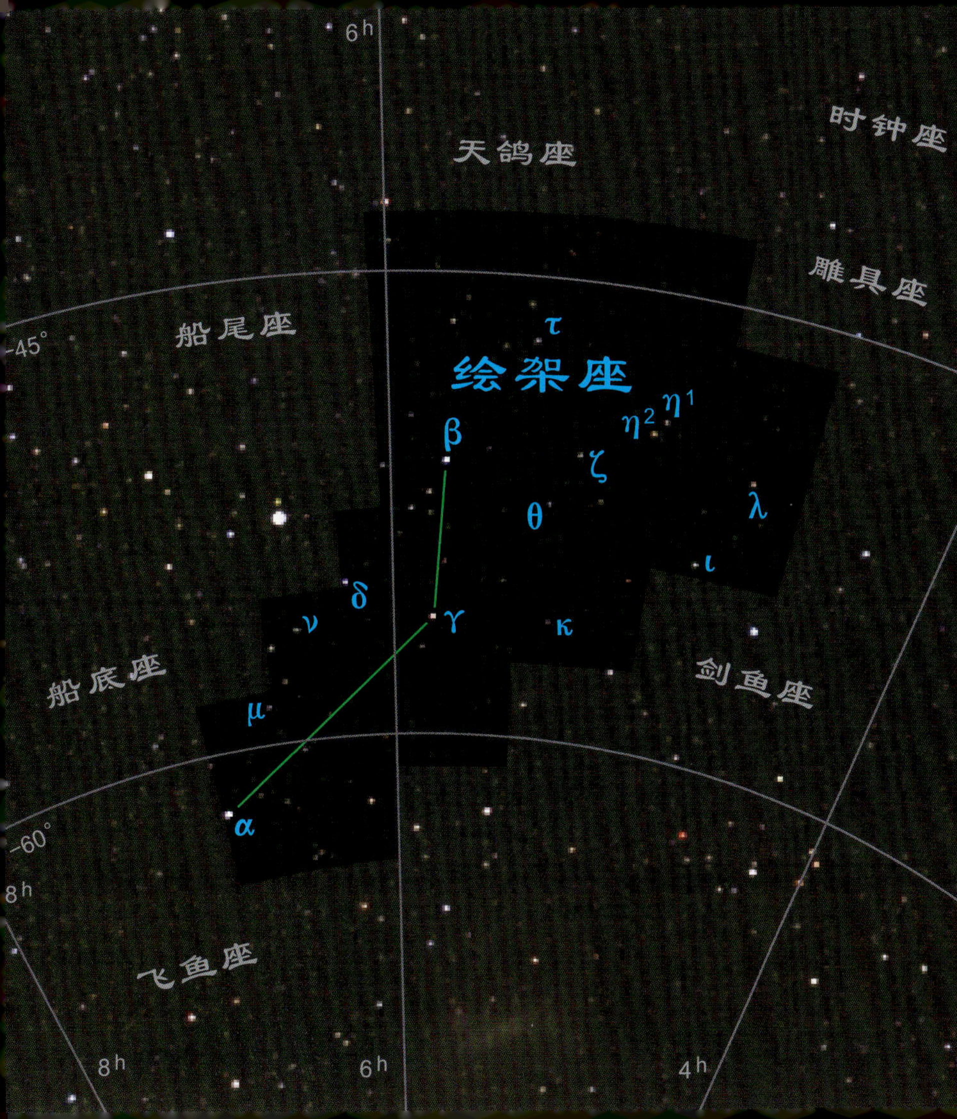

绘架座

Pictor(Pic)

观测月份：12—2月

可见地点：北纬26°～南纬90°

星座位置：南天（6^h，－50°）

目测宽度：

目测深度：

面积位次：247平方度　第59位

主要恒星：3颗

拜耳/佛氏恒星：15颗

有行星的恒星：6颗

3等以上亮星：0颗

最亮恒星：α Pic，星等3.3

梅西耶天体：0个

重点观测：β星
τ星

流星雨：无

星座想象图：

绘画工具绘架

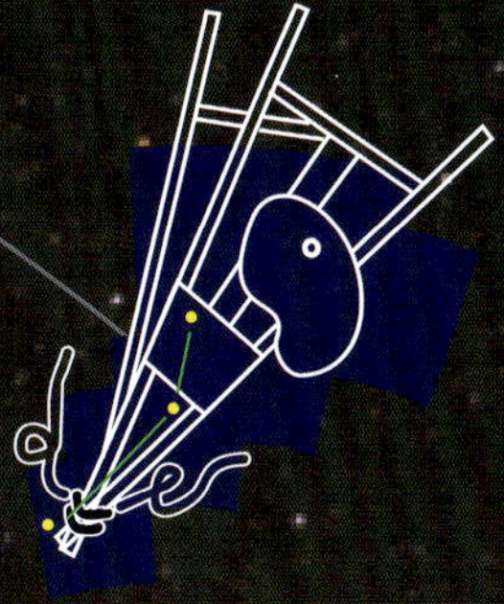

# 双鱼座
Pisces(Psc)

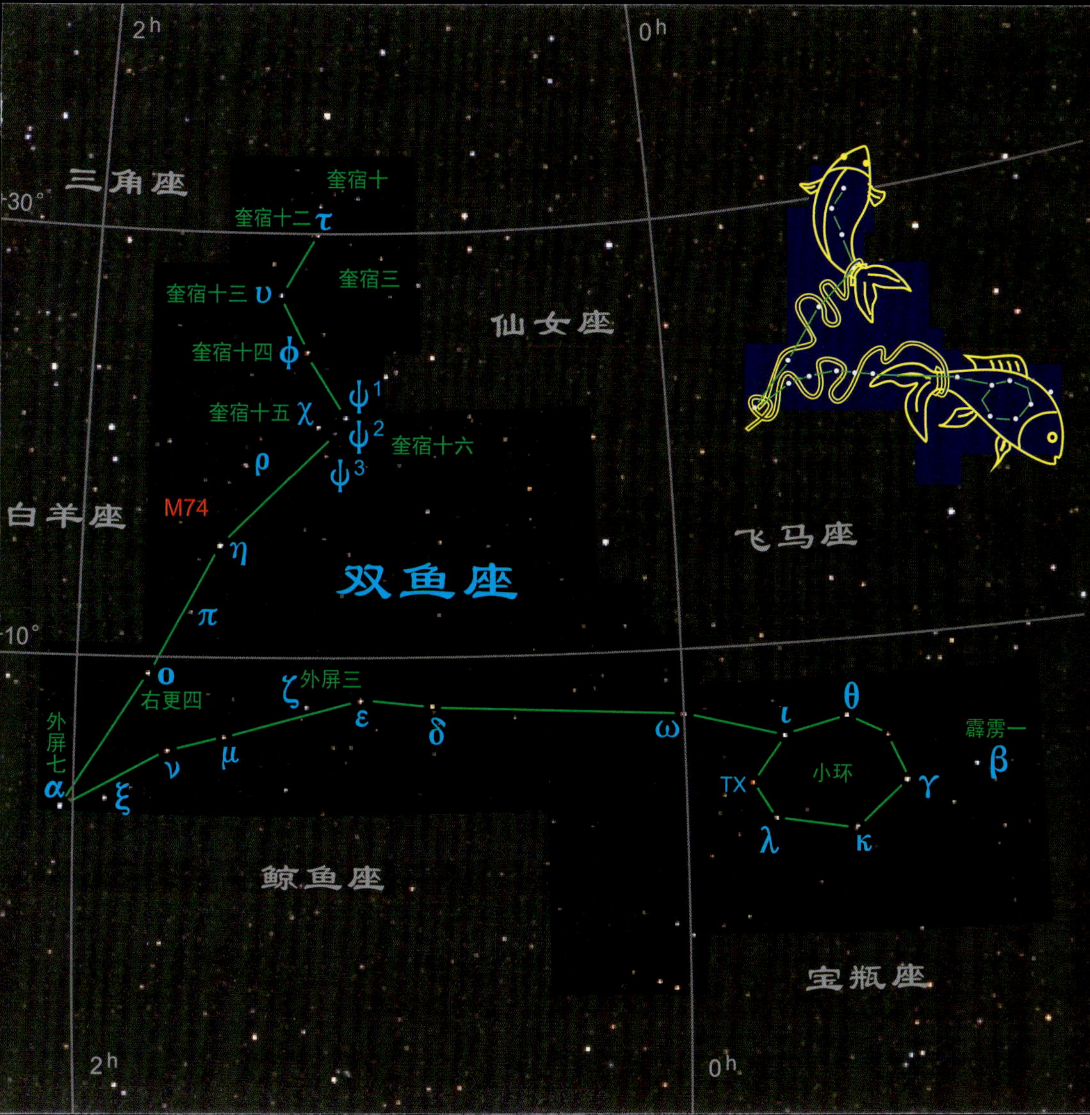

双鱼座

Pisces(Psc)

观测月份：9—11月

可见地点：北纬83°～南纬57°

星座位置：黄道（1^h，+10°）

目测宽度：

目测深度：

面积位次：889平方度 第14位

主要恒星：16颗

拜耳/佛氏恒星：86颗

有行星的恒星：13颗

3等以上亮星：0颗

最亮恒星：ηPsc，星等3.62

梅西耶天体：1个

重点观测：α星（外屏七）
ζ星（外屏三）
ψ^2星（奎宿十六）
TX星
小环
M74（旋涡星系）

流星雨：

双鱼座流星雨

星座想象图：

维纳斯和丘比特变的两条鱼

南鱼座
Piscis Austrinus(PsA)

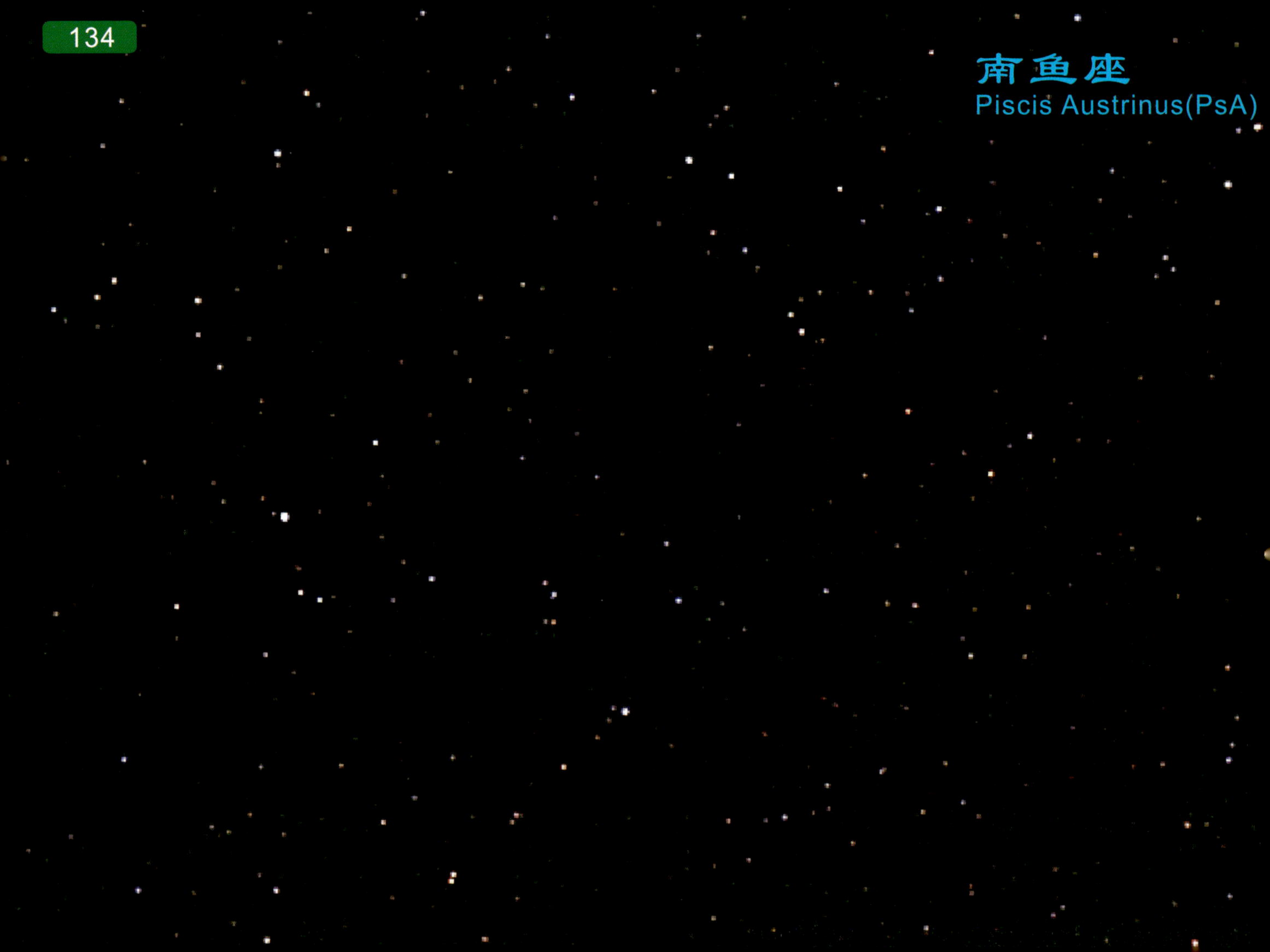

南鱼座

Piscis Austrinus(PsA)

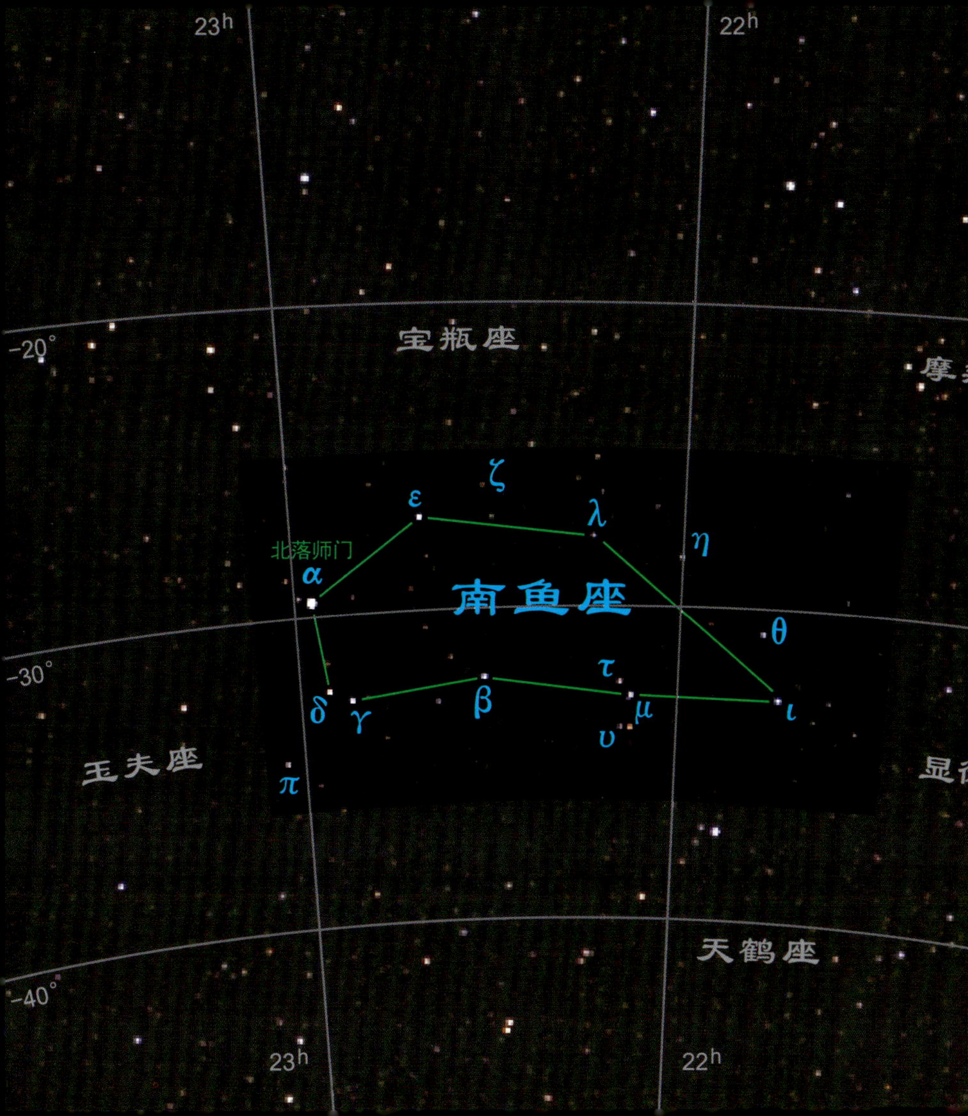

观测月份：8—10月

可见地点：北纬53°～南纬90°

星座位置：南天(22.5h，－30°)

目测宽度：

目测深度：

面积位次：245平方度 第60位

主要恒星：7颗

拜耳/佛氏恒星：21颗

有行星的恒星：3颗

3等以上亮星：1颗

最亮恒星：αPsA，星等1.16

梅西耶天体：0个

重点观测：α星(北落师门)
β星
γ星

流星雨：无

星座想象图：
美神阿佛洛狄忒变成的鱼

船尾座
Puppis(Pup)

船尾座

Puppis(Pup)

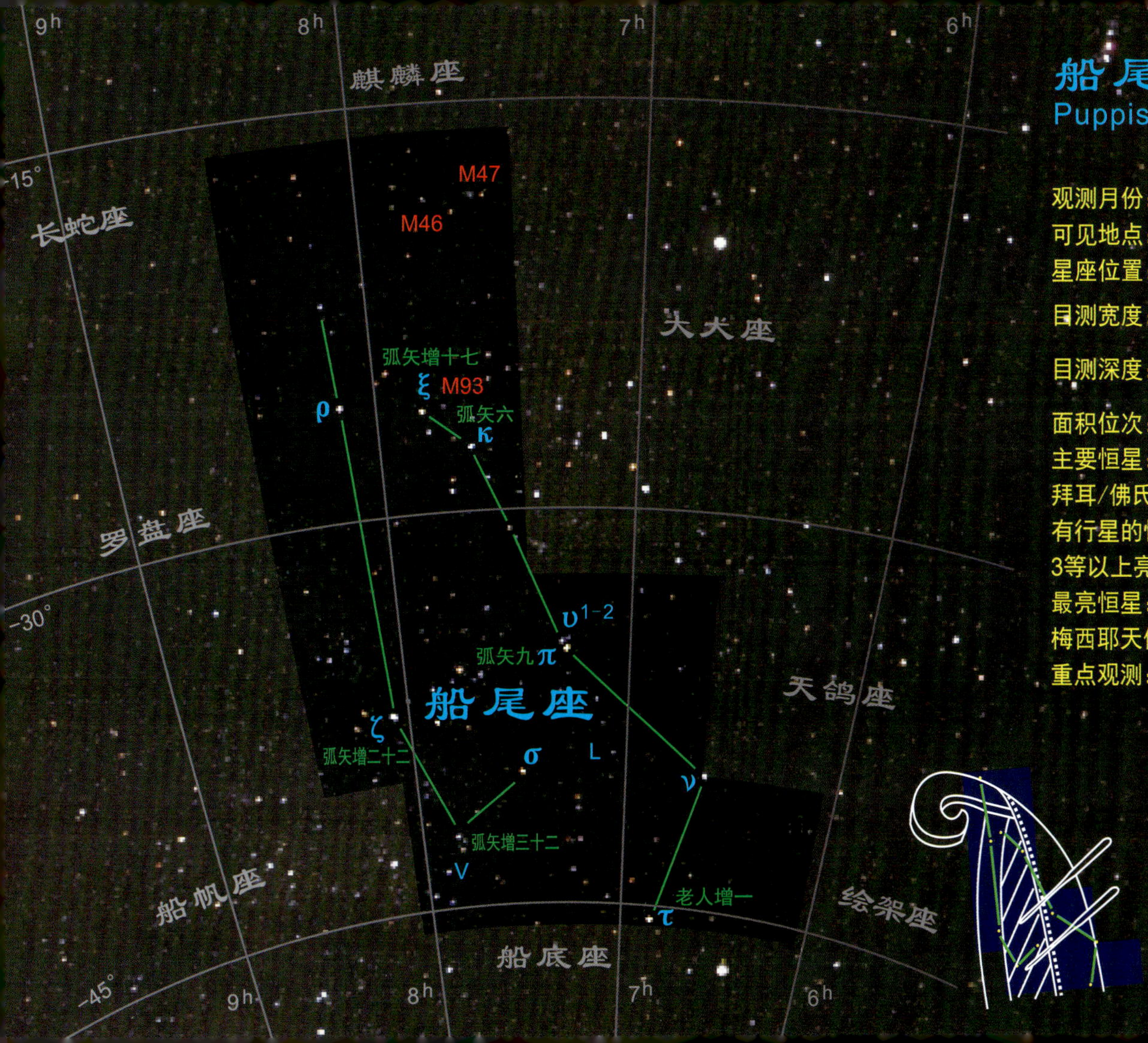

观测月份：1—2月

可见地点：北纬39°～南纬90°

星座位置：南天(7.5^h，－35°)

目测宽度：

目测深度：

面积位次：673平方度 第20位

主要恒星：9颗

拜耳/佛氏恒星：76颗

有行星的恒星：6颗

3等以上亮星：1颗

最亮恒星：ζ Pup，星等2.25

梅西耶天体：3个

重点观测：ζ星(弧矢增二十二)
κ星(弧矢六)、L、V
M46(疏散星团)
M47(疏散星团)
M93
NGC2451
NGC2477

流星雨：
船尾座π、ζ流星雨

星座想象图：
亚格号天舟的船尾

# 罗盘座
Pyxis(Pyx)

罗盘座

Pyxis(Pyx)

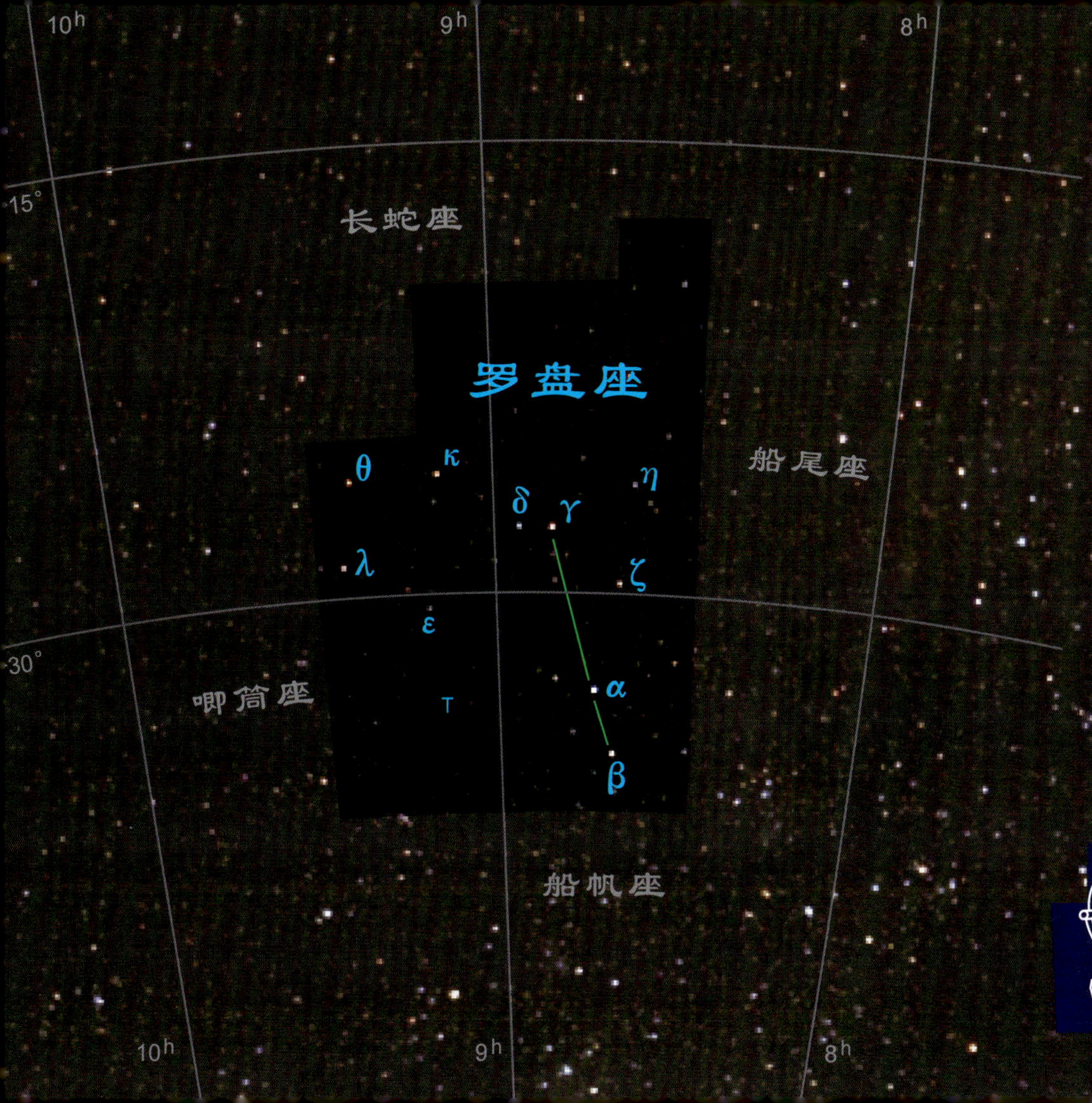

观测月份：2—3月

可见地点：北纬53°～南纬90°

星座位置：南天（9^h，－30°）

目测宽度：

目测深度：

面积位次：221平方度 第65位

主要恒星：3颗

拜耳/佛氏恒星：10颗

有行星的恒星：3颗

3等以上亮星：0颗

最亮恒星：αPyx，星等3.68

梅西耶天体：0个

重点观测：T星

流星雨：无

星座想象图：

航海用的罗盘

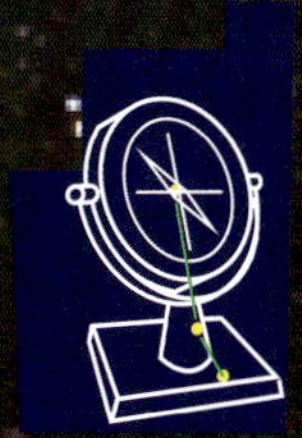

网罟座
Reticulum(Ret)

网罟座

Reticulum(Ret)

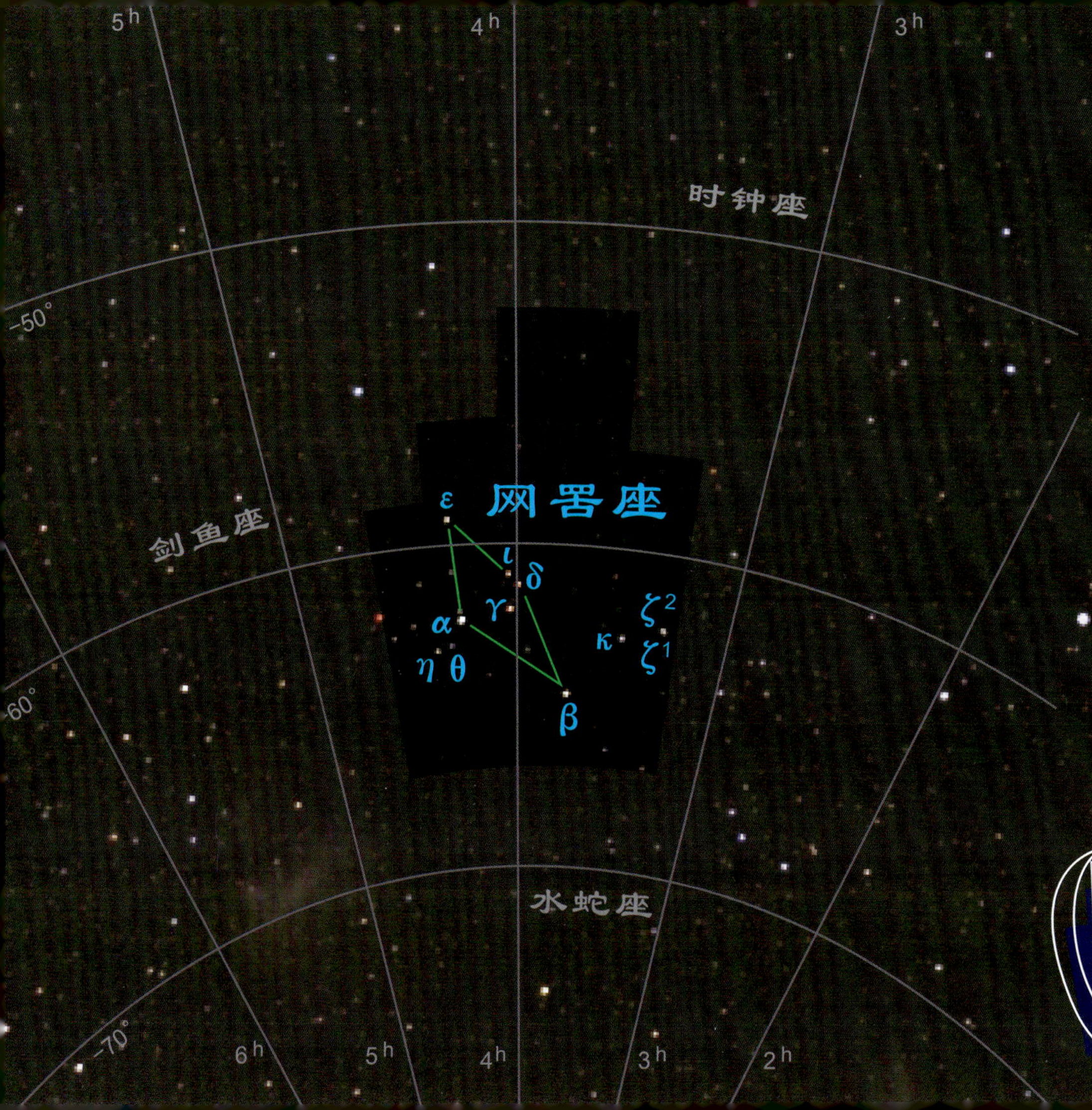

观测月份：11—1月

可见地点：北纬23°～南纬90°

星座位置：南天（4^h，－60°）

目测宽度：

目测深度：

面积位次：114平方度 第82位

主要恒星：4颗

拜耳/佛氏恒星：11颗

有行星的恒星：7颗

3等以上亮星：0颗

最亮恒星：α Ret，星等3.33

梅西耶天体：0个

重点观测：ζ星

流星雨：无

星座想象图：望远镜目镜格网

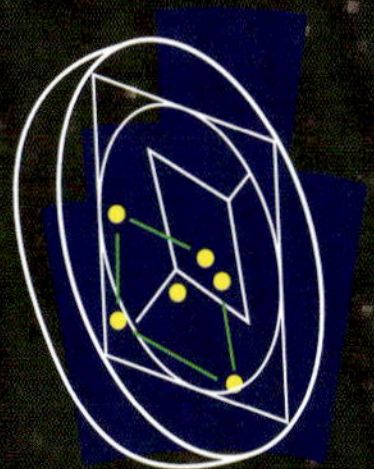

天箭座
Sagitta(Sge)

天箭座

Sagitta(Sge)

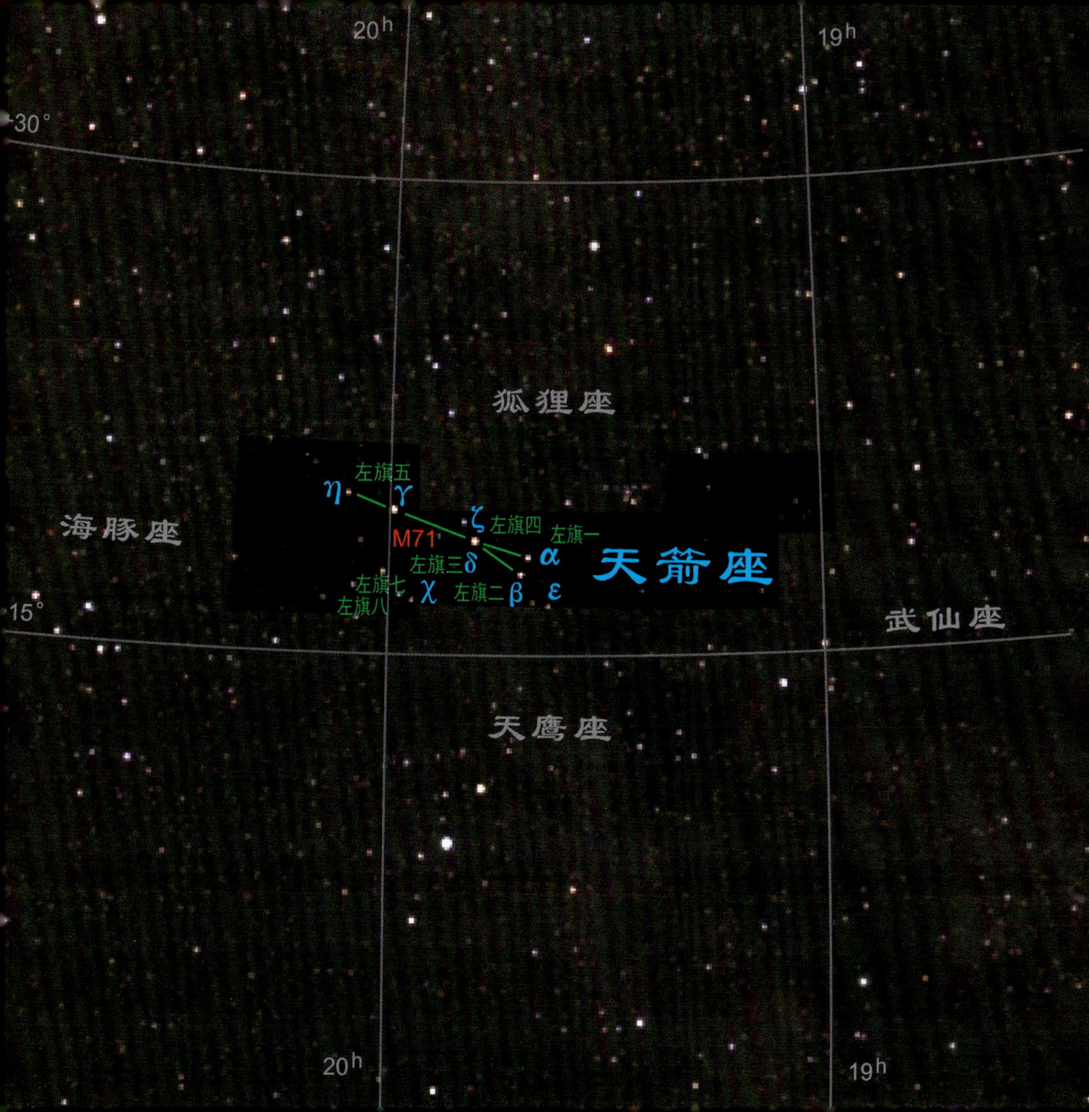

观测月份：7—9月

可见地点：北纬90°～南纬69°

星座位置：北天(19.5^h，+20°)

目测宽度：

目测深度：

面积位次：80平方度　第86位

主要恒星：4颗

拜耳/佛氏恒星：19颗

有行星的恒星：2颗

3等以上亮星：0颗

最亮恒星：γ Sge，星等3.51

梅西耶天体：1个

重点观测：M71(球状星团)

流星雨：无

星座想象图：

爱神丘比特的金箭

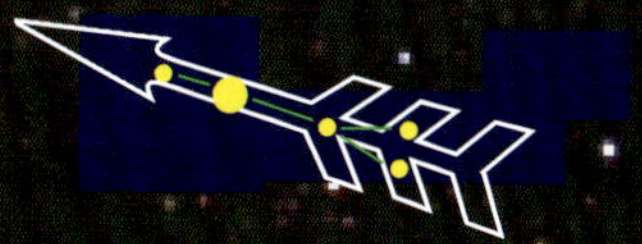

人马座
Sagittarius(Sgr)

人马座

Sagittarius(Sgr)

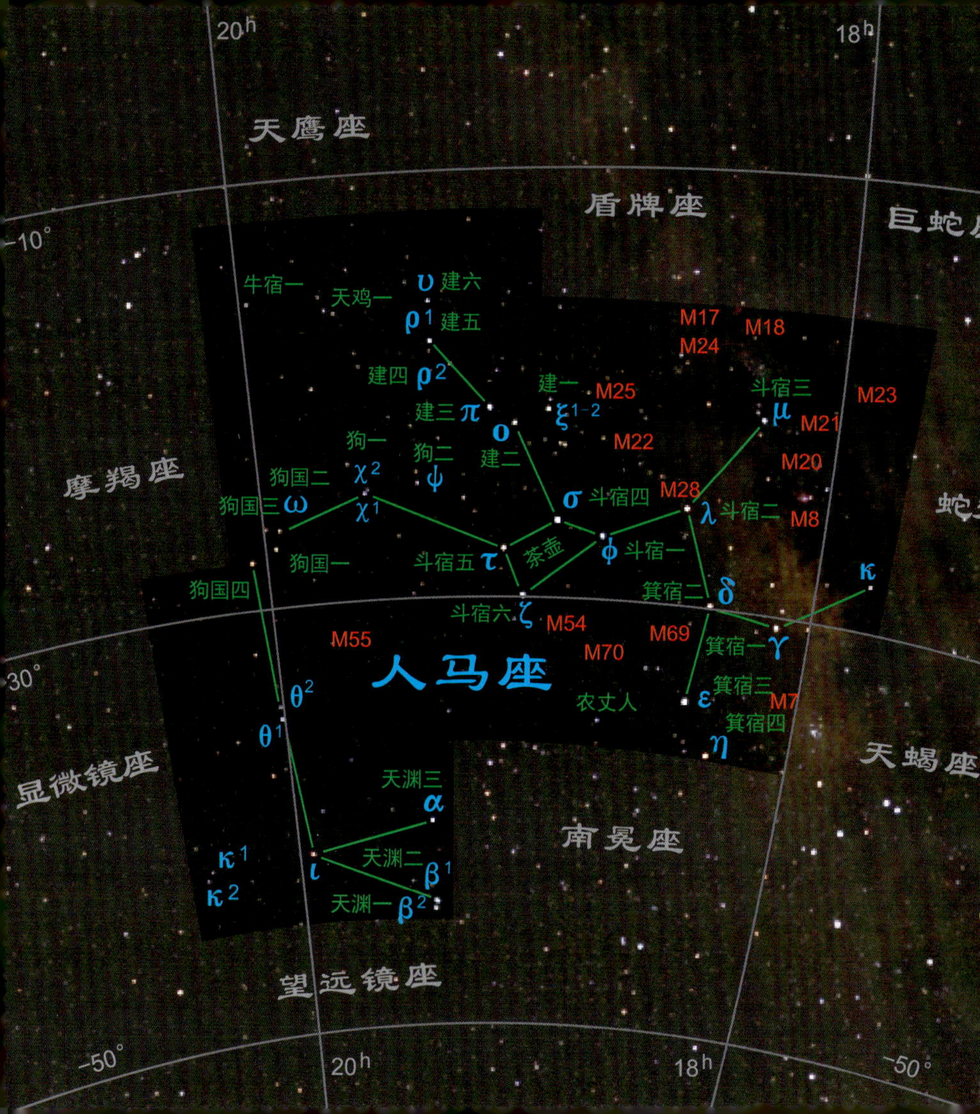

观测月份：7—8月

可见地点：北纬45°～南纬90°

星座位置：黄道(19^h，－25°)

目测宽度：

目测深度：

面积位次：867平方度 第15位

主要恒星：12颗

拜耳/佛氏恒星：68颗

有行星的恒星：32颗

3等以上亮星：7颗

最亮恒星：ε Sgr，星等1.79

梅西耶天体：15个

重点观测：β星(天渊一、二)

茶壶

M8(礁湖星云)

M17(欧米嘎星云)

M20(三叶星云)

M22(球状星团)

M23

M24

M25(疏散星团)

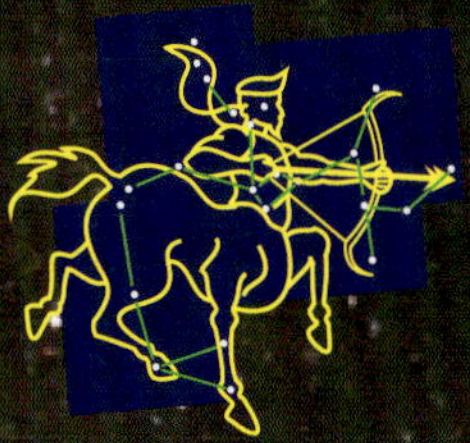

流星雨：无

星座想象图：牧神之子克罗图斯

天蝎座
Scorpius(Sco)

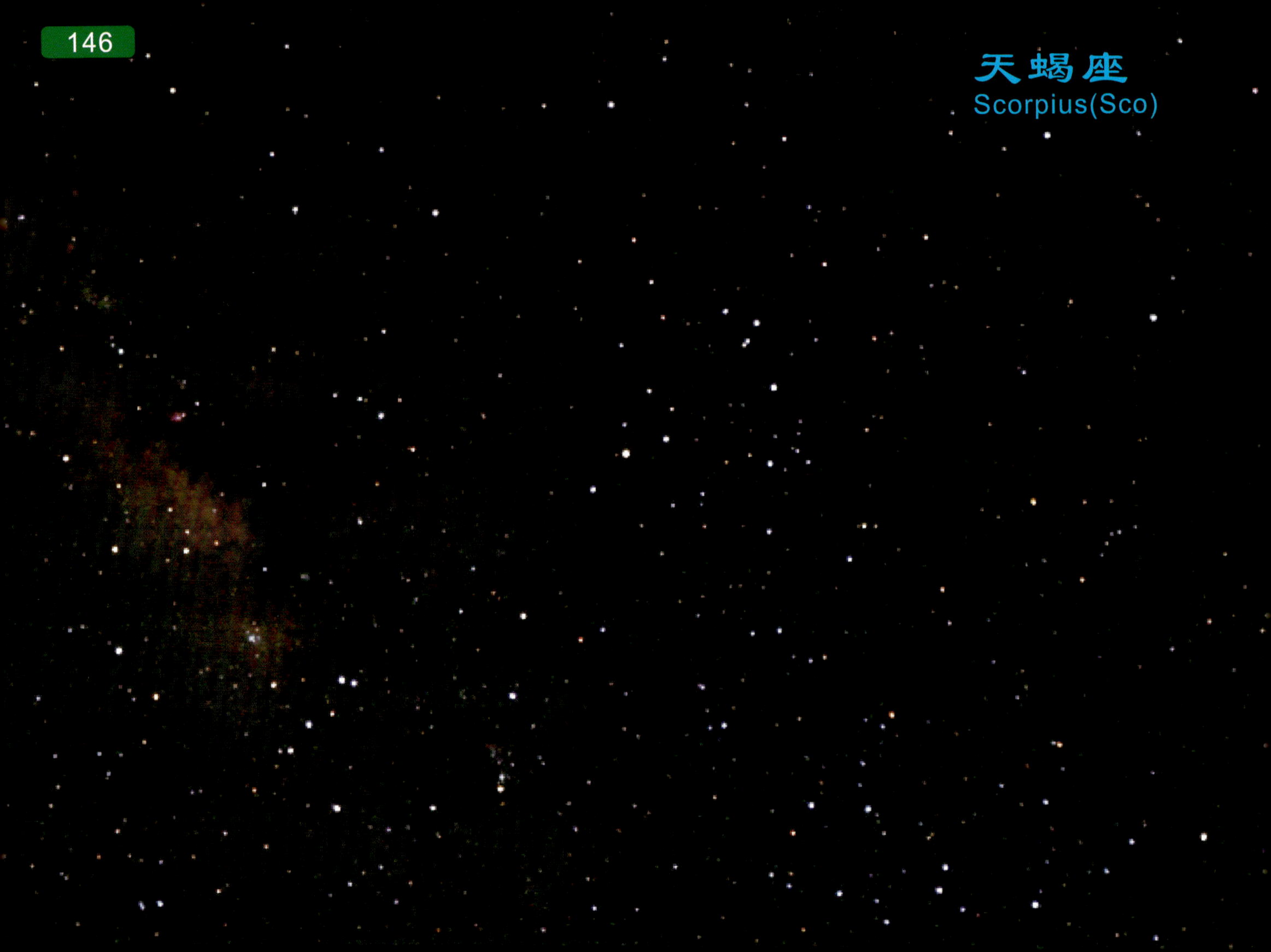

天蝎座

Scorpius(Sco)

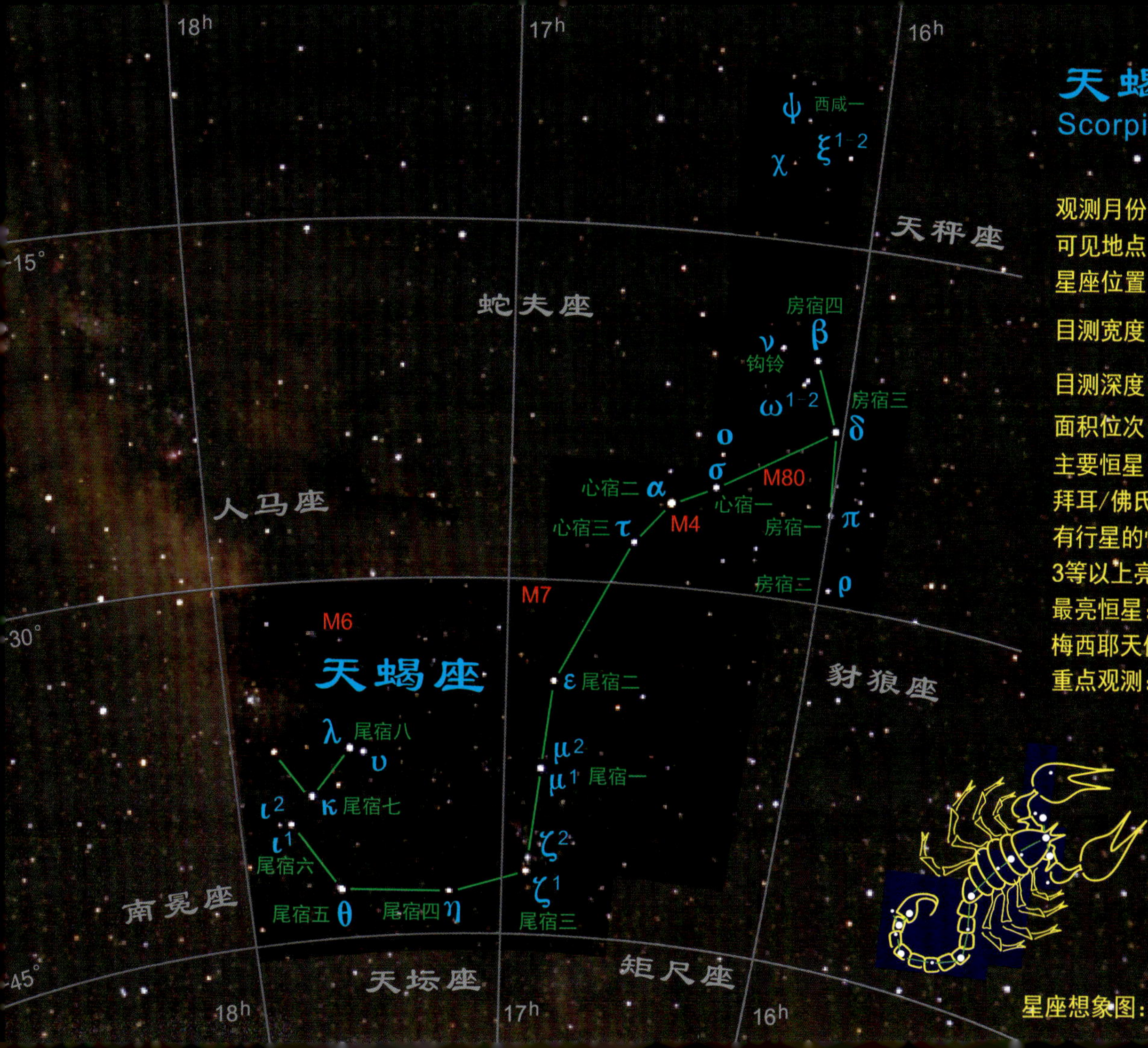

观测月份：6—7月

可见地点：北纬44°～南纬90°

星座位置：黄道(17h，－35°)

目测宽度：

目测深度：

面积位次：497平方度 第33位

主要恒星：18颗

拜耳/佛氏恒星：47颗

有行星的恒星：14颗

3等以上亮星：13颗

最亮恒星：α Sco，星等0.96

梅西耶天体：4个

重点观测：α星(心宿二)
β星(房宿四)
ζ星(尾宿三)
μ星(尾宿一)
υ星
ξ星(西咸一)
ω星
M4、M6、M7
NGC6231

流星雨：天蝎座α、ω流星雨

星座想象图：蜇死奥利恩的大毒蝎

玉夫座
Sculptor(Scl)

玉夫座

Sculptor(Scl)

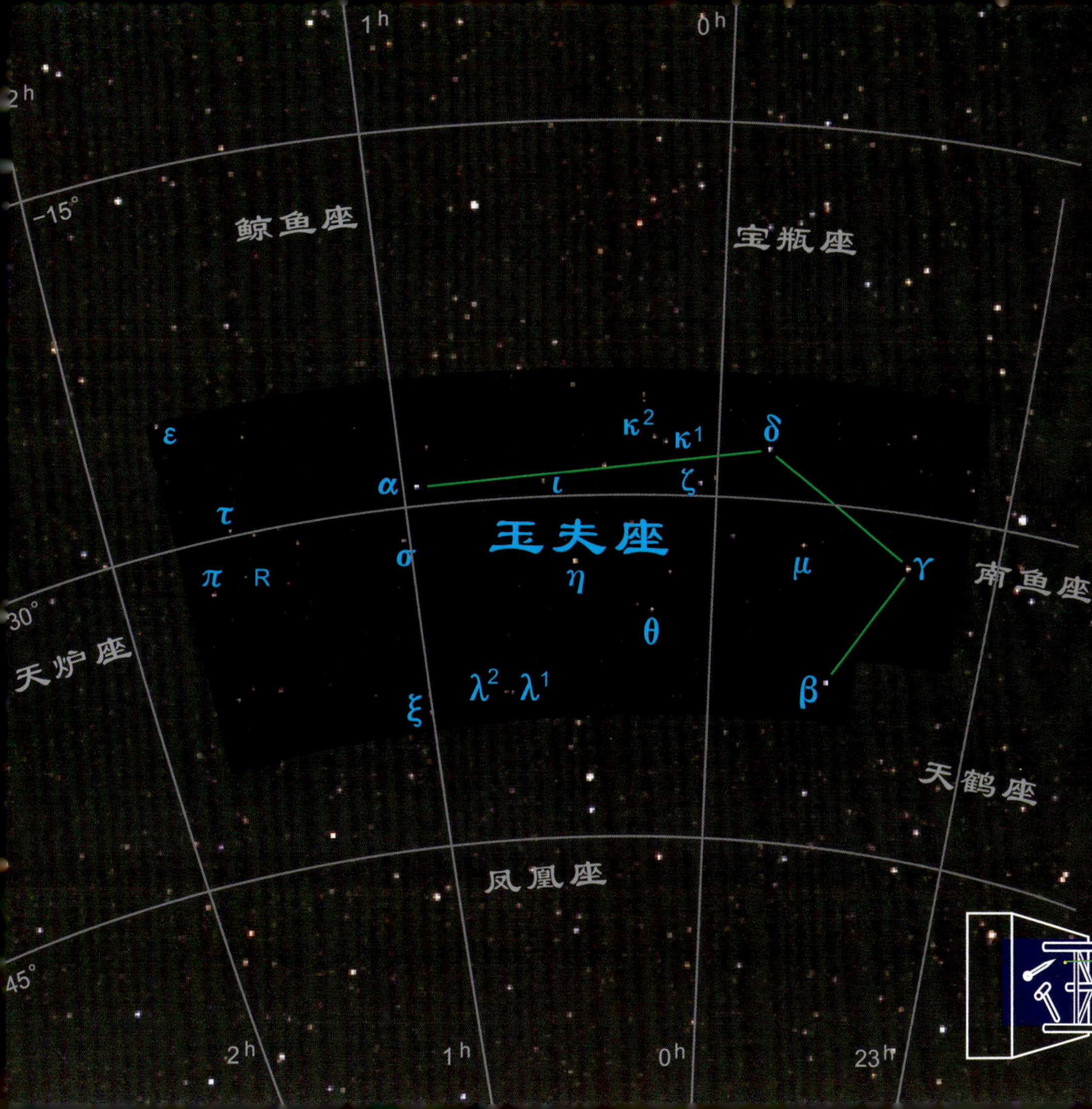

观测月份：9—11月

可见地点：北纬50°～南纬90°

星座位置：南天(0.5ʰ，－30°)

目测宽度：

目测深度：

面积位次：475平方度 第36位

主要恒星：4颗

拜耳/佛氏恒星：18颗

有行星的恒星：6颗

3等以上亮星：0颗

最亮恒星：α Scl，星等4.3

梅西耶天体：0个

重点观测：ε星
R
NGC55
NGC253

流星雨：无

星座想象图：
雕塑家的工作室

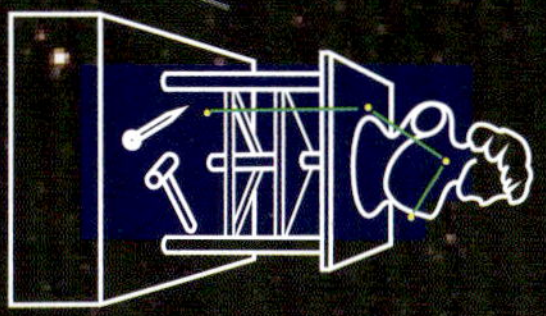

# 盾牌座
Scutum(Sct)

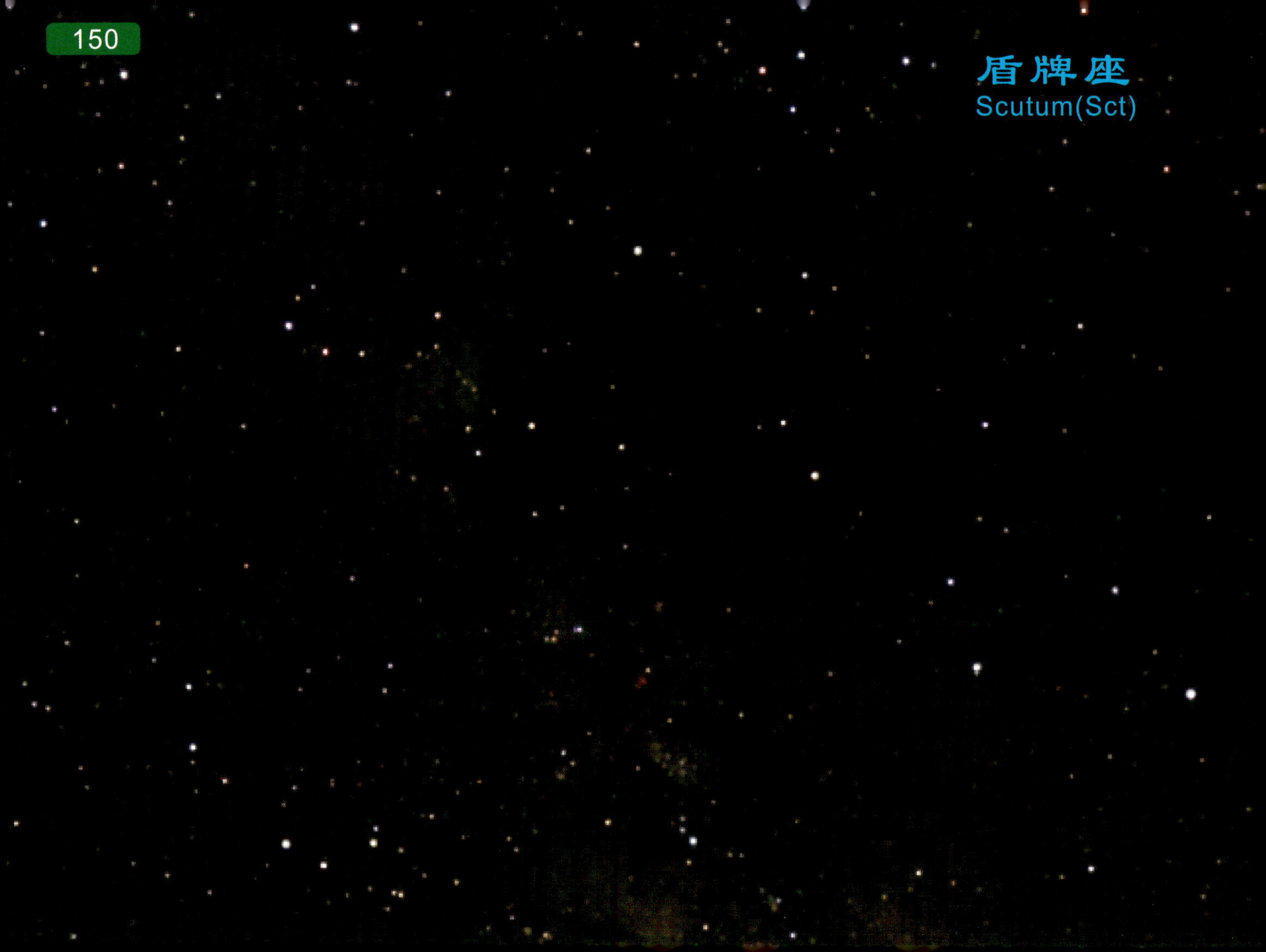

盾牌座

Scutum(Sct)

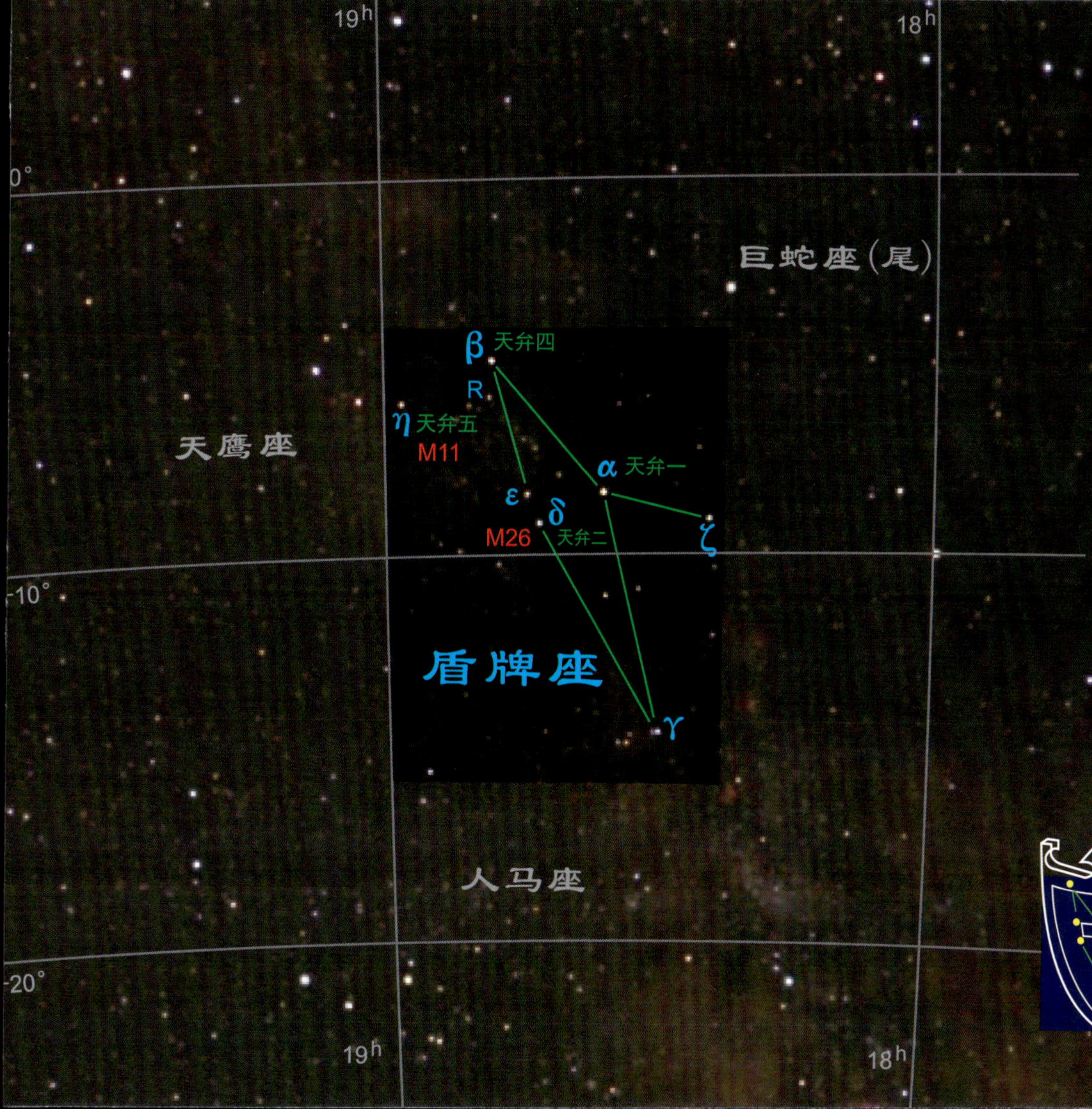

观测月份：7—8月

可见地点：北纬74°～南纬90°

星座位置：南天(18.5h，－10°)

目测宽度：

目测深度：

面积位次：109平方度 第84位

主要恒星：2颗

拜耳/佛氏恒星：7颗

有行星的恒星：1颗

3等以上亮星：0颗

最亮恒星：α Sct，星等3.85

梅西耶天体：2个

重点观测：δ星(天弁二)
R
M11(疏散星团)
M26(疏散星团)

流星雨：
盾牌座六月流星雨

星座想象图：
波兰国王苏别斯基的功勋盾牌

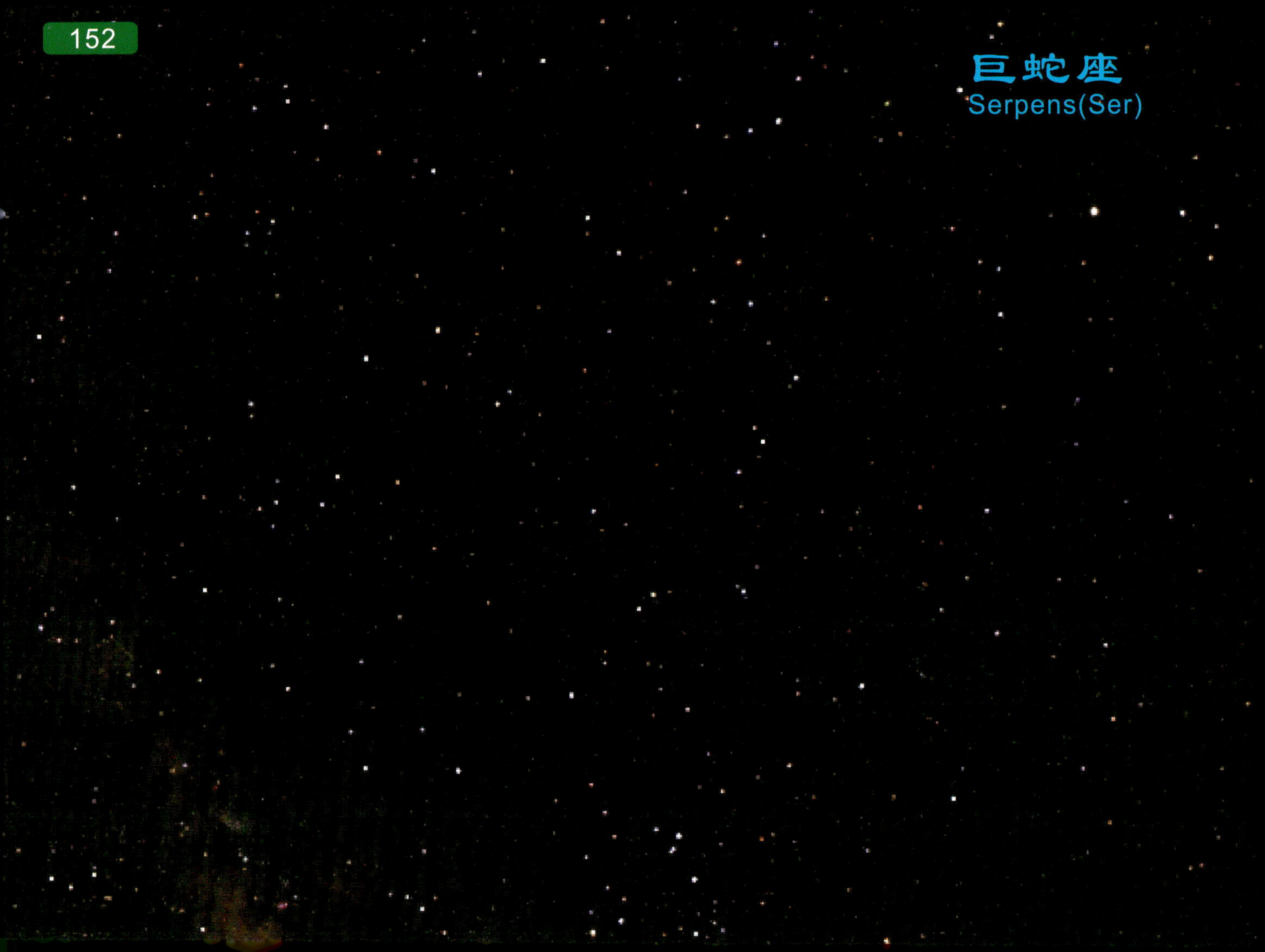

巨蛇座

Serpens(Ser)

巨蛇座

Serpens(Ser)

观测月份：6—8月

可见地点：北纬74°～南纬64°

星座位置：蛇头(15.5h，+10°)
蛇尾(18.5h，－5°)

面积位次：637平方度 第23位

目测宽度：

目测深度：

拜耳/佛氏恒星：57颗

有行星的恒星：15颗

主要恒星：11颗

3等以上亮星：1颗

最亮恒星：α Ser，星等2.63

梅西耶天体：2个

重点观测：δ星(秦)
θ星(徐)
υ星
τ1
M5(球状星团)
M16(天鹰星云)

流星雨：无

星座想象图：
神医阿斯克勒庇俄斯豢养的花斑巨蛇

# 六分仪座
Sextans(Sex)

六分仪座
Sextans(Sex)

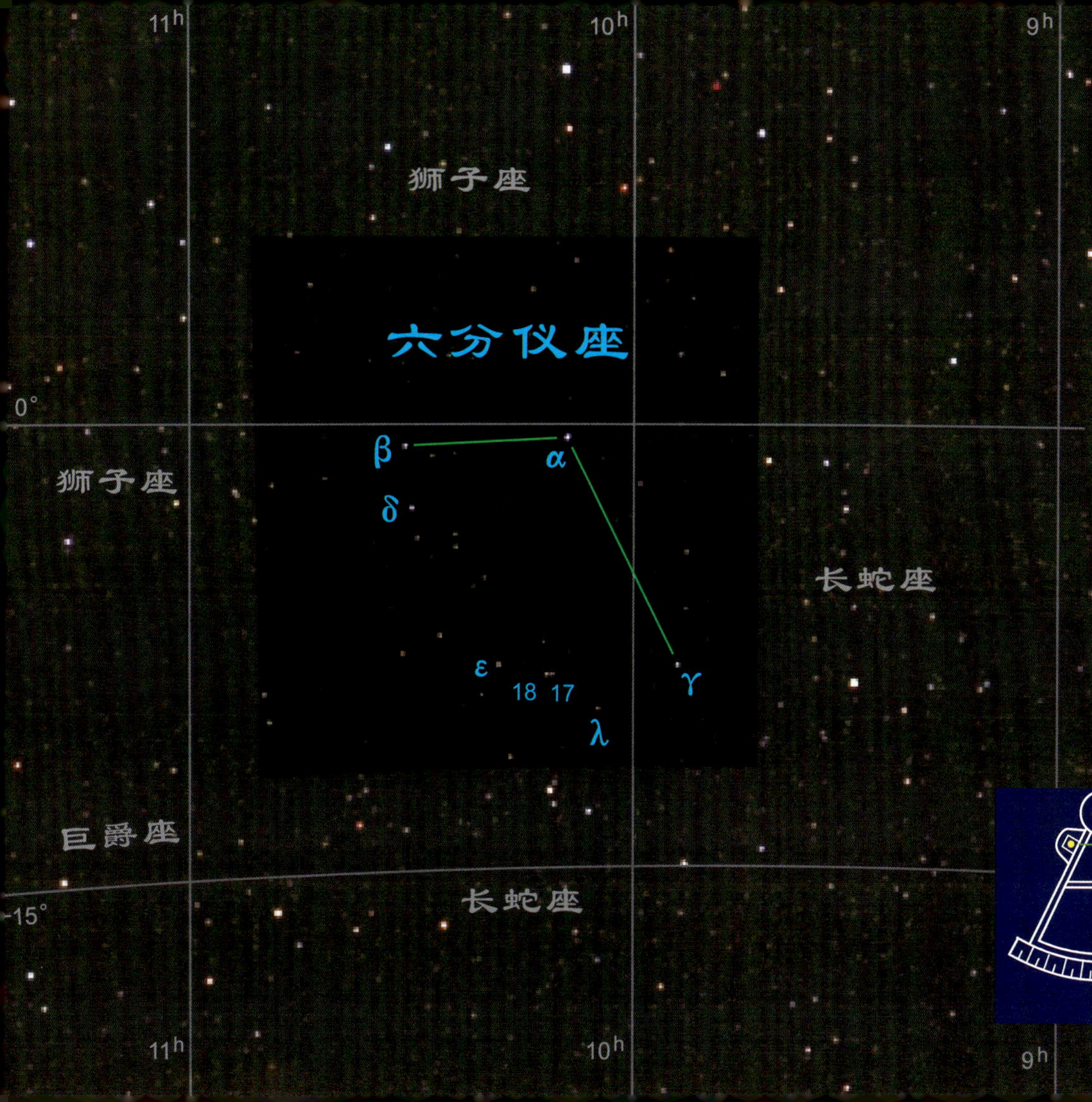

观测月份：2—4月

可见地点：北纬79°～南纬83°

星座位置：南天（10^h，0°）

目测宽度：

目测深度：

面积位次：314平方度 第47位

主要恒星：3颗

拜耳/佛氏恒星：28颗

有行星的恒星：5颗

3等以上亮星：0颗

最亮恒星：α Sex，星等4.49

梅西耶天体：0个

重点观测：17
18
NGC3115

流星雨：
六分仪座流星雨

星座想象图：
测量仪器六分仪

金牛座

Taurus(Tau)

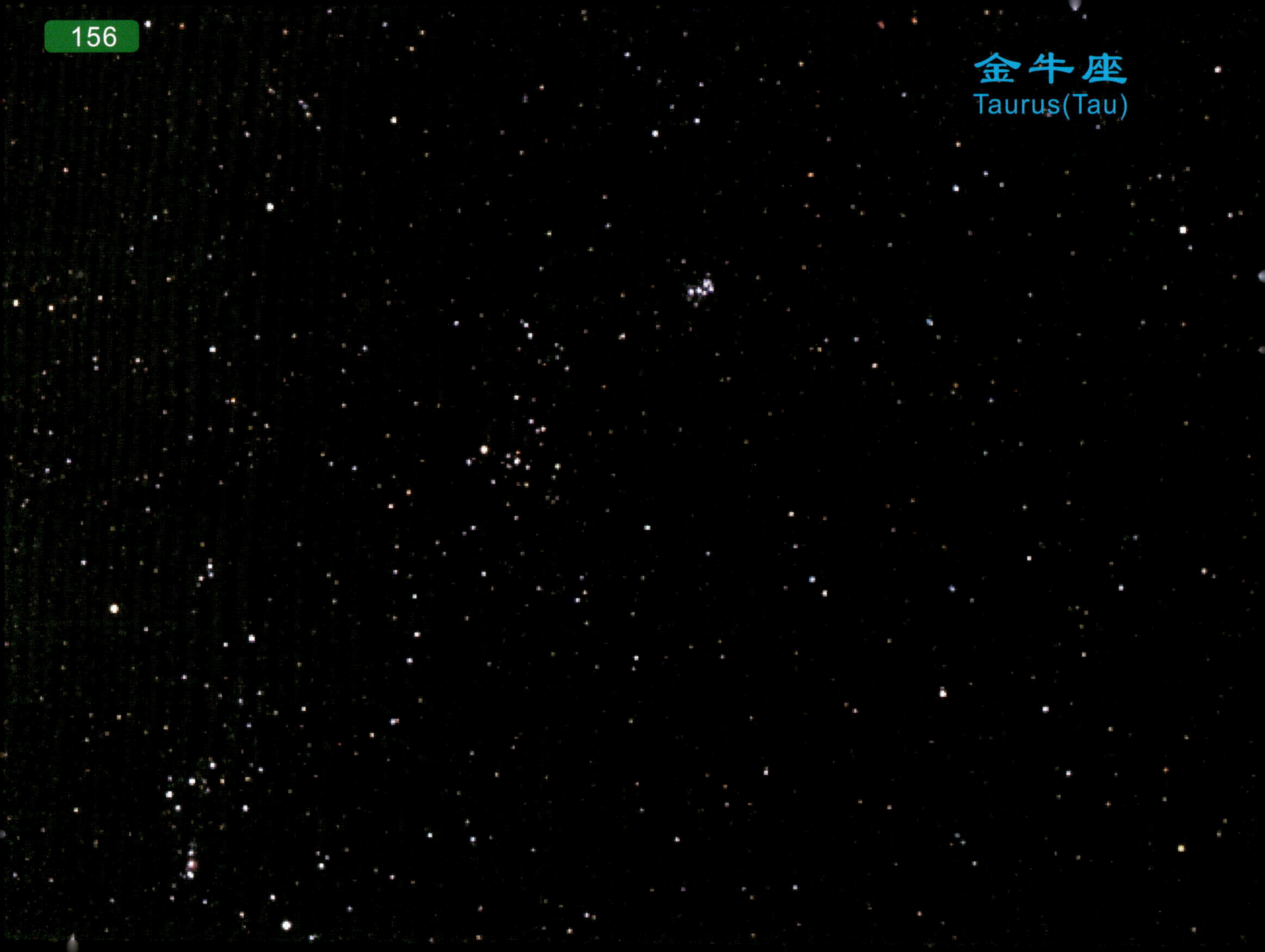

金牛座

Taurus(Tau)

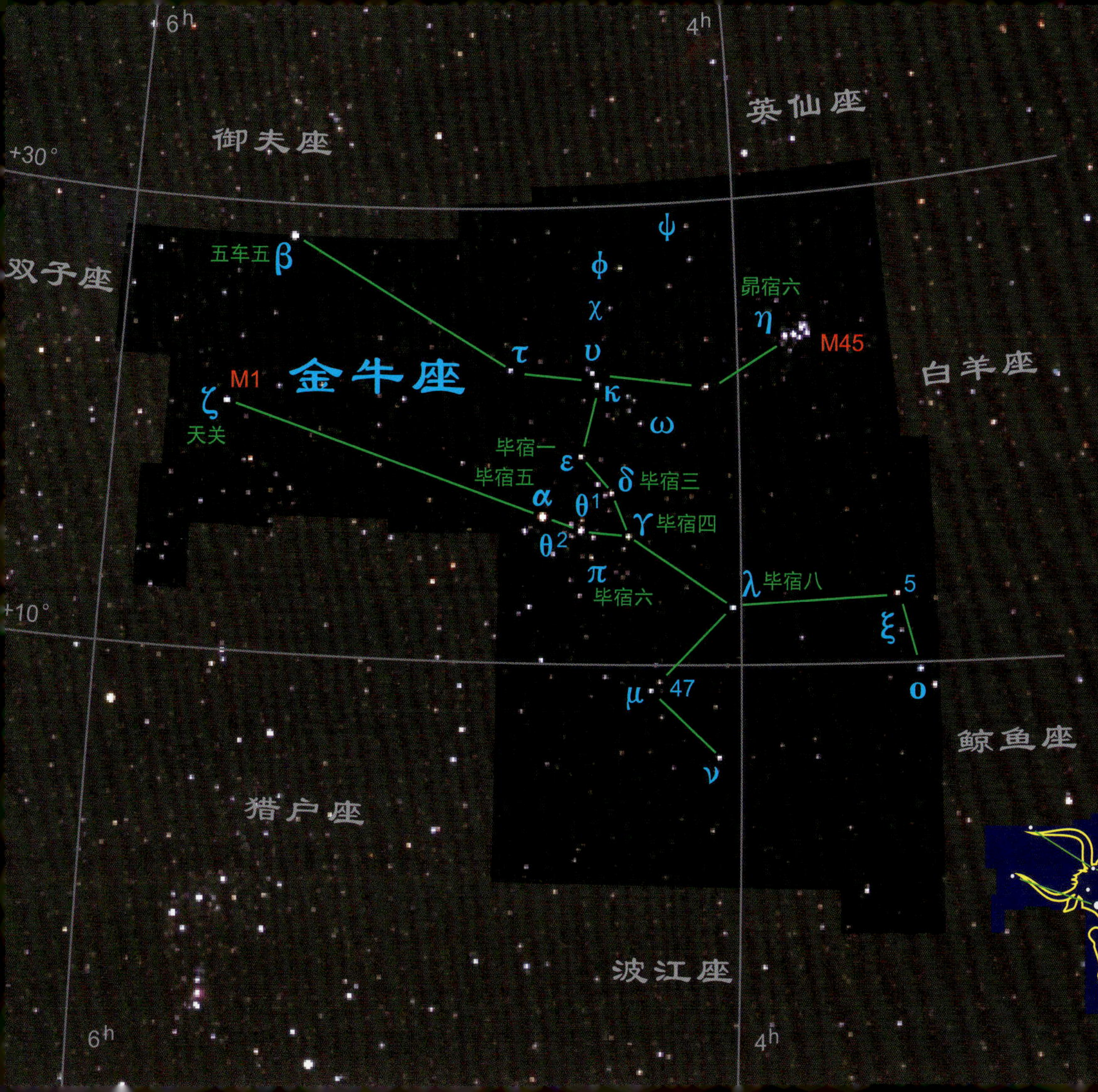

观测月份：11—1月

可见地点：北纬90°～南纬59°

星座位置：黄道(4.5h，+20°)

目测宽度：

目测深度：

面积位次：797平方度 第17位

主要恒星：19颗

拜耳/佛氏恒星：132颗

有行星的恒星：9颗(待选)

3等以上亮星：4颗

最亮恒星：α Tau，星等0.85

梅西耶天体：2个

重点观测：α星(毕宿五)
θ星(毕宿星团)
λ星(毕宿八)
M1(蟹状星云)
M45(昴星团)

流星雨：金牛座流星雨、β流星雨

星座想象图：宙斯化身成的白色公牛

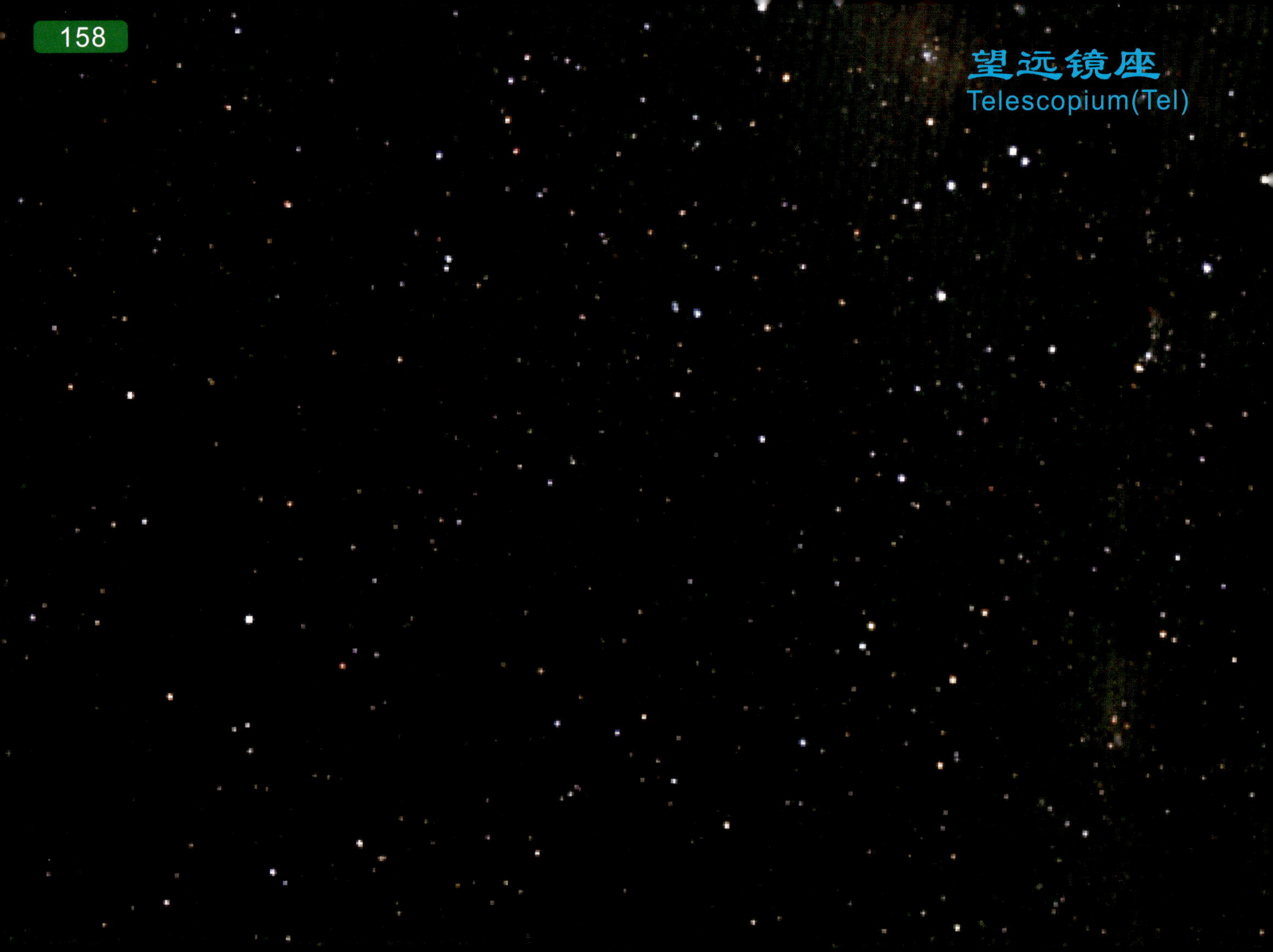
望远镜座
Telescopium(Tel)

望远镜座

Telescopium(Tel)

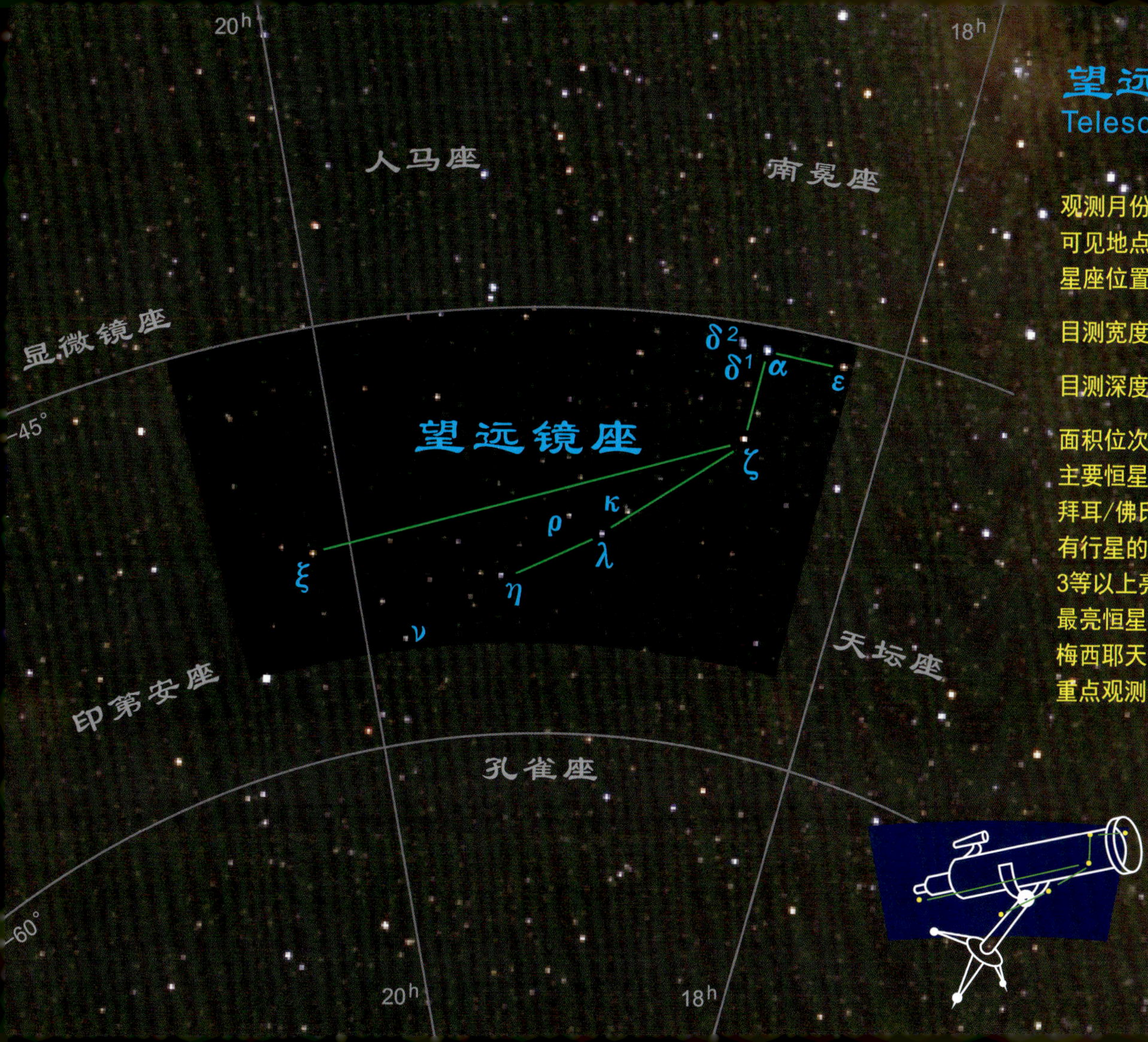

观测月份：7—8月

可见地点：北纬33°～南纬90°

星座位置：南天(19.5h，－50°)

目测宽度：

目测深度：

面积位次：252平方度 第57位

主要恒星：2颗

拜耳/佛氏恒星：13颗

有行星的恒星：0颗

3等以上亮星：0颗

最亮恒星：α Tel，星等3.49

梅西耶天体：0个

重点观测：δ星

流星雨：无

星座想象图：

大型望远镜

三角座
Triangulum(Tri)

三角座

Triangulum(Tri)

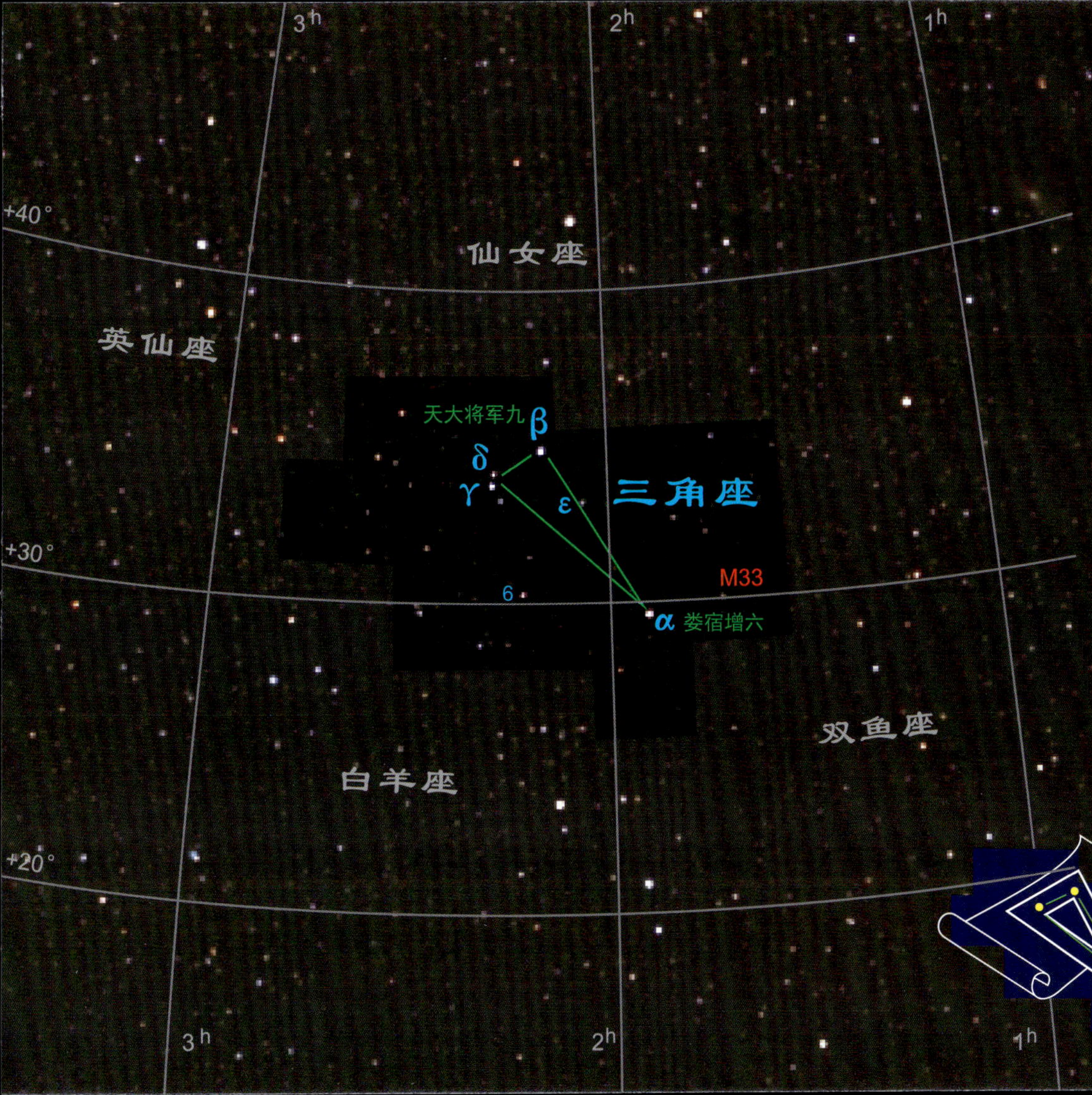

观测月份：10—12月

可见地点：北纬90°～南纬53°

星座位置：北天（2^h，+30°）

目测宽度：

目测深度：

面积位次：132平方度 第78位

主要恒星：3颗

拜耳/佛氏恒星：14颗

有行星的恒星：3颗

3等以上亮星：0颗

最亮恒星：β Tri，星等3.0

梅西耶天体：1个

重点观测：6

M33（旋涡星系）

流星雨：无

星座想象图：

测量仪器三角尺，象征尼罗河三角洲

南三角座
Triangulum Australe(TrA)

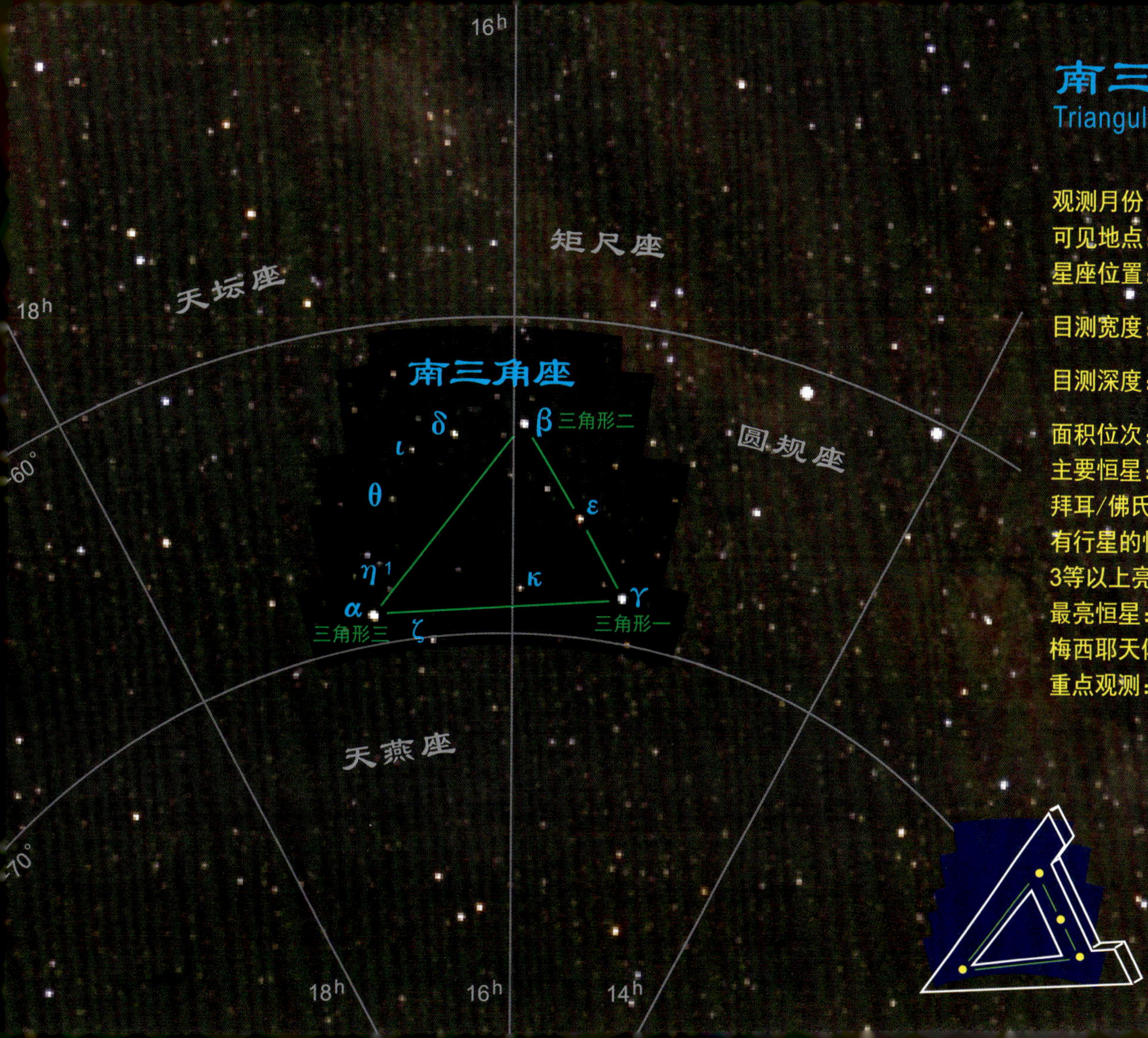

南三角座

Triangulum Australe(TrA)

观测月份：5—7月
可见地点：北纬20°～南纬90°
星座位置：南天(16h，－65°)
目测宽度：
目测深度：
面积位次：110平方度 第83位
主要恒星：3颗
拜耳/佛氏恒星：10颗
有行星的恒星：1颗
3等以上亮星：3颗
最亮恒星：α TrA，星等1.91
梅西耶天体：0个
重点观测：NGC6025
流星雨：无
星座想象图：
南天的三角

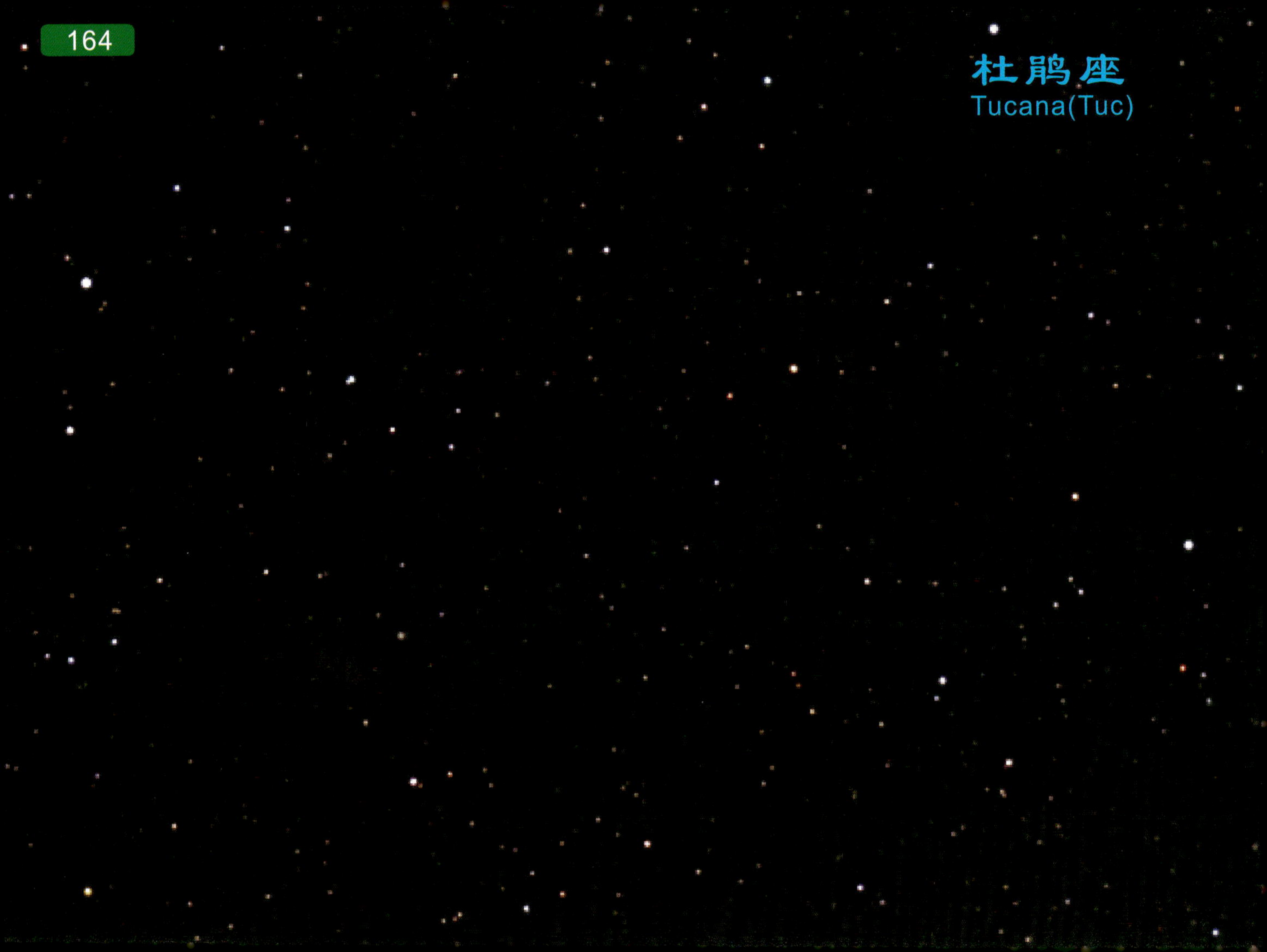
杜鹃座
Tucana(Tuc)

杜鹃座

Tucana(Tuc)

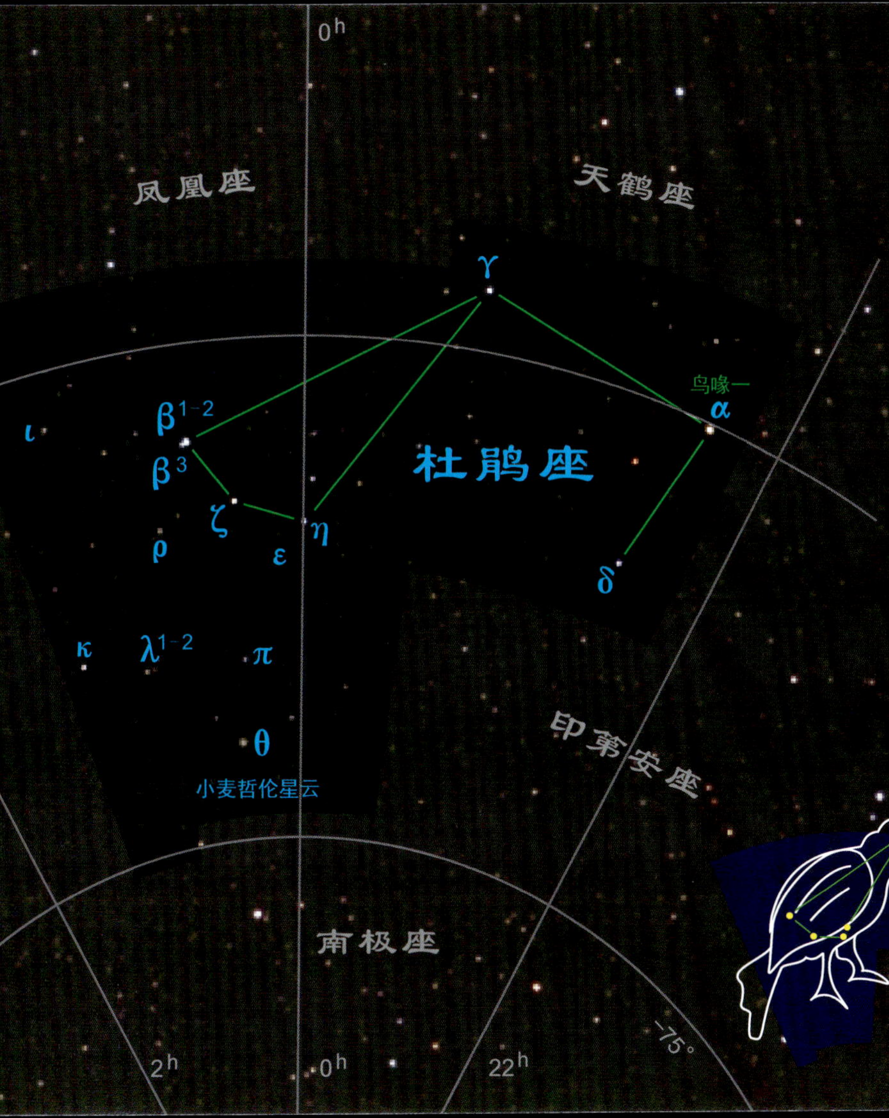

观测月份：9—11月

可见地点：北纬14°～南纬90°

星座位置：南天（0^h，－65°）

目测宽度：

目测深度：

面积位次：295平方度 第48位

主要恒星：3颗

拜耳/佛氏恒星：17颗

有行星的恒星：5颗

3等以上亮星：1颗

最亮恒星：α Tuc，星等2.87

梅西耶天体：0个

重点观测：β星
κ星
NGC104
NGC362
小麦哲伦星云

流星雨：无

星座想象图：

中美洲巨嘴鸟

大熊座
Ursa Major(UMa)

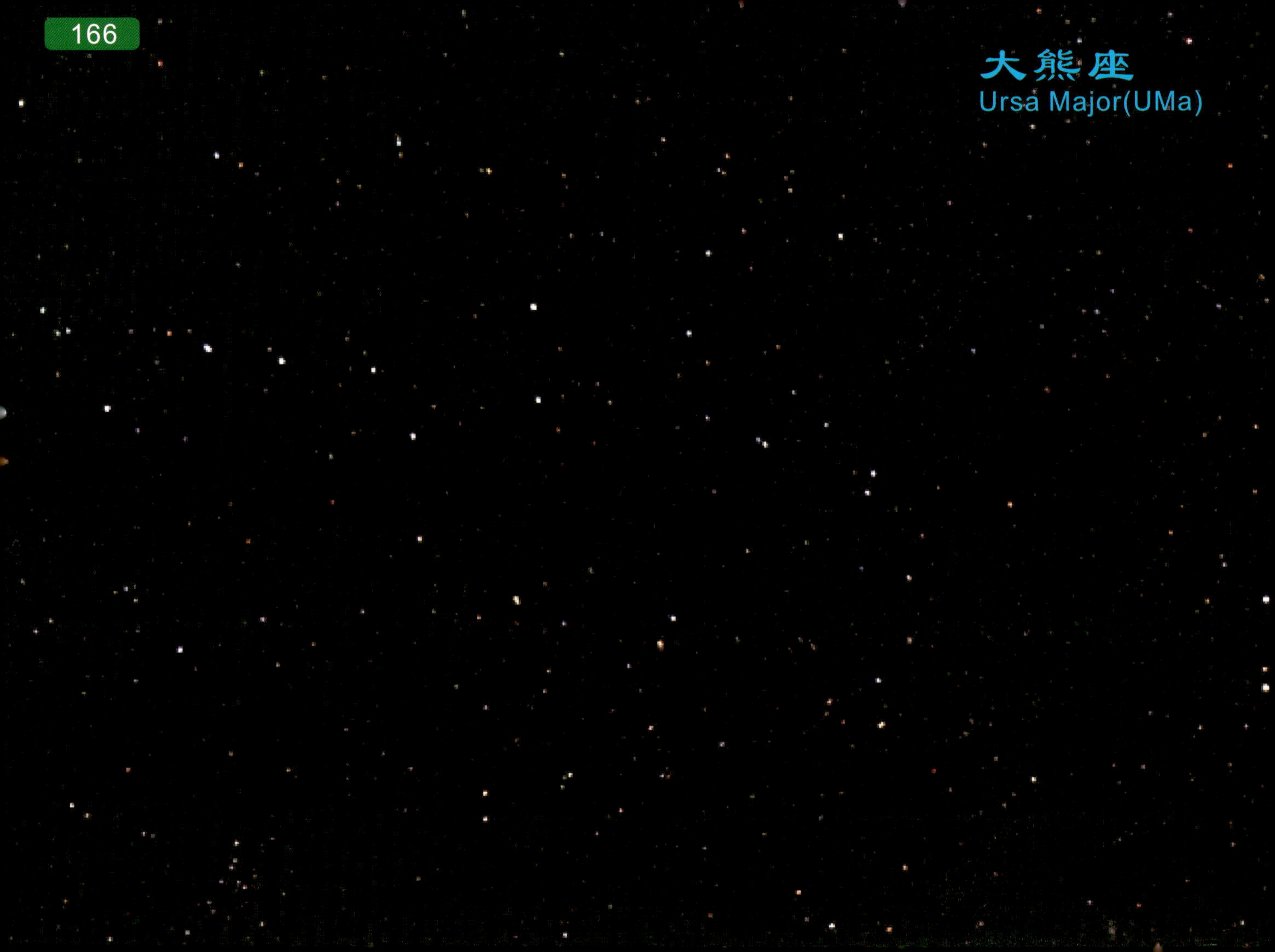

大熊座
Ursa Major(UMa)

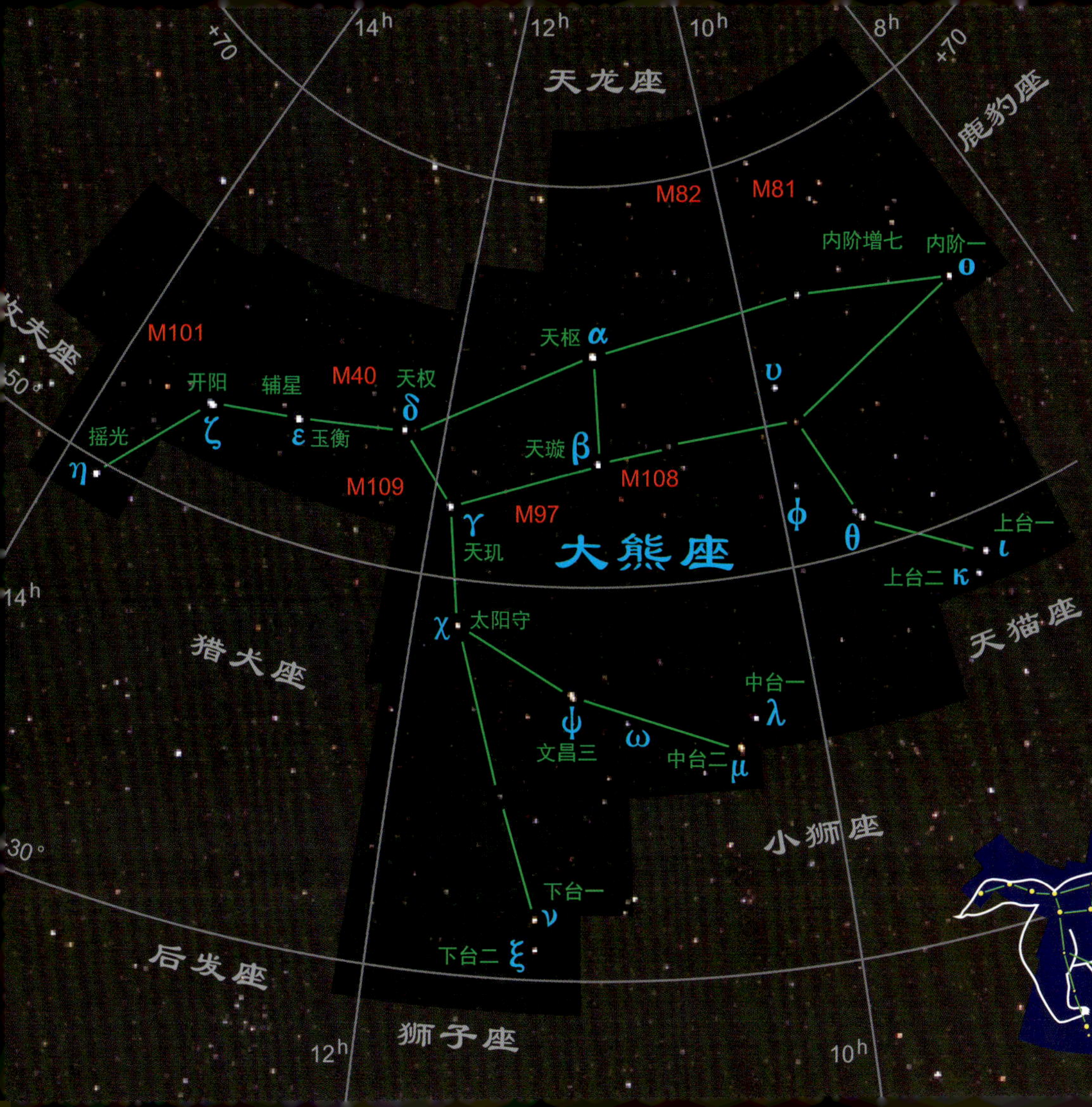

观测月份：3—5月

可见地点：北纬90°～南纬17°

星座位置：北天（11^h，+55°）

目测宽度：

目测深度：

面积位次：1280平方度 第3位

主要恒星：7颗

拜耳/佛氏恒星：93颗

有行星的恒星：21颗

3等以上亮星：7颗

最亮恒星：ε UMa，星等1.76

梅西耶天体：7个

重点观测：ζ星（开阳）
ξ星（下台二）
M81（旋涡星系）
M82（不规则星系）
M101（旋涡星系）
北斗七星

流星雨：
大熊座 α 流星雨

星座想象图：
美女卡莉斯托变成的大熊

小熊座
Ursa Minor(UMi)

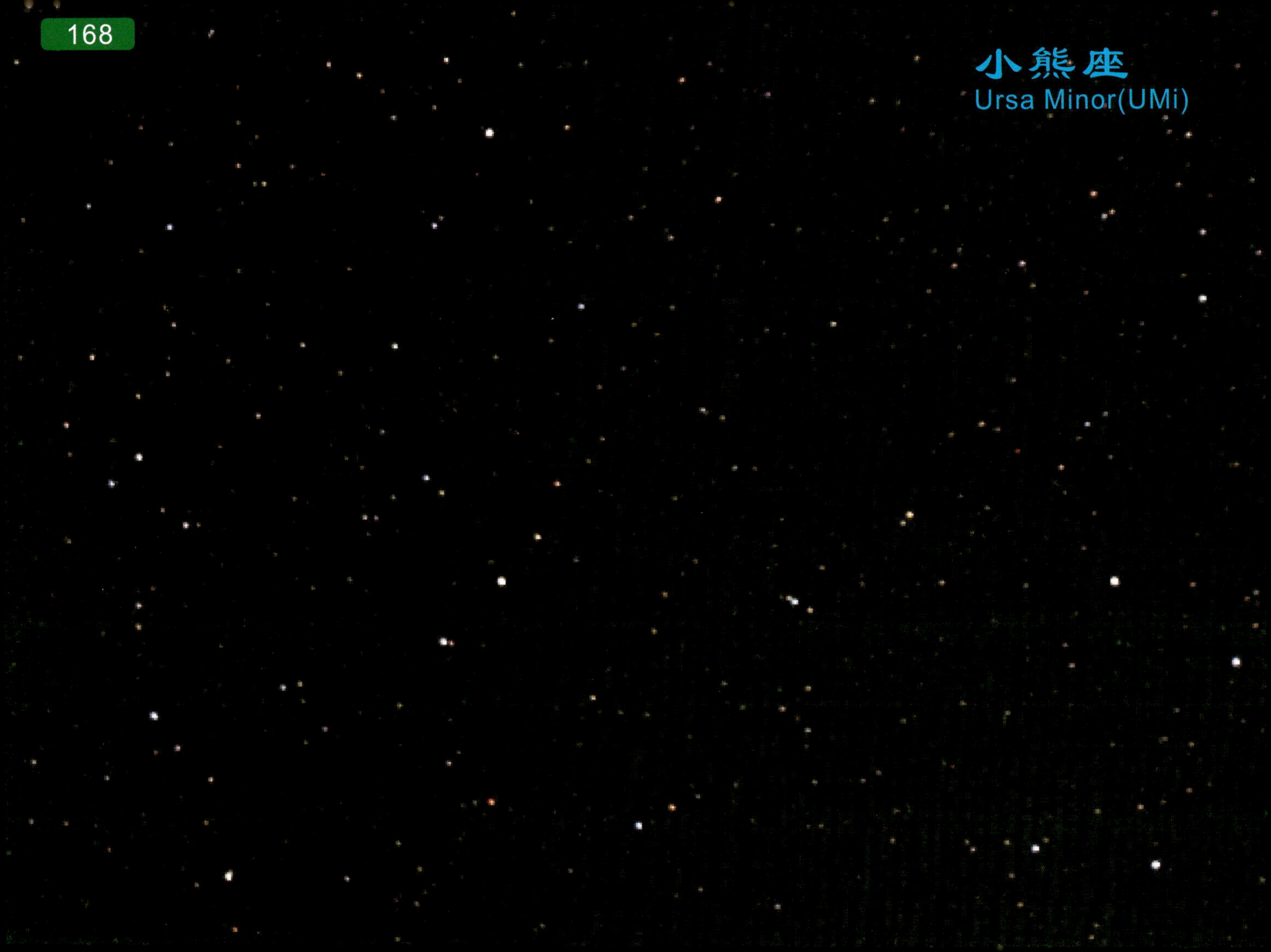

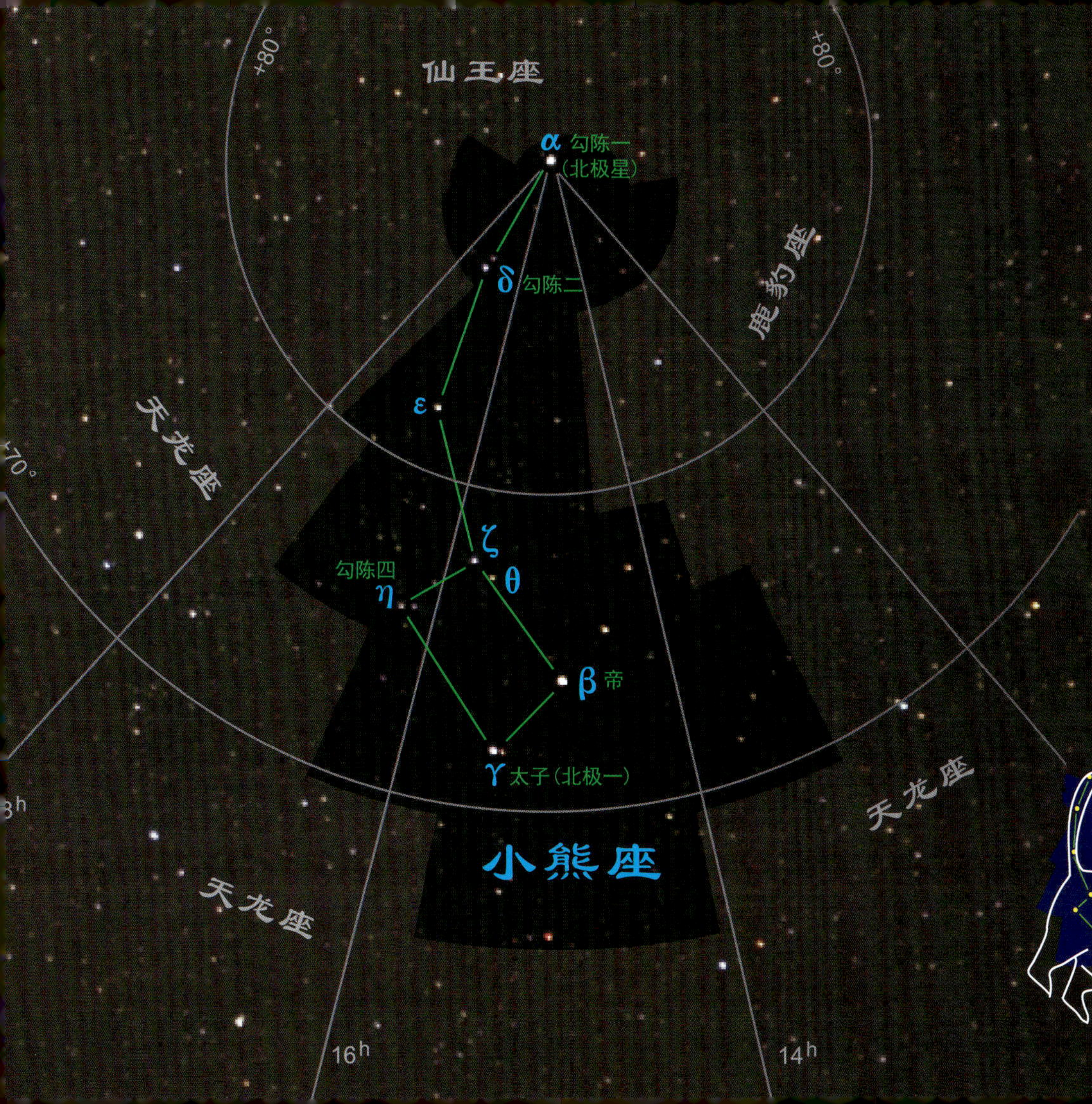

小熊座

Ursa Minor(UMi)

观测月份：5—6月

可见地点：北纬90°～赤纬0°

星座位置：北天(16h，+80°)

目测宽度：

目测深度：

面积位次：256平方度 第56位

主要恒星：7颗

拜耳/佛氏恒星：23颗

有行星的恒星：4颗

3等以上亮星：3颗

最亮恒星：α UMi，星等1.97

梅西耶天体：0个

重点观测：α星(勾陈一/北极星)
γ星(太子/北极一)
η星(勾陈四)

流星雨：
小熊座流星雨

星座想象图：
阿卡斯变成的小熊

船帆座
Vela(Vel)

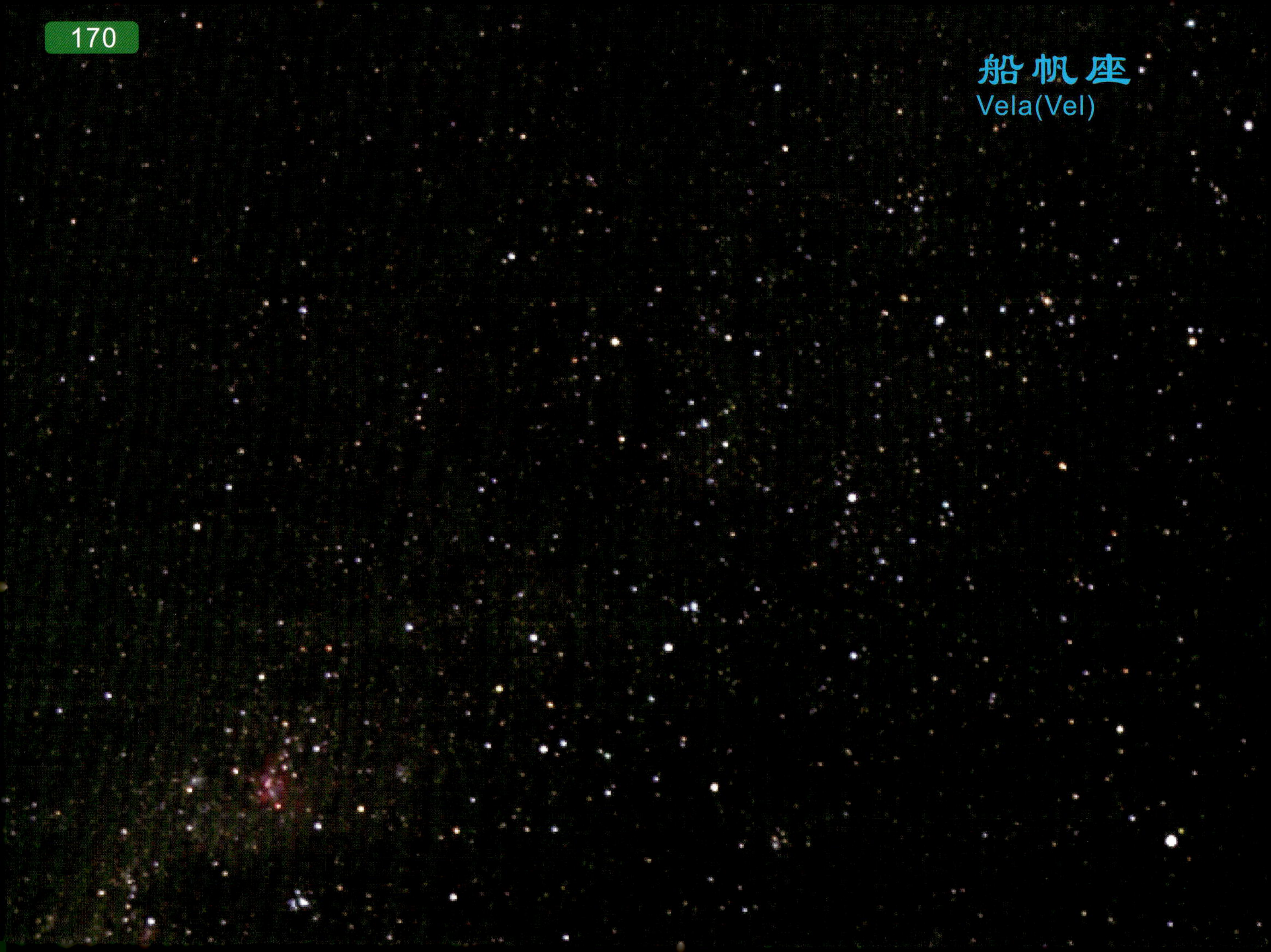

船帆座

Vela(Vel)

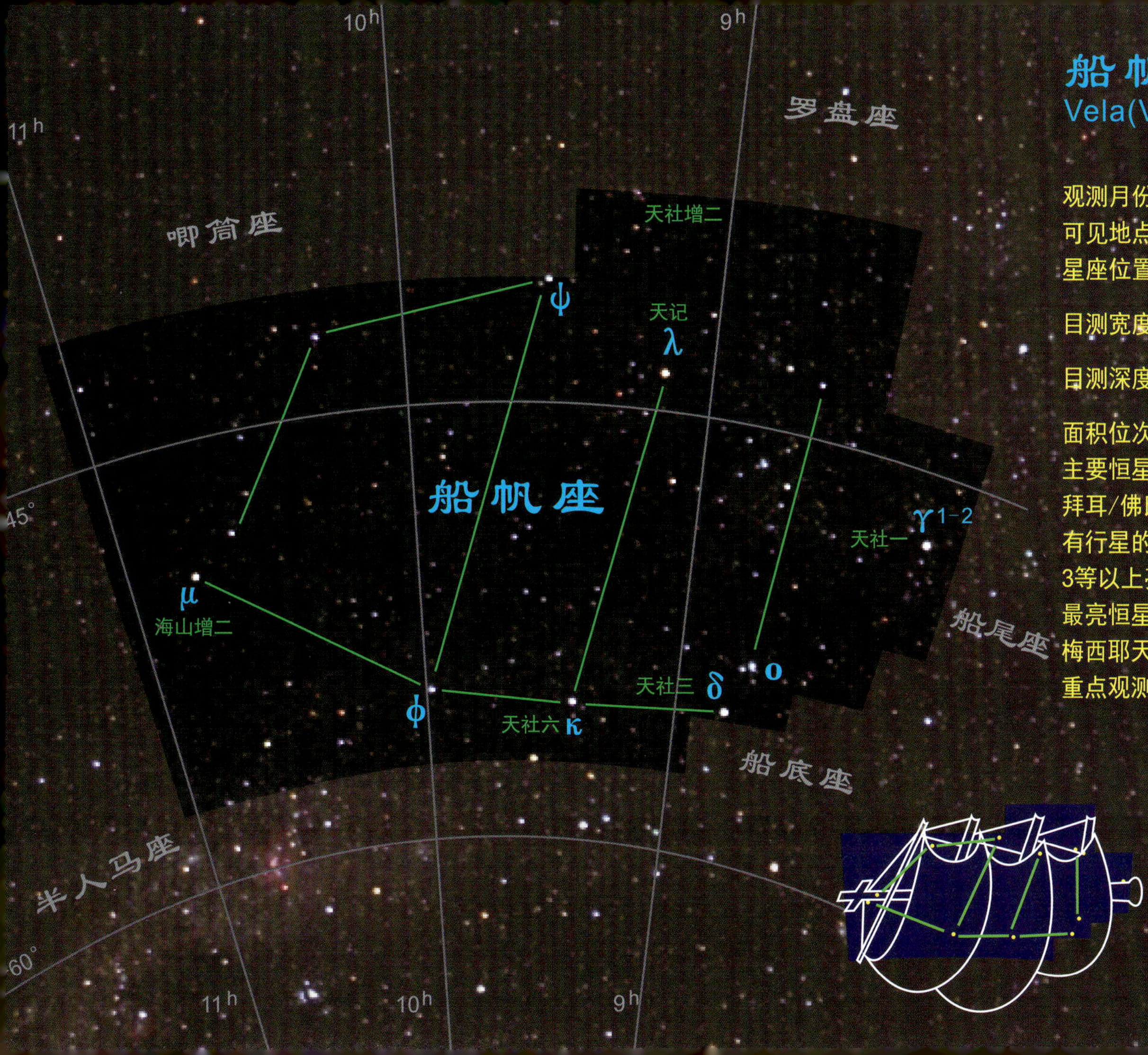

观测月份：2—4月

可见地点：北纬33°～南纬90°

星座位置：南天(9.5^{h}，－50°)

目测宽度：

目测深度：

面积位次：500平方度 第32位

主要恒星：5颗

拜耳/佛氏恒星：50颗

有行星的恒星：7颗

3等以上亮星：5颗

最亮恒星：γ Vel，星等1.75

梅西耶天体：0个

重点观测：γ星(天社一)
NGC2547
NGC3132
IC2391

流星雨：
船帆座δ、γ流星雨

星座想象图：
亚格号天舟的船帆

室女座
Virgo(Vir)

室女座

Virgo(Vir)

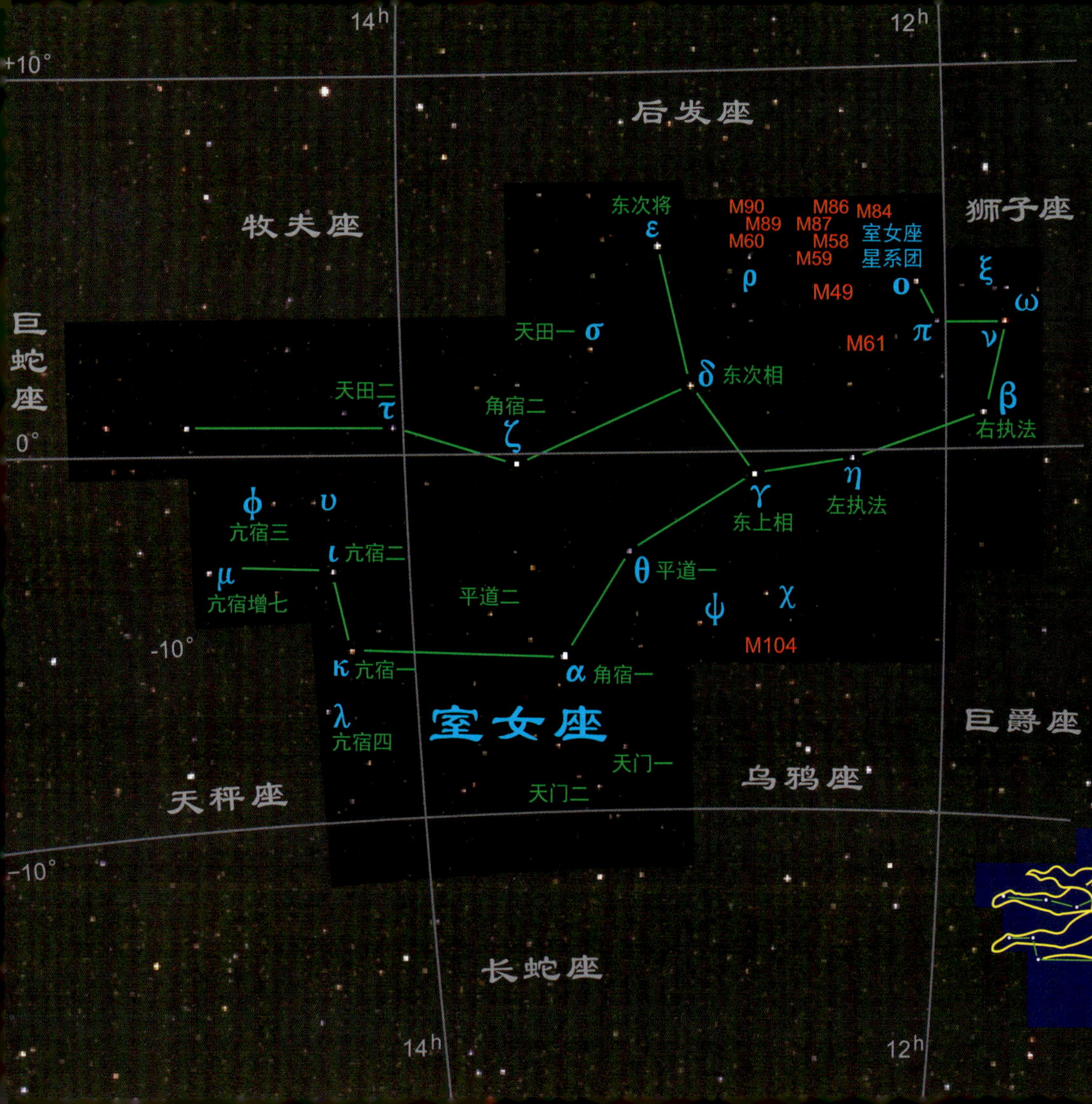

观测月份：4—6月

可见地点：北纬68°～南纬76°

星座位置：黄道（13h，0°）

目测宽度：

目测深度：

面积位次：1294平方度 第2位

主要恒星：9颗

拜耳/佛氏恒星：96颗

有行星的恒星：29颗

3等以上亮星：3颗

最亮恒星：α Vir，星等0.98

梅西耶天体：11个

重点观测：α星（角宿一）
γ星（东上相）
M87（椭圆星系）
M104（草帽星系）
室女座星系团

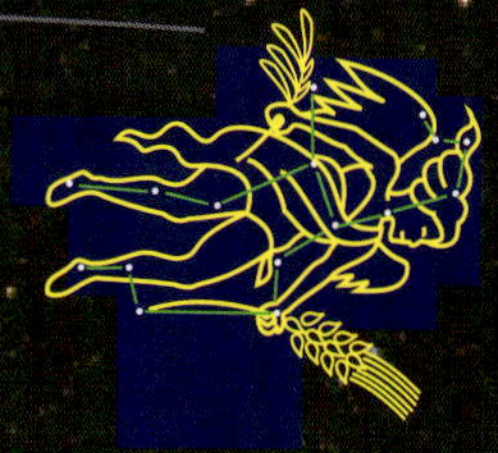

流星雨：室女座流星雨、μ流星雨

星座想象图：

正义和丰收女神阿斯特拉亚

# 飞鱼座
Volans(Vol)

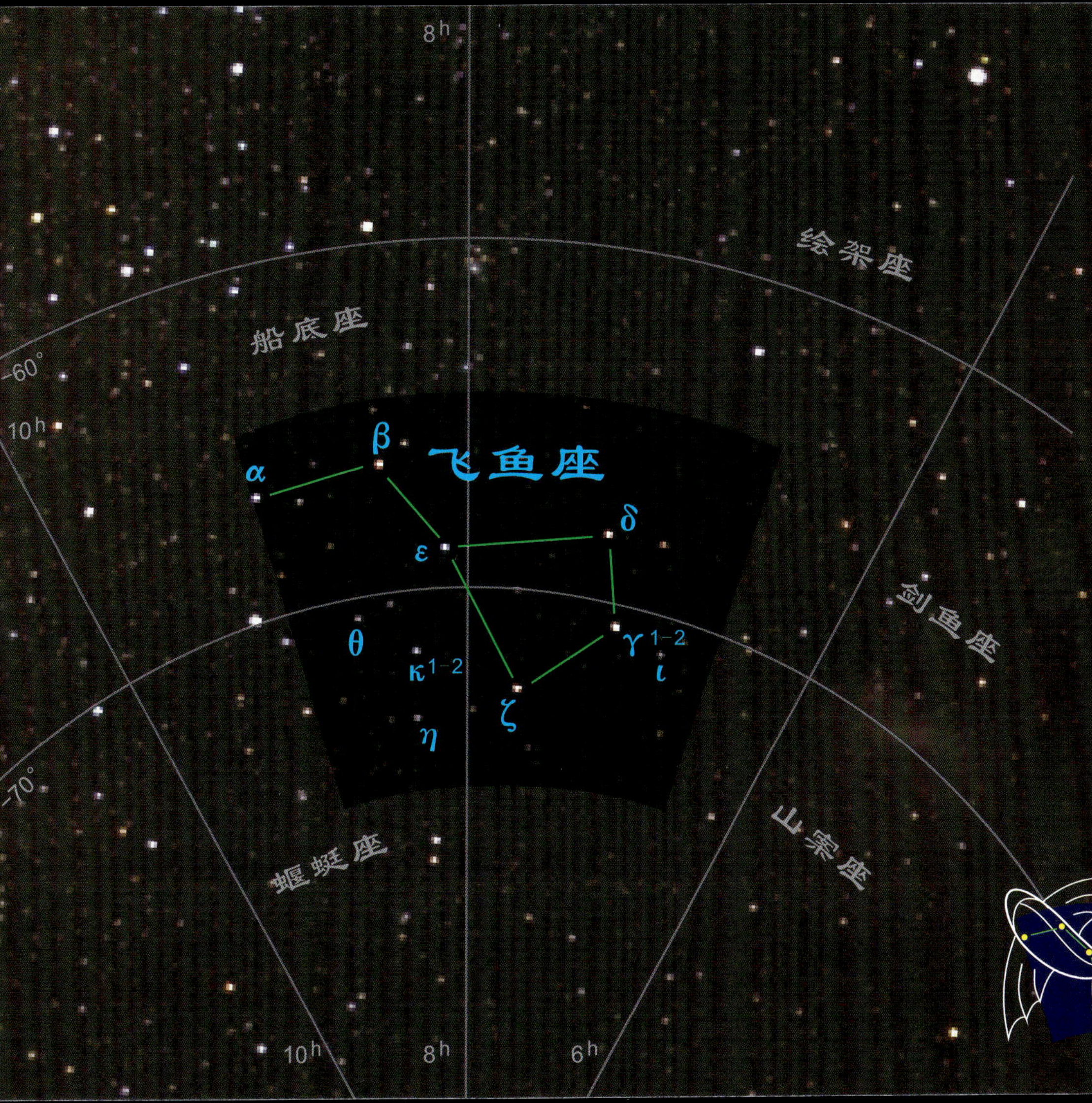

飞鱼座

Volans(Vol)

观测月份：1—3月

可见地点：北纬15°～南纬90°

星座位置：南天(7.5^h，－70°)

目测宽度：

目测深度：

面积位次：141平方度 第76位

主要恒星：6颗

拜耳/佛氏恒星：12颗

有行星的恒星：2颗

3等以上亮星：0颗

最亮恒星：β Vol，星等3.77

梅西耶天体：0个

重点观测：γ星
ε星

流星雨：无

星座想象图：

热带海域会在水面滑翔的飞鱼

# 狐狸座
Vulpecula(Vul)

狐狸座

Vulpecula(Vul)

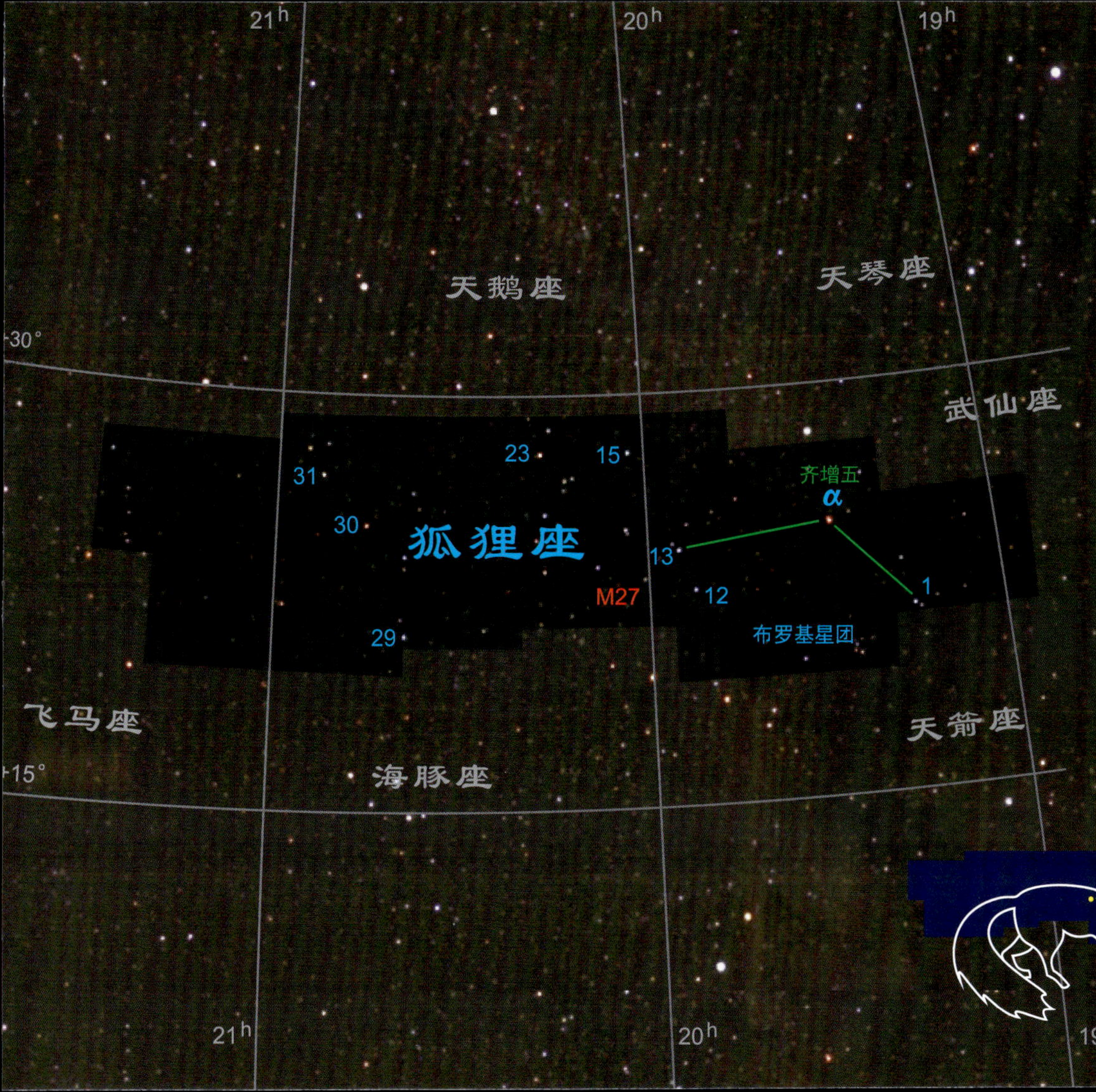

观测月份：7—9月

可见地点：北纬90°～南纬61°

星座位置：北天(20h，+25°)

目测宽度：

目测深度：

面积位次：268平方度 第55位

主要恒星：5颗

拜耳/佛氏恒星：33颗

有行星的恒星：5颗

3等以上亮星：0颗

最亮恒星：α Vul，星等4.44

梅西耶天体：1个

重点观测：M27(哑铃星云)
布罗基星团

流星雨：无

星座想象图：

天穹上的狐狸

二、附录

肉眼和望远镜看到的星星

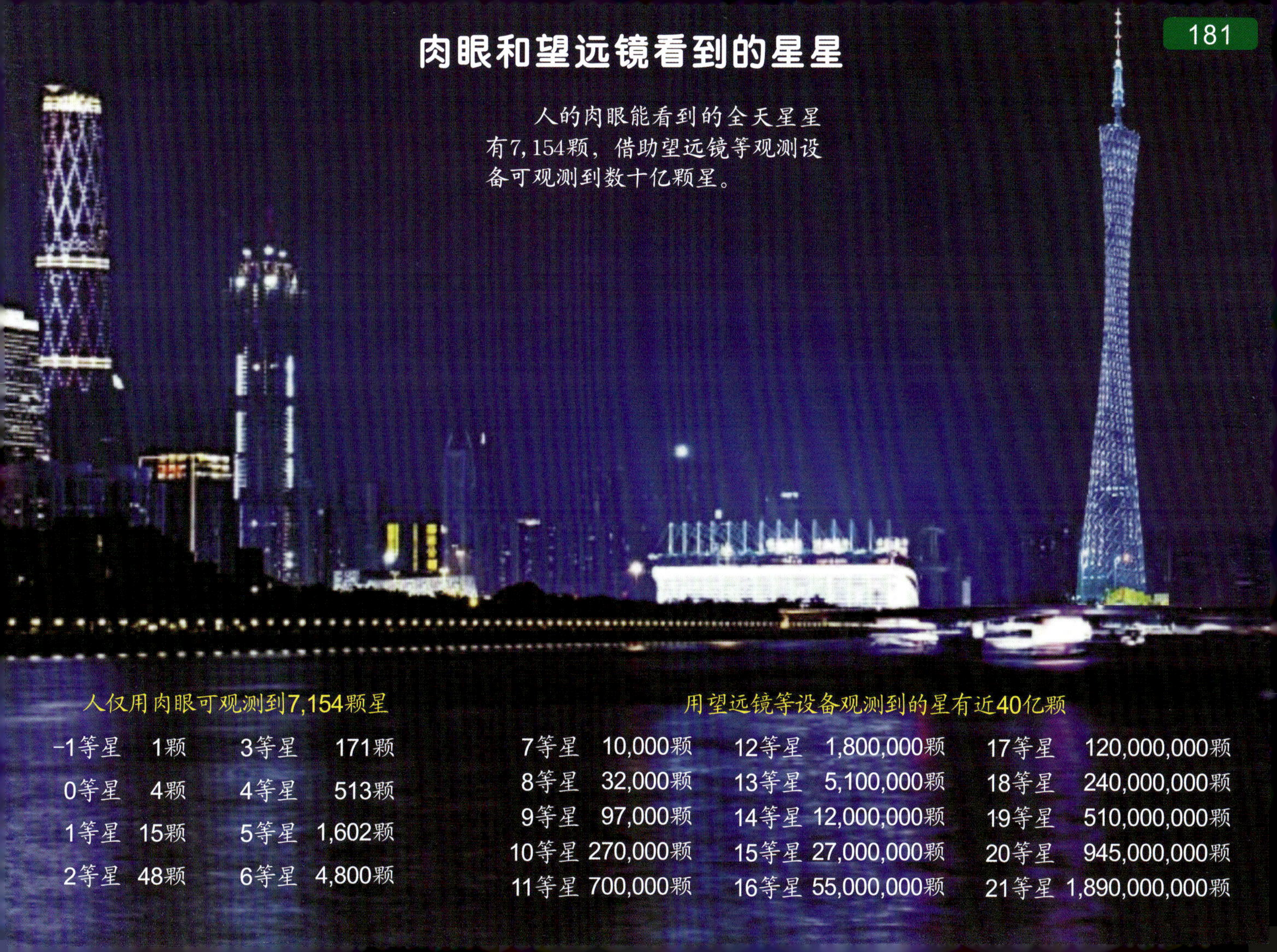

人的肉眼能看到的全天星星有7,154颗，借助望远镜等观测设备可观测到数十亿颗星。

人仅用肉眼可观测到7,154颗星

-1等星	1颗	3等星	171颗
0等星	4颗	4等星	513颗
1等星	15颗	5等星	1,602颗
2等星	48颗	6等星	4,800颗

用望远镜等设备观测到的星有近40亿颗

7等星	10,000颗	12等星	1,800,000颗	17等星	120,000,000颗
8等星	32,000颗	13等星	5,100,000颗	18等星	240,000,000颗
9等星	97,000颗	14等星	12,000,000颗	19等星	510,000,000颗
10等星	270,000颗	15等星	27,000,000颗	20等星	945,000,000颗
11等星	700,000颗	16等星	55,000,000颗	21等星	1,890,000,000颗

星空观测的范围

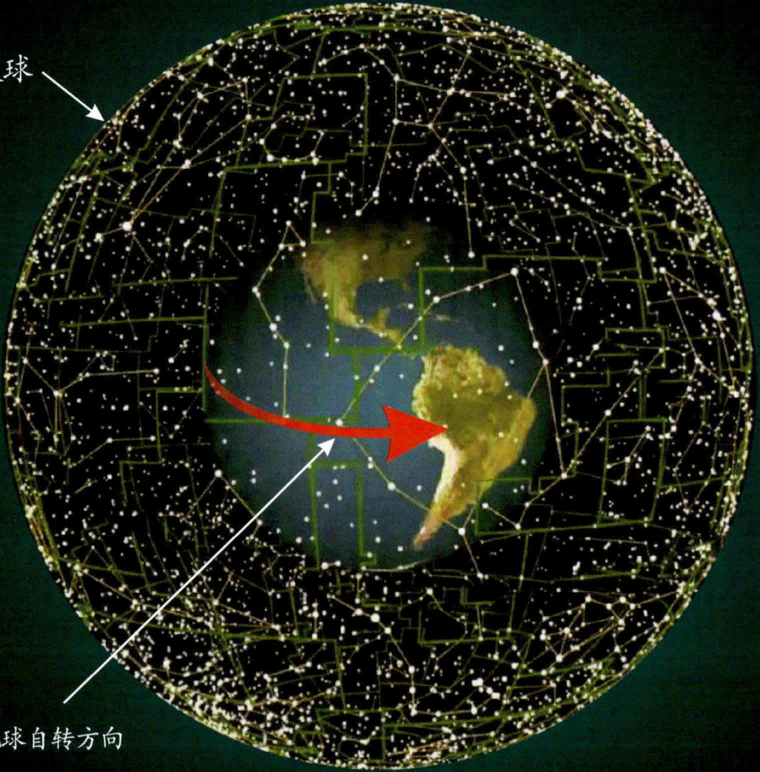

静态观天范围： 假如地球不自转，在地球上的任何时间、任何地点，观测者抬头都可以看到地平线以上的星空，约为半个天球，即整个星空的一半。且无论黑夜或白天，观测者头上的星空范围大小是不变的。

动态观天范围： 由于地球自转产生的周日视运动，天球上的星辰看上去是东升西落的。在地球上的任何时间、任何地点，观测者不仅可以观测到地平线以上的半个天球，且能够看到周天变化的星辰。观测者处在地球的不同纬度，观测到的星空范围是不同的。有五类位置观测：赤道上观测、北极点观测、南极点观测，北半球观测和南半球观测。

赤道上观测： 地平圈与赤经圈重合，在周日视运动中能够看到整个星空，除南北极星外均为升没星。

北极点观测： 地平圈与天赤道重合，在周日视运动中只能看到北半天球星空与地平圈平行运动的星。

南极点观测： 地平圈与天赤道重合，在周日视运动中只能看到南半天球星空与地平圈平行运动的星。

北半球观测： 地平圈在周日视运动中的轨迹带内为升没星。轨迹带以北为恒显星，以南为恒隐星。

南半球观测： 地平圈在周日视运动中的轨迹带内为升没星。轨迹带以南为恒显星，以北为恒隐星。

星空观测的深度

肉眼能够观测的距离： 肉眼能够观测到黑暗背景中的光点，如果光点的光度能够到达人的肉眼而被感应，则无论多远的光点肉眼都可以观测到。

肉眼能够观测到的天体： 肉眼在黑夜所看到的星星有 7,000 余颗，除了行星、卫星、彗星外，绝大多数是类似太阳的恒星及一些星团或星系等。肉眼观测到的这些天体大部分为银河系里距离太阳系较近的恒星，范围不过数千光年。而肉眼看到的这些密密麻麻的星星与整个宇宙天体相比不过是九牛一毛。肉眼看不到的星星是由于距离地球太过遥远，有的甚至达到上百亿光年，其光度远远达不到地球。在人马座方向，距离地球不到 3 万光年的银河系中心及恒星高度密集的银盘，肉眼无法分辨出单颗恒星，而是看到由无数单星合成的光带，这条光带被称为银河。

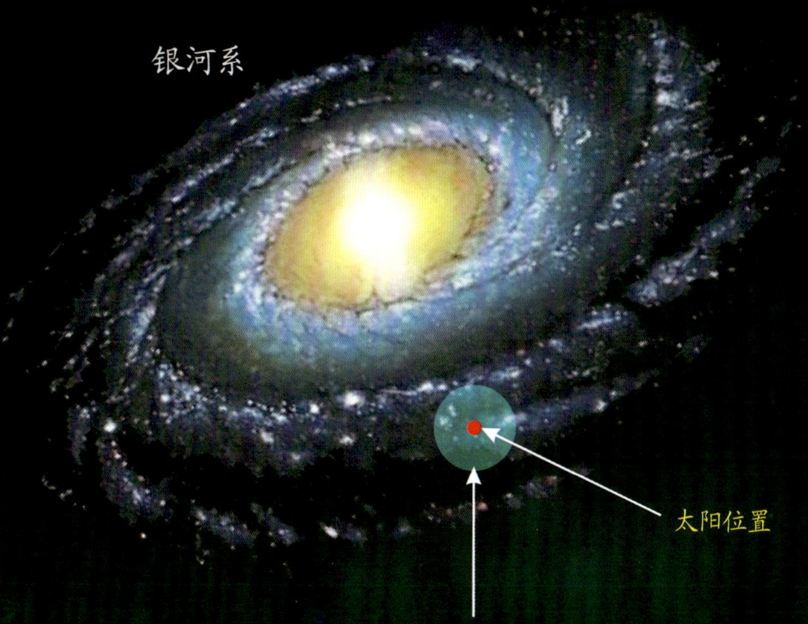

蓝色区域为人类肉眼夜晚见到的大部分星星所在的范围，直径大约5,000光年。

肉眼观测到的最远和最近的天体： 肉眼观测到的天体只有一小部分来自银河系外，如仙女座星系距离地球约245万光年，是人类肉眼可观测到的最远的天体之一。人类看到的最近的大型天体是月球，距离地球最近时只有363,300千米。

北极星的位置

指极星：北方夜空有一个由七颗亮星组成的勺子形状，俗称北斗七星，这个勺子由天枢、天璇、天玑、天权、玉衡、开阳和摇光等七星组成。从其中的天璇起通过天枢向前延伸约五倍于天璇到天枢的距离就可遇到一颗亮星，那就是北极星，因此天璇和天枢二星被称为指极星。

北极星：地球自转轴北向所指的那颗星，位于正北方夜空。在周日视运动中，所有天体都围着这颗星逆时针旋转。通过指极星可以找到北极星，也可以通过图示的仙后座与大熊座连线找到。

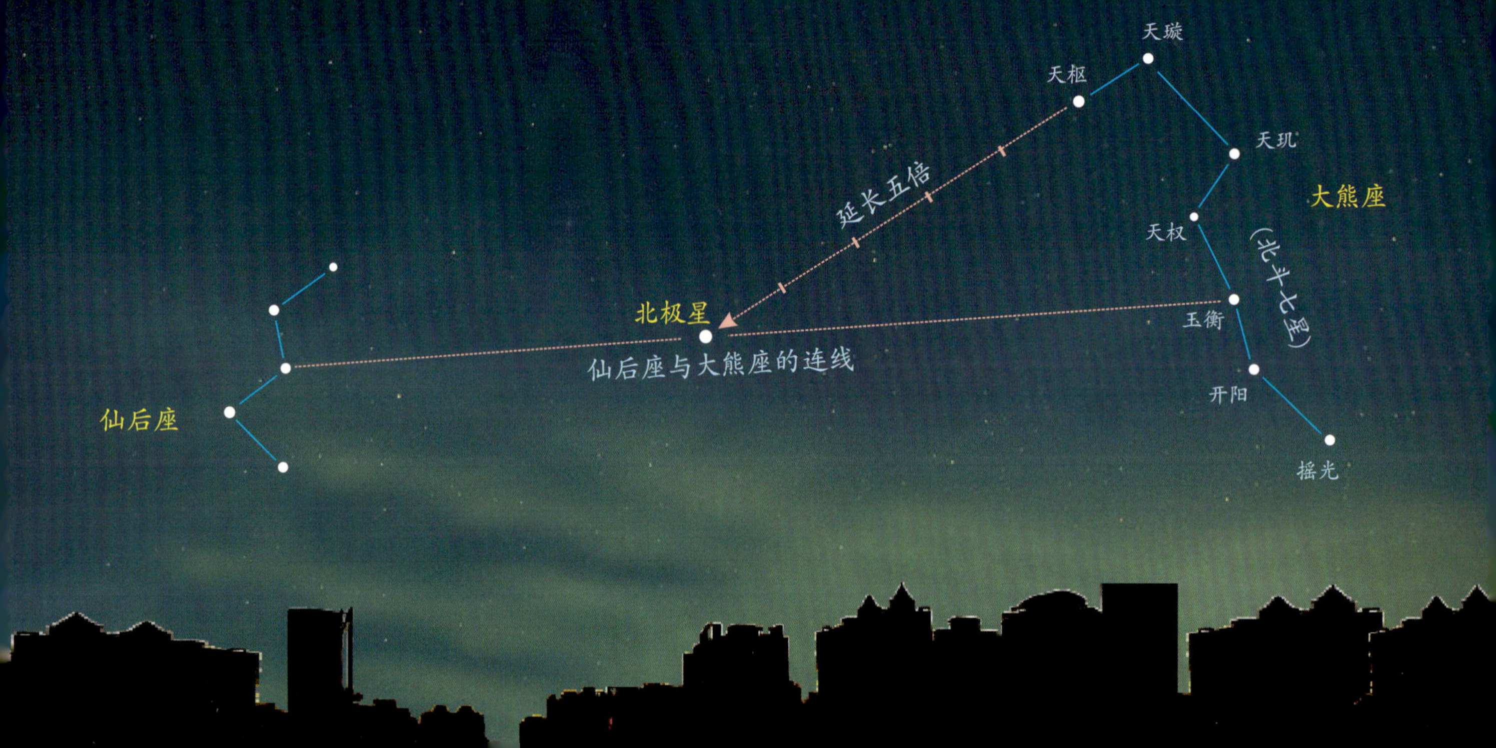

周日视运动及恒显圈

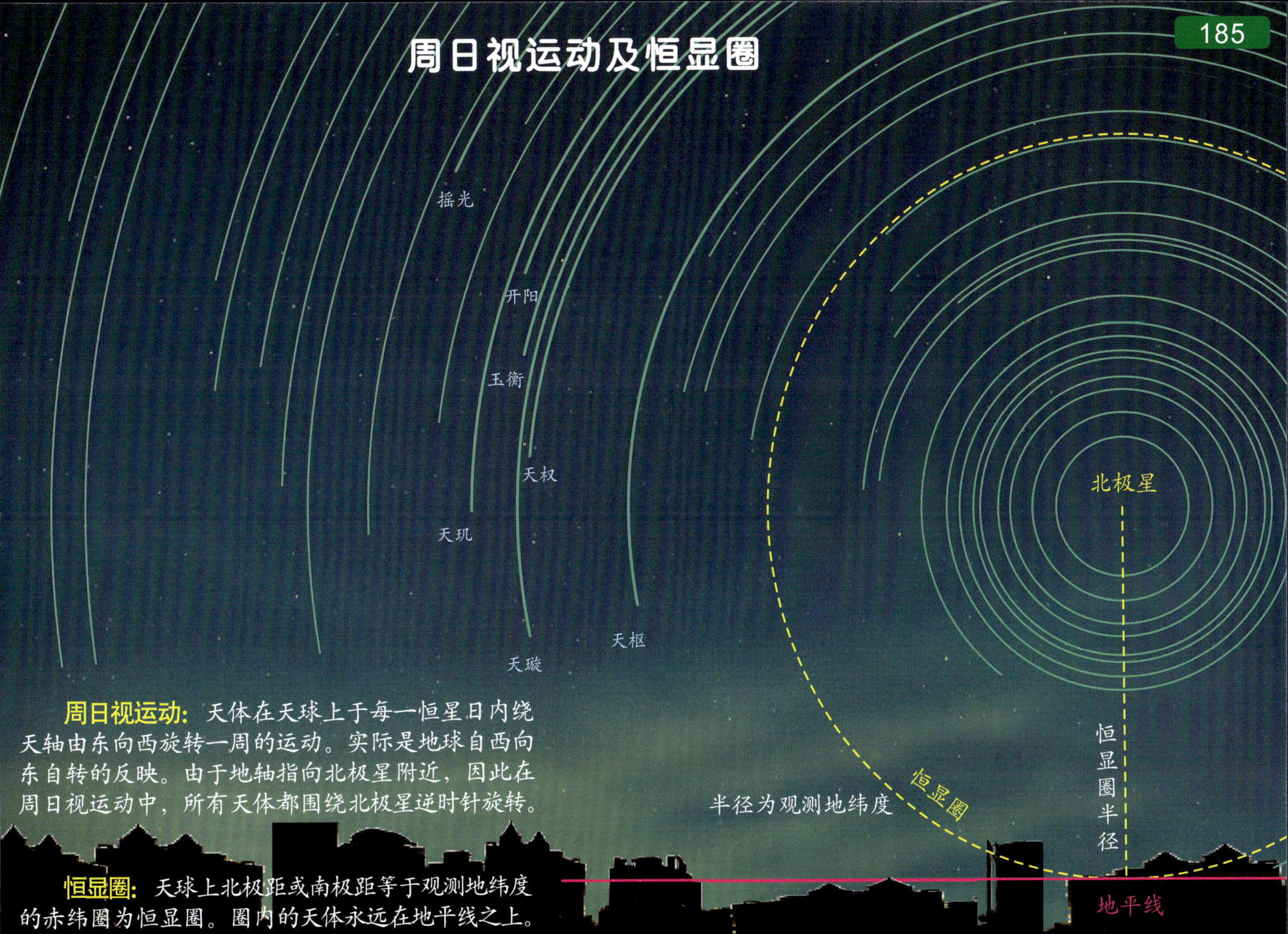

周日视运动： 天体在天球上于每一恒星日内绕天轴由东向西旋转一周的运动。实际是地球自西向东自转的反映。由于地轴指向北极星附近，因此在周日视运动中，所有天体都围绕北极星逆时针旋转。

恒显圈： 天球上北极距或南极距等于观测地纬度的赤纬圈为恒显圈。圈内的天体永远在地平线之上。

星等

星等：表示天体相对亮度强弱的等级。星等分视星等、仿视星等、红外星等、热星等、光电星等、照相星等、目视星等和绝对星等。星光越亮，星等的数值越小。人的肉眼可以看到6等星；暗于6等星，只能通过望远镜等设备才能观测到。目视星等和绝对星等都遵循普森定律，即每差1星等，亮度相差2.512倍。

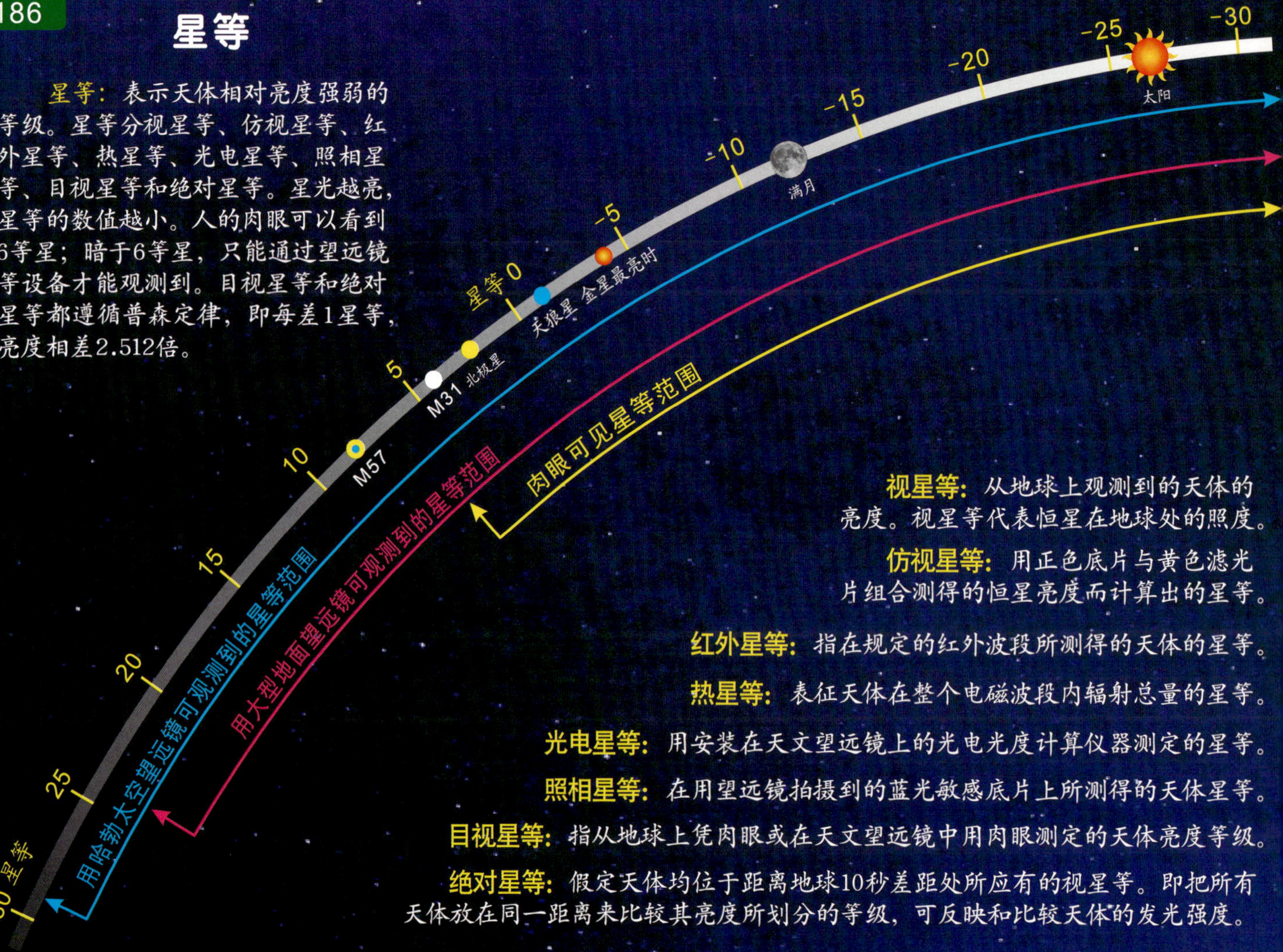

视星等：从地球上观测到的天体的亮度。视星等代表恒星在地球处的照度。

仿视星等：用正色底片与黄色滤光片组合测得的恒星亮度而计算出的星等。

红外星等：指在规定的红外波段所测得的天体的星等。

热星等：表征天体在整个电磁波段内辐射总量的星等。

光电星等：用安装在天文望远镜上的光电光度计算仪器测定的星等。

照相星等：在用望远镜拍摄到的蓝光敏感底片上所测得的天体星等。

目视星等：指从地球上凭肉眼或在天文望远镜中用肉眼测定的天体亮度等级。

绝对星等：假定天体均位于距离地球10秒差距处所应有的视星等。即把所有天体放在同一距离来比较其亮度所划分的等级，可反映和比较天体的发光强度。

星星的三维分布

构成星座图案的恒星看上去是在一个平面上，而事实上它们是三维分布的，与地球的距离通常各不相同，彼此之间也没有实体的关联。例如大家熟悉的勺子形状的北斗七星，七颗星距离地球有远有近，不在一个平面上，近的只有59光年，远的可达110光年。

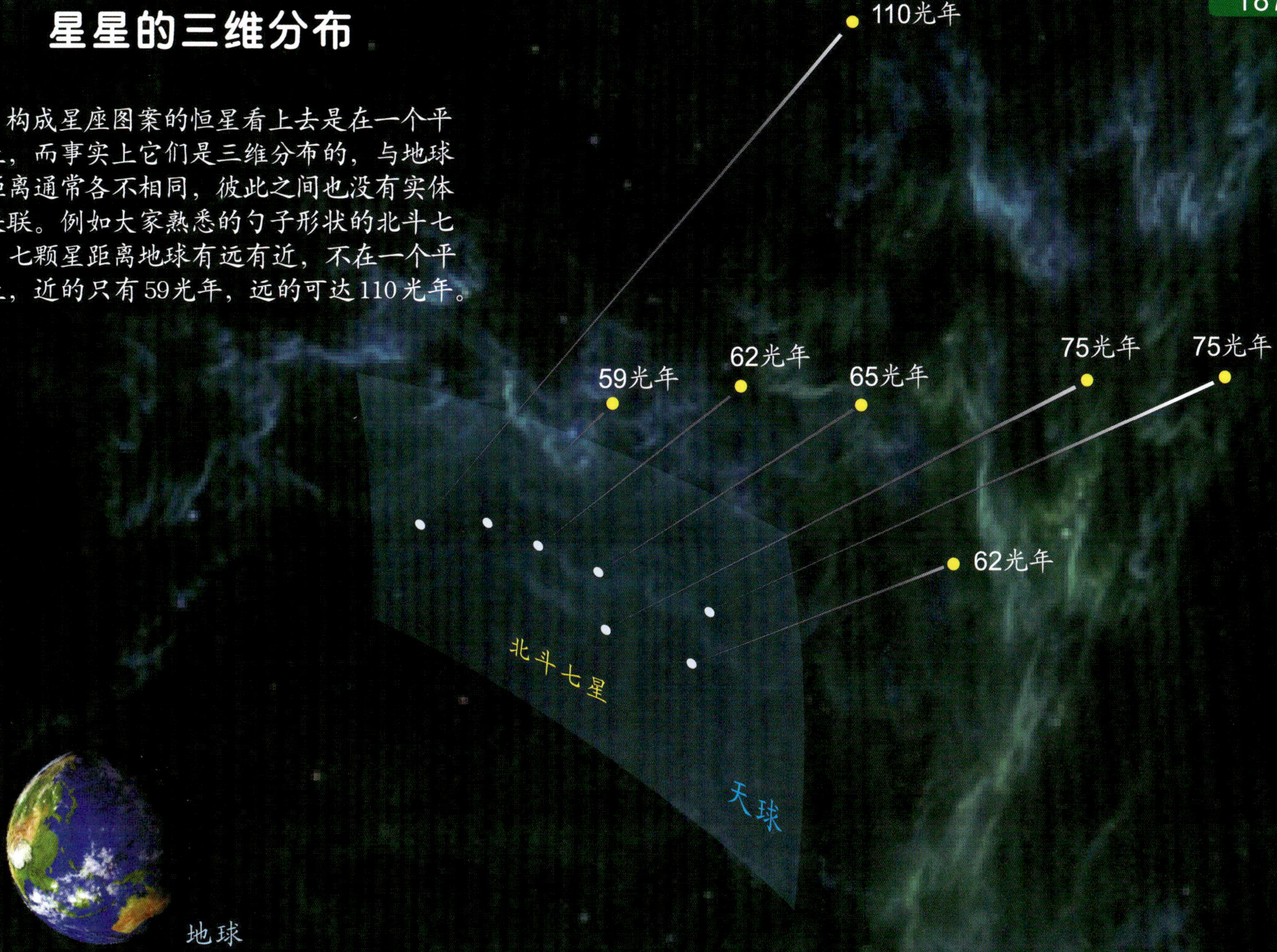

天体的角距

天体的角距： 天体之间的距离用角距表示，即两个天体在观测者眼里所张的角度。天体的视大小也用角距表示。

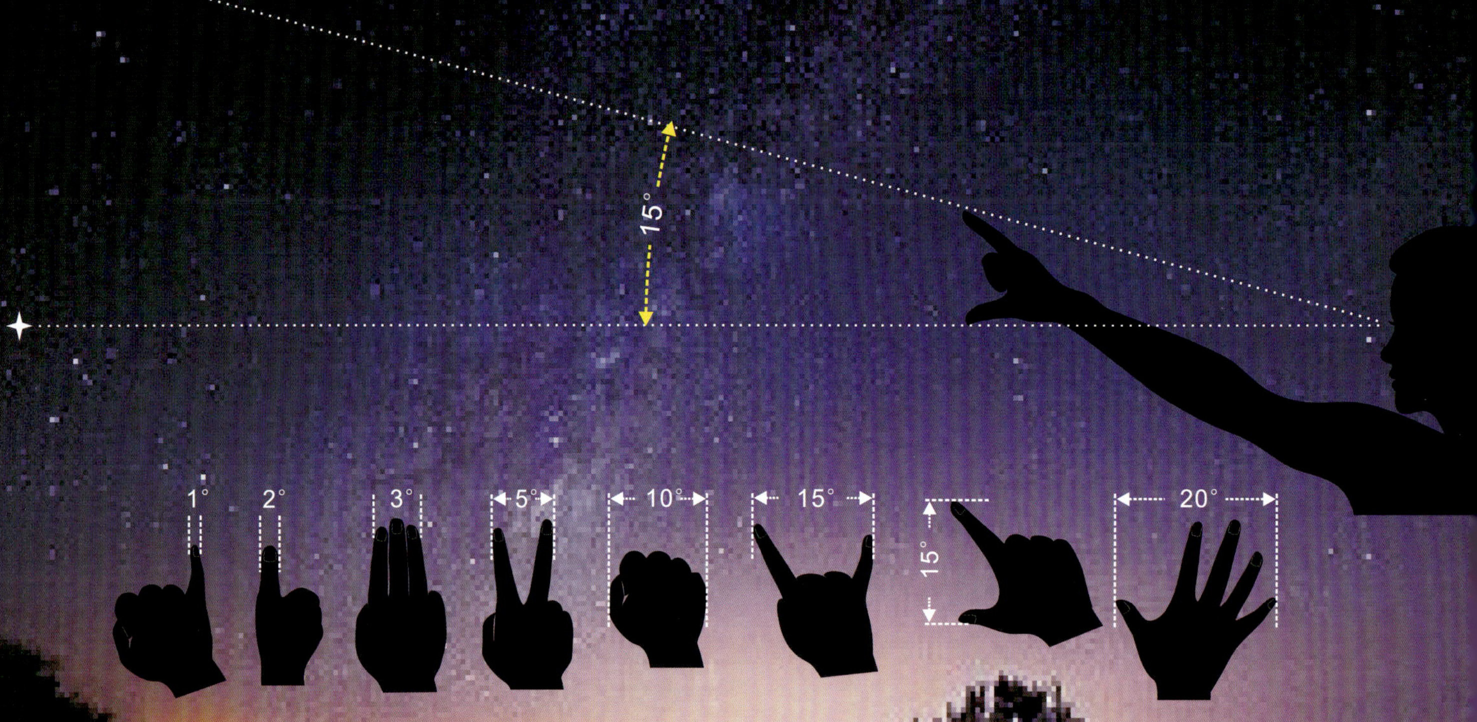

星空“量天尺”： 在茫茫星空，判断天体之间的距离是比较困难的，所幸我们的手掌可以方便地作为量测角距的工具，虽然不那么精确，但对指星认星帮助很大。

全天星图

全天星图： 就是把全天星体按一定的规律绘制在一张纸上的星图。相同星等和尺寸的星图，全天分区越少，整体感越好，但星象畸变越大；反之，分区越多，整体感越差，但星象畸变越小。

星图的方向： 地图上的方向是上北下南左西右东，而星图上的方向是上北下南左东右西。南北相同，东西相反。

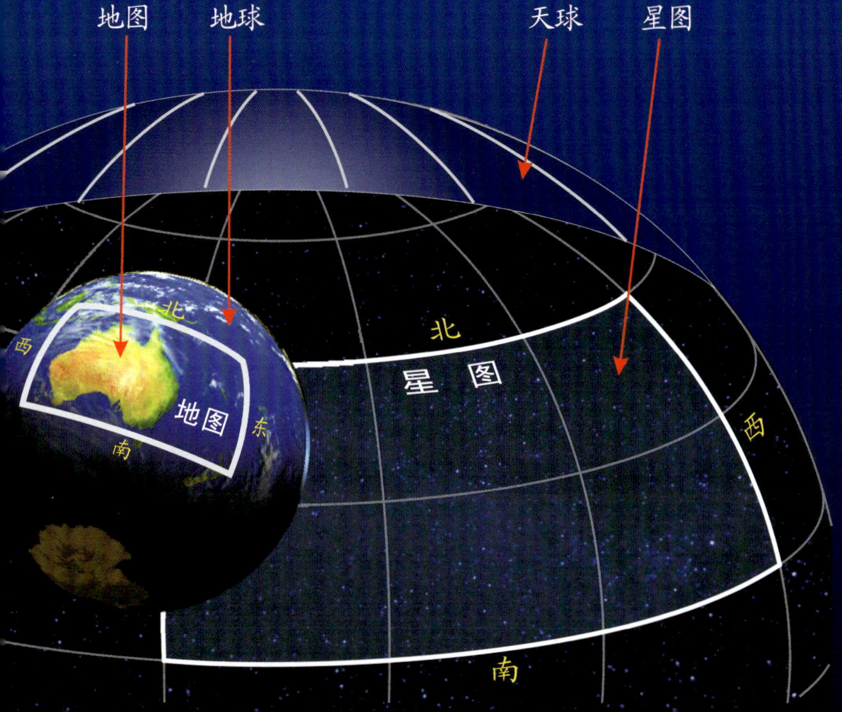

一天区的星图： 星空范围为半天星空，加赤道以外部分星空。优点是整体感非常好，缺点是缺少一部分星空，细节少，星区畸变很大。

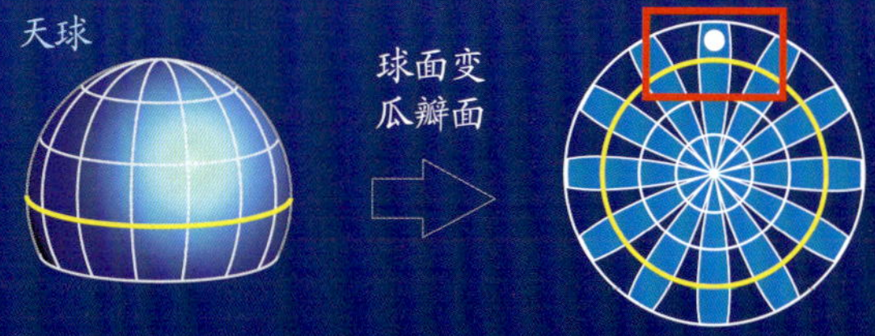

两天区的星图： 星空范围为北半天球和南半天球分开的两片星空。优点是整体感好，为全天星空，缺点是细节较少，星区畸变较大。

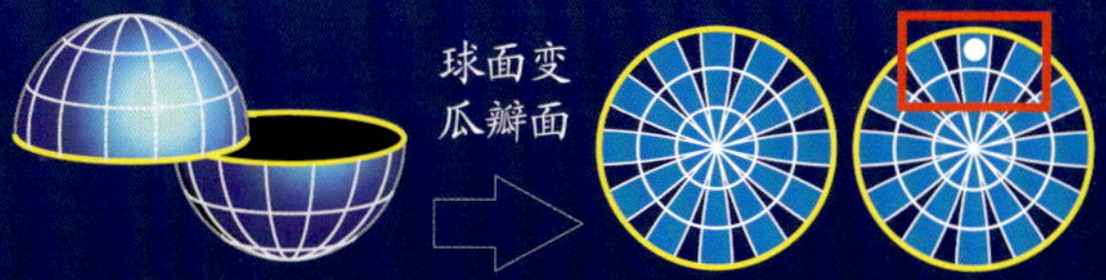

三天区的星图： 星空范围为北天、南天和天赤道分开的三片星空。优点是全天星空，细节多，星区畸变最小，缺点是整体感相对差。

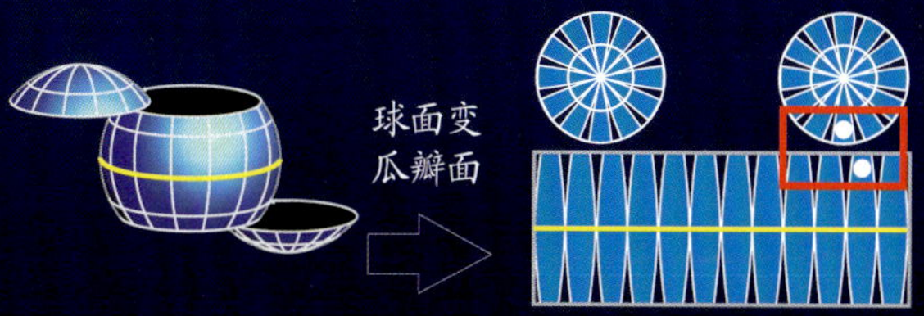

星座

星座： 古巴比伦人将星空分成许多区域，每个区域就是一个星座。每个星座的界限均用平行于天球上的赤经圈和赤纬圈的弧线来划分。

星座的命名： 根据每个星座中一些亮星组成的想象图形，冠以不同的星座名称。88个星座的名称中，14个用人名，9个用雀鸟名，2个用昆虫名，29个用水陆动物名，34个用神话异兽及器具名。多数星座亮星连线的形状与它们的名称毫不匹配。星座的名称采用拉丁语，并将星座的名称简化为三个拉丁字母。

星座数量： 公元150年，埃及科学家托勒密列出了47个星座，在他之后星座陆陆续续增加。1922年国际天文联合会最后确认全天划分为88个星座。

星座的大小： 全天88个星座，其中，北天28个、南天47个、黄道星座13个。面积最大的星座是长蛇座，面积最小的星座是南十字座。巨蛇座由两片星区组成。

星座里的α星： 通常α星是星座内最亮的星，这样的星座有58个。但天龙座、人马座、大熊座等26个星座内的α星并不是最亮的星，甚至在船帆座、船尾座、小狮座和矩尺座等4个星座内没有α星。

梅西耶天体与NGC天体

梅西耶天体： 指由18世纪法国天文学家梅西耶所编写的《星云星团表》中列出的110个天体。

梅西耶天体的分布： 110个梅西耶天体分布在35个星座内，其中人马座内的梅西耶天体有15个之多，其他梅西耶天体较多的星座分别是室女座11个，后发座8个，蛇夫座7个，大熊座7个，猎犬座5个，狮子座5个，天蝎座4个。其余的53个星座内没有梅西耶天体。

NGC天体： 指1880年由丹麦德雷耳汇总而成的《星云和星团新总表》，后来扩编了两份索引星表IC Ⅰ和IC Ⅱ，包括了各类型的深空天体共7840个。

梅西耶（M）与NGC天体编号对照表

M	NGC	M	NGC	M	NGC	M	NGC	M	NGC
1	1952	23	6494	45	—	67	2682	89	4552
2	7089	24	6603	46	2437	68	4590	90	4569
3	5272	25	IC4725	47	2422	69	6637	91	4548
4	6121	26	6694	48	2548	70	6681	92	6341
5	5904	27	6853	49	4472	71	6838	93	2447
6	6405	28	6626	50	2323	72	6981	94	4736
7	6475	29	6913	51	5194	73	6994	95	3351
8	6523	30	7099	52	7654	74	628	96	3368
9	6333	31	224	53	5024	75	6864	97	3587
10	6254	32	221	54	6715	76	651	98	4192
11	6705	33	598	55	6809	77	1068	99	4254
12	6218	34	1039	56	6779	78	2068	100	4321
13	6205	35	2168	57	6720	79	1904	101	5457
14	6402	36	1960	58	4579	80	6093	102	5866
15	7078	37	2099	59	4621	81	3031	103	581
16	6611	38	1912	60	4649	82	3034	104	4594
17	6618	39	7092	61	4303	83	5236	105	3379
18	6613	40	—	62	6266	84	4374	106	4258
19	6273	41	2287	63	5055	85	4382	107	6171
20	6514	42	1976	64	4826	86	4406	108	3556
21	6531	43	1982	65	3623	87	4486	109	3992
22	6656	44	2632	66	3627	88	4501	110	205

三垣：中国古代把夏夜星空分为紫微垣、太微垣和天市垣三片星空，称为三垣。

紫微垣：指北天极附近之诸星；

太微垣：指夏夜天顶西侧诸星；

天市垣：指夏夜天顶东侧诸星。

四象：中国远古星宿信仰中的青龙、白虎、朱雀、玄武，分别代表东、西、南、北四个方向上的群星，称为四象。

东宫青龙代表春；

西宫白虎代表秋；

南宫朱雀代表夏；

北宫玄武代表冬。

二十八宿：指四象所代表的二十八组星群。

东宫青龙代表的七宿为：

角、亢、氐、房、心、尾、箕。

北宫玄武代表的七宿为：

斗、牛、女、虚、危、室、壁。

西宫白虎代表的七宿为：

奎、娄、胃、昴、毕、觜、参。

南宫朱雀代表的七宿为：

井、鬼、柳、星、张、翼、轸。

中国的星宿

中国星宿与西方星宫

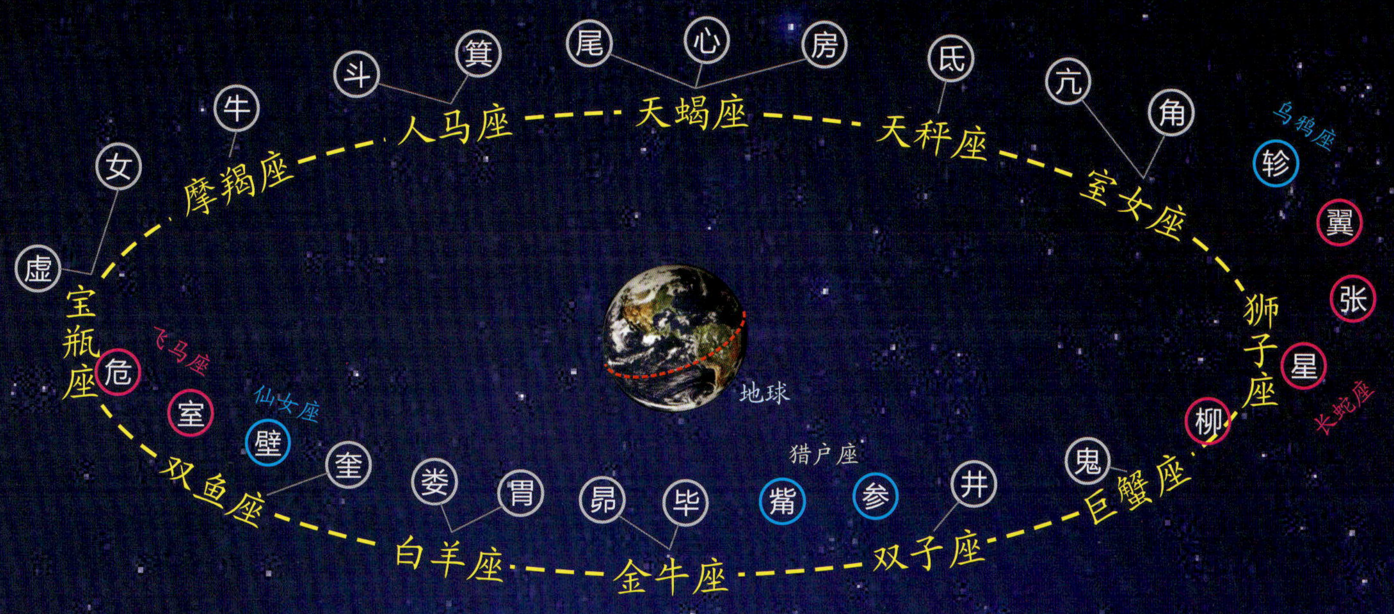

中国星宿：中国古代将天上的星星分成不同的星群，叫星宿。中国古人认为太阳、月亮和五行在自西向东的运动过程中，要在天空的二十八个天区驻留和经过，所以称为二十八宿，每个宿又包含数个星宫。

西方星宫：指太阳经过的星座，即天文学家把黄道区域按30°等分形成的12个星座。即白羊座、双鱼座、宝瓶座、摩羯座、人马座、天蝎座、天秤座、室女座、狮子座、巨蟹座、双子座和金牛座。事实上在人马座和天蝎座之间有一个蛇夫座，也是黄道上的星座。

星座与星宫的区别：西方的星座是指星空的某一区域及区域内的所有星体，而中国的星宿是指某一群星。中国的二十八星宿与西方的黄道十二星座的区域基本重合。

星座子夜上中天日期

1月

2日 大犬座
5日 双子座
5日 麒麟座
8日 船尾座
14日 小犬座
18日 飞鱼座
19日 天猫座
30日 巨蟹座
31日 船底座

2月

4日 罗盘座
13日 船帆座
22日 六分仪座
23日 小狮座
24日 唧筒座

3月

1日 蝘蜓座
1日 狮子座
11日 大熊座
12日 巨爵座
15日 长蛇座
28日 乌鸦座
28日 南十字座
30日 半人马座
30日 苍蝇座

4月

2日 后发座
7日 猎犬座
11日 室女座
30日 圆规座

5月

2日 牧夫座
9日 天秤座
9日 豺狼座
13日 小熊座
19日 北冕座
19日 矩尺座
21日 天燕座
23日 南三角座
24日 天龙座

6月

3日 天蝎座
6日 巨蛇座
10日 天坛座
11日 蛇夫座
13日 武仙座
30日 南冕座
南极座(无上中天日期)

北天星座位置

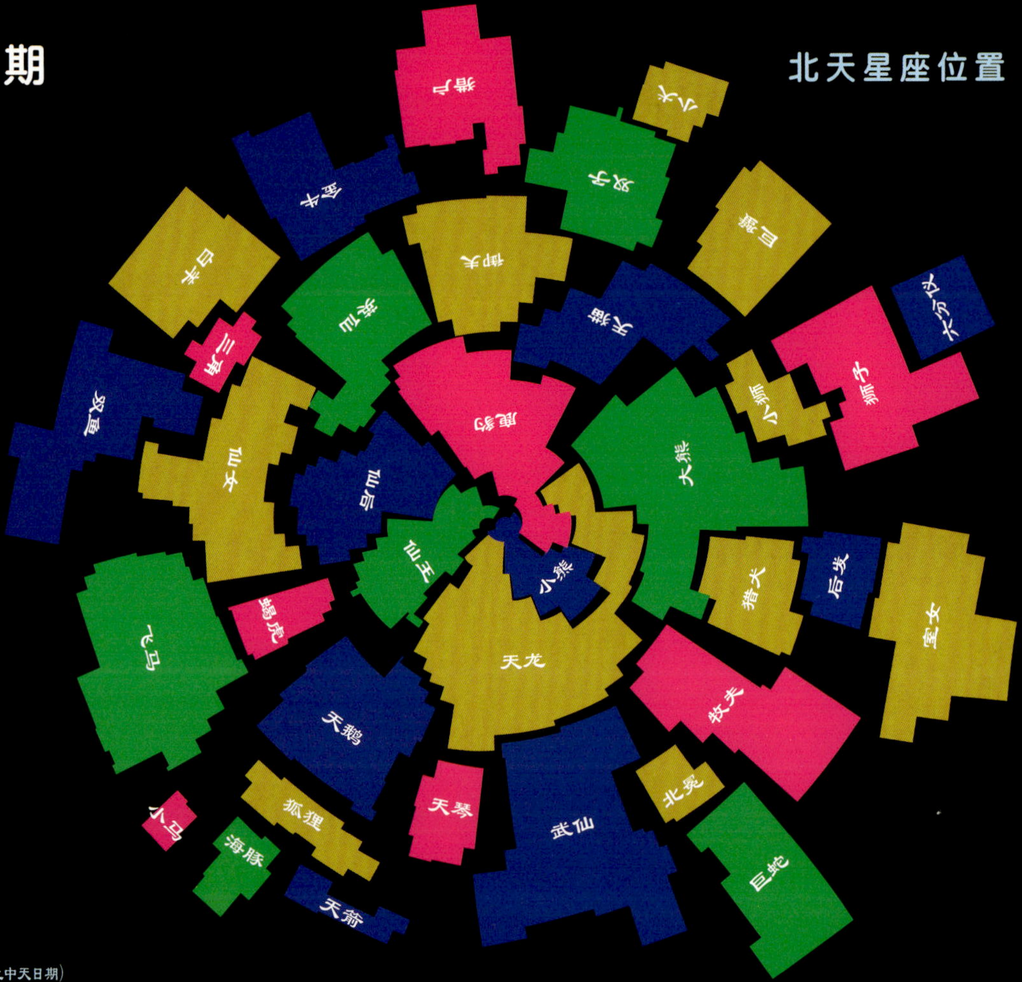

南天星座位置

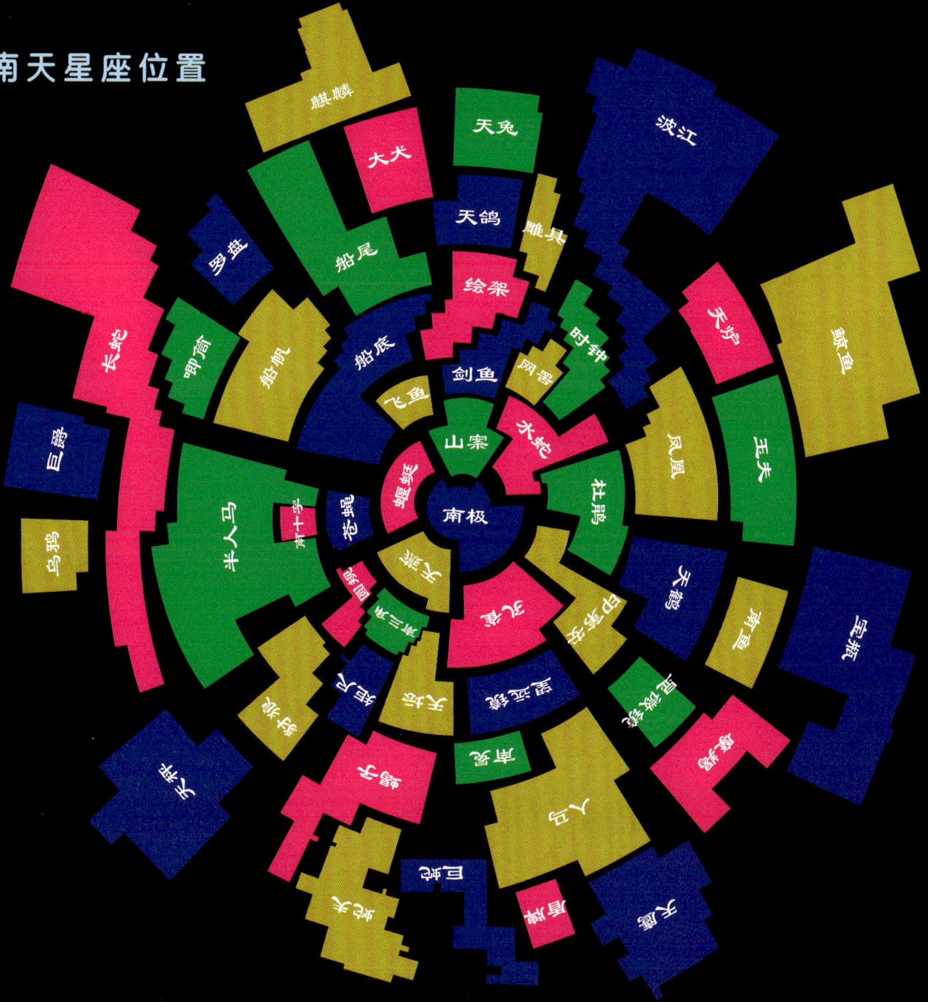

7月

1 日 盾牌座
4 日 天琴座
5 日 孔雀座
7 日 人马座
10 日 望远镜座
16 日 天鹰座
16 日 天箭座
25 日 狐狸座
30 日 天鹅座
31 日 海豚座

8月

4 日 显微镜座
8 日 摩羯座
8 日 小马座
12 日 印第安座
25 日 宝瓶座
25 日 南鱼座
28 日 天鹤座
28 日 蝎虎座

9月

1 日 飞马座
17 日 杜鹃座
26 日 玉夫座
27 日 双鱼座
29 日 仙王座

10月

4 日 凤凰座
9 日 仙女座
9 日 仙后座
15 日 鲸鱼座
23 日 三角座
26 日 水蛇座
30 日 白羊座

11月

2 日 天炉座
7 日 英仙座
10 日 波江座
10 日 时钟座
19 日 网罟座
30 日 金牛座

12月

1 日 雕具座
13 日 猎户座
14 日 天兔座
14 日 山案座
16 日 绘架座
17 日 剑鱼座
18 日 天鸽座
21 日 御夫座
23 日 鹿豹座

秋冬星象

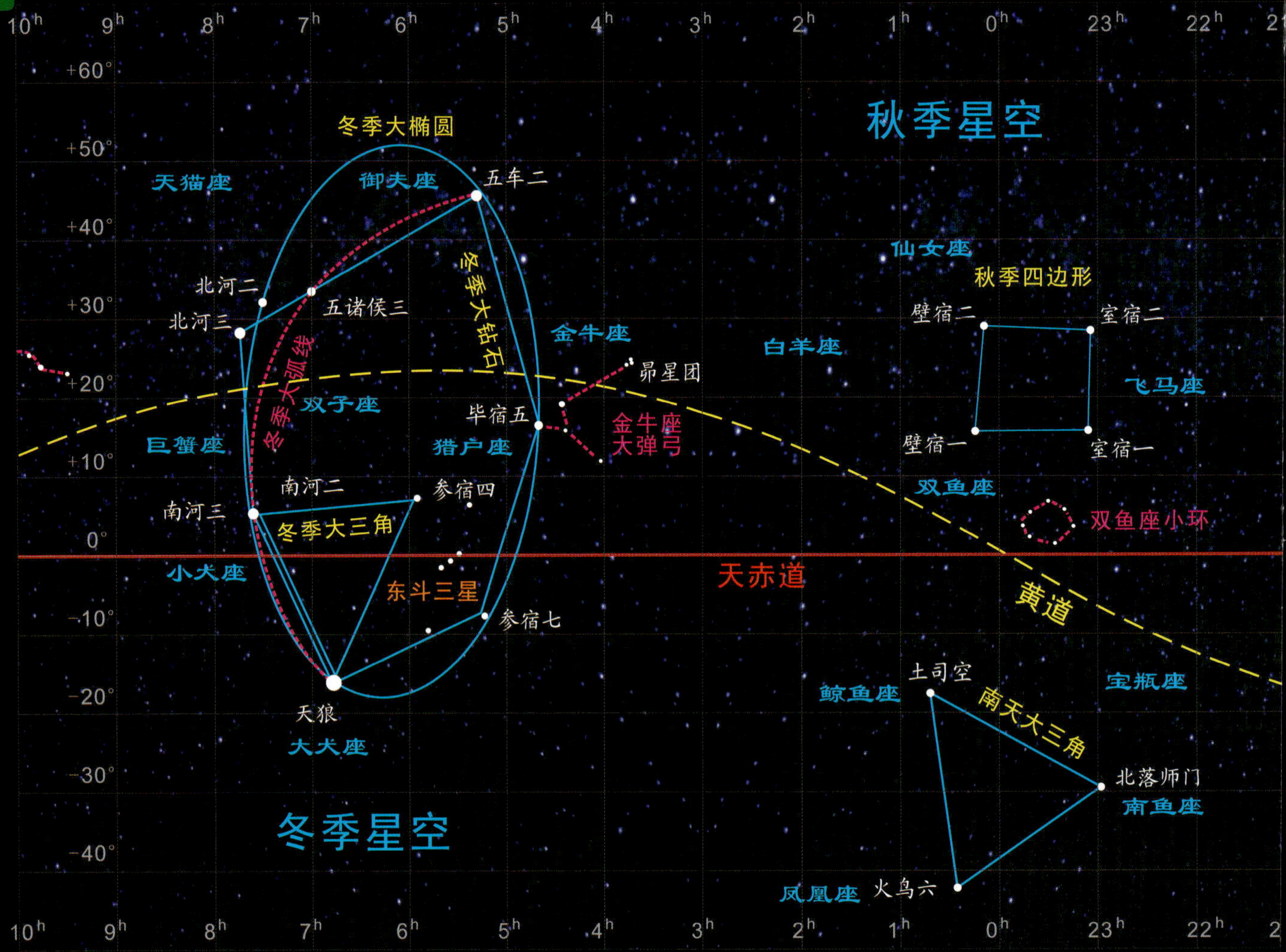
10h 9h 8h 7h 6h 5h 4h 3h 2h 1h 0h 23h 22h
+60°
+50°
+40°
+30°
+20°
+10°
0°
-10°
-20°
-30°
-40°
秋季星空
冬季大椭圆
天猫座
御夫座
五车二
仙女座
秋季四边形
北河二
五诸侯三
北河三
冬季大钻石
壁宿二
室宿二
金牛座
白羊座
冬季大弧线
昴星团
飞马座
双子座
毕宿五
金牛座
大弹弓
巨蟹座
猎户座
壁宿一
室宿一
南河二
参宿四
双鱼座
南河三
冬季大三角
双鱼座小环
小犬座
天赤道
东斗三星
黄道
参宿七
土司空
天狼
鲸鱼座
南天大三角
宝瓶座
大犬座
北落师门
南鱼座
冬季星空
凤凰座
火鸟六

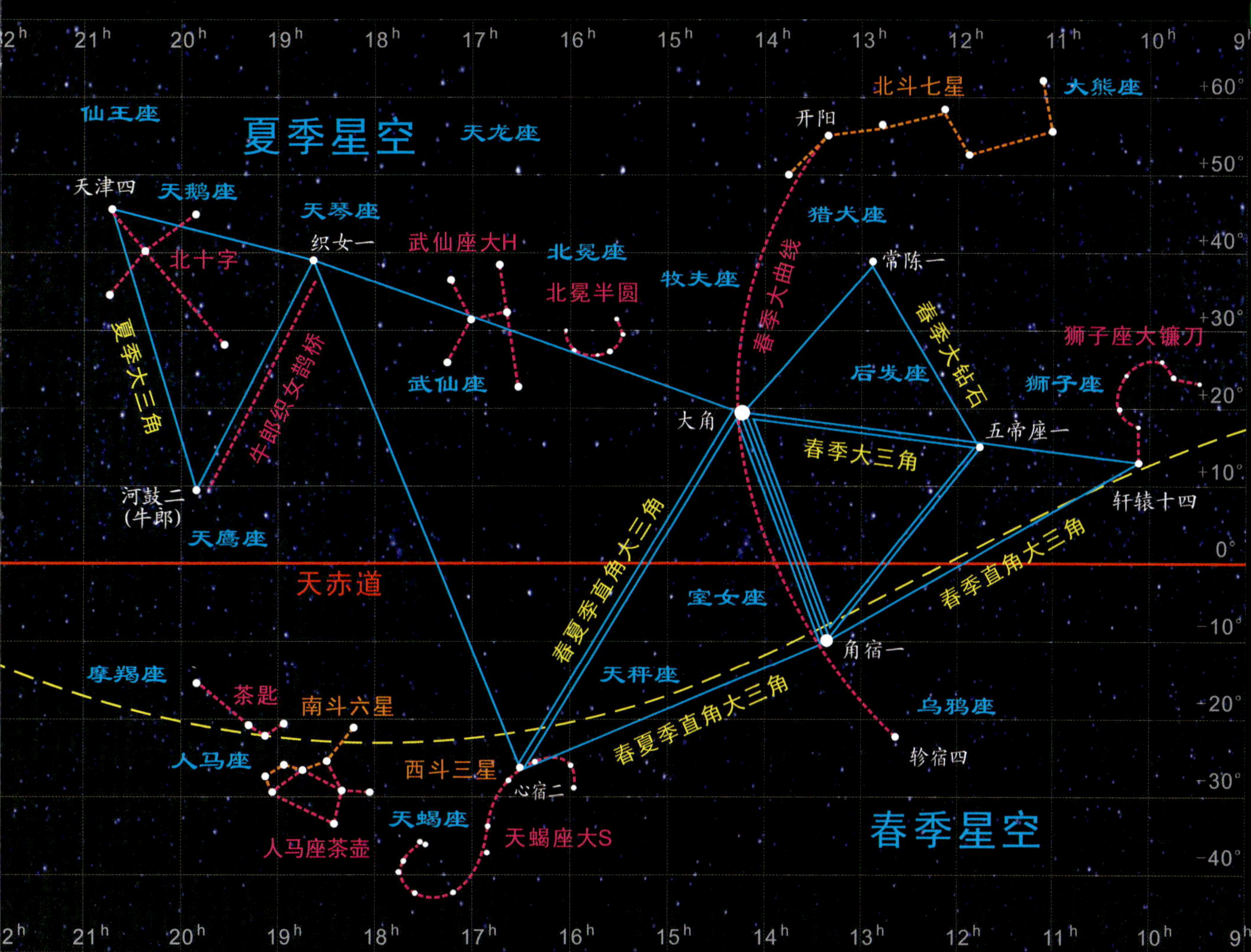

夏季星空
春季星空
仙王座
天龙座
天津四
天鹅座
天琴座
织女一
武仙座大H
北冕座
北十字
北冕半圆
牧夫座
夏季大三角
牛郎织女鹊桥
武仙座
河鼓二
(牛郎)
天鹰座
天赤道
北斗七星
大熊座
开阳
猎犬座
春季大曲线
常陈一
春季大钻石
后发座
狮子座大镰刀
狮子座
大角
五帝座一
春季大三角
轩辕十四
春夏季直角大三角
室女座
春季直角大三角
角宿一
天秤座
乌鸦座
轸宿四
摩羯座
茶匙
南斗六星
人马座
西斗三星
心宿二
天蝎座
天蝎座大S
人马座茶壶
春夏季直角大三角
+60°
+50°
+40°
+30°
+20°
+10°
0°
-10°
-20°
-30°
-40°
21h 20h 19h 18h 17h 16h 15h 14h 13h 12h 11h 10h 9h

望远镜的构造

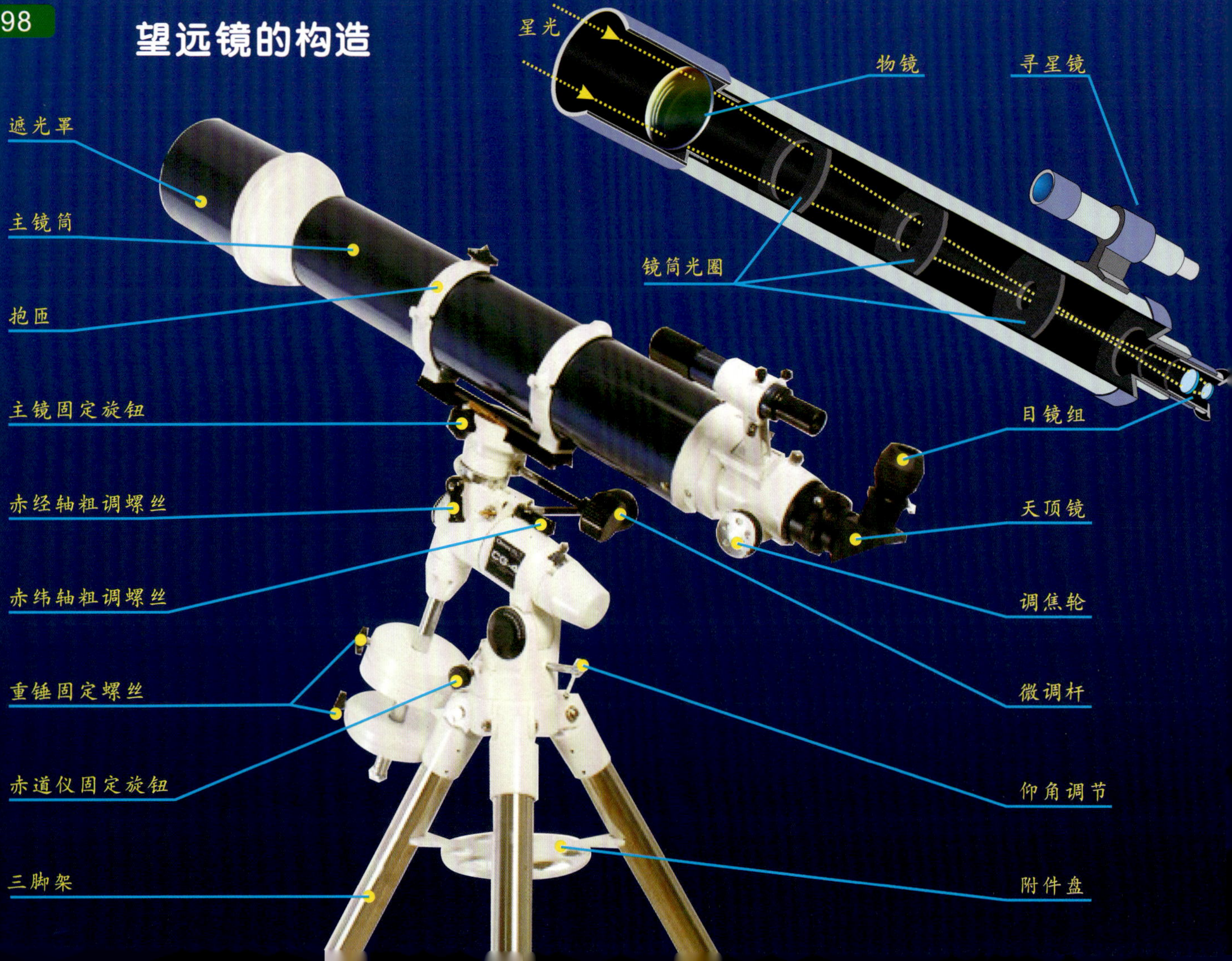
星光
物镜
寻星镜
遮光罩
主镜筒
镜筒光圈
抱匝
主镜固定旋钮
目镜组
赤经轴粗调螺丝
天顶镜
赤纬轴粗调螺丝
调焦轮
微调杆
重锤固定螺丝
赤道仪固定旋钮
仰角调节
三脚架
附件盘

折射式望远镜

折射式望远镜：是一种使用透镜做物镜、利用屈光成像的光学望远镜。

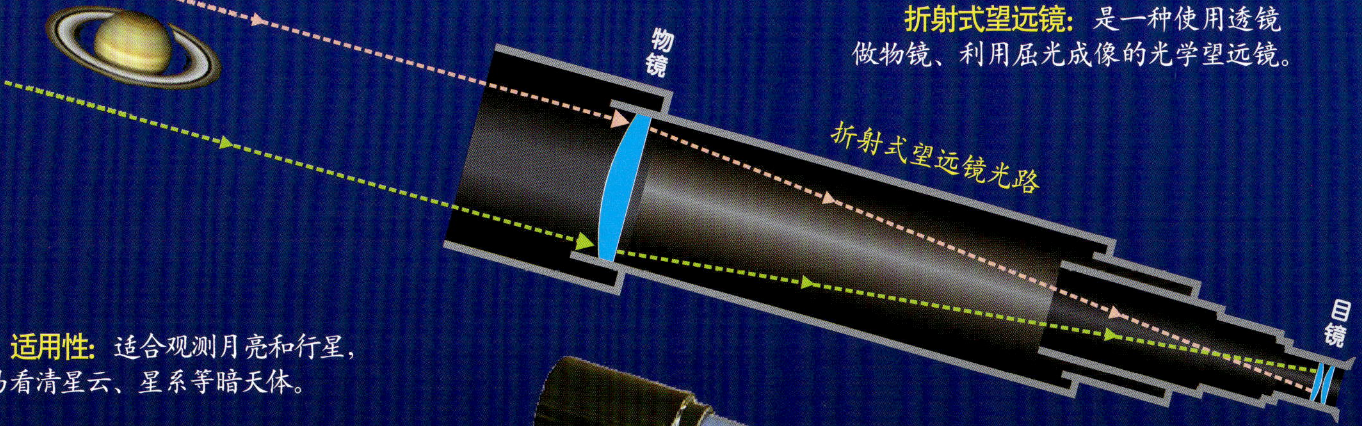

适用性：适合观测月亮和行星，不易看清星云、星系等暗天体。

折射式望远镜优点：

1. 外形设计流畅；
2. 目镜位置观测方便；
3. 小口径便于携带；
4. 容易定位目标；
5. 不用做太多维护。

折射式望远镜缺点：

1. 成像有色差，因为不是所有波长的光都能聚焦到同一位置，复消色差的设计虽然克服了色差，但价格会增加3～5倍；
2. 长焦距则需要长的镜筒，使用低质量支架或刮风都会让望远镜晃动；
3. 一定程度上造成观测不方便，因为物镜越大，镜筒会越长，目镜的位置就会越低。

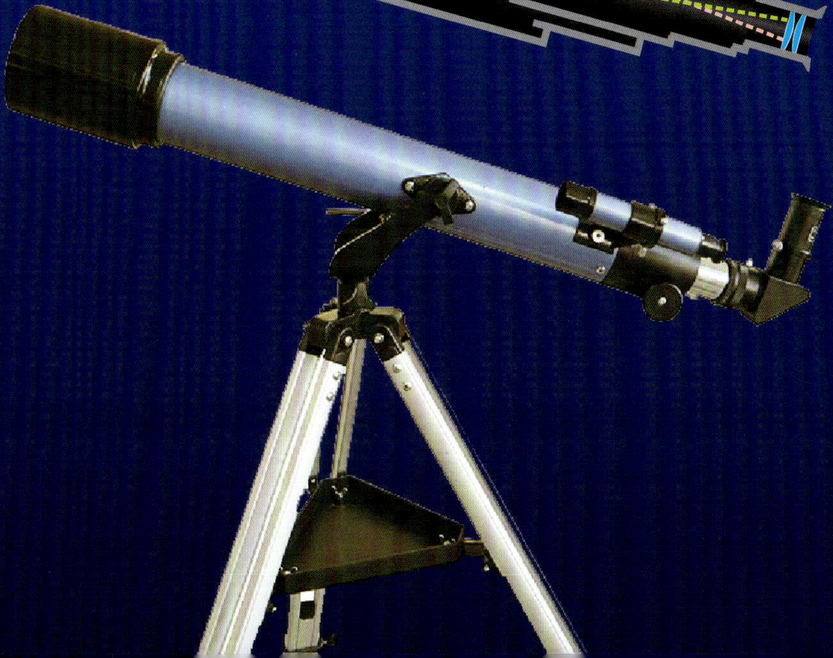

反射式望远镜

反射式望远镜：是使用曲面和平面的面镜组合来反射收集光线形成影像的光学望远镜。

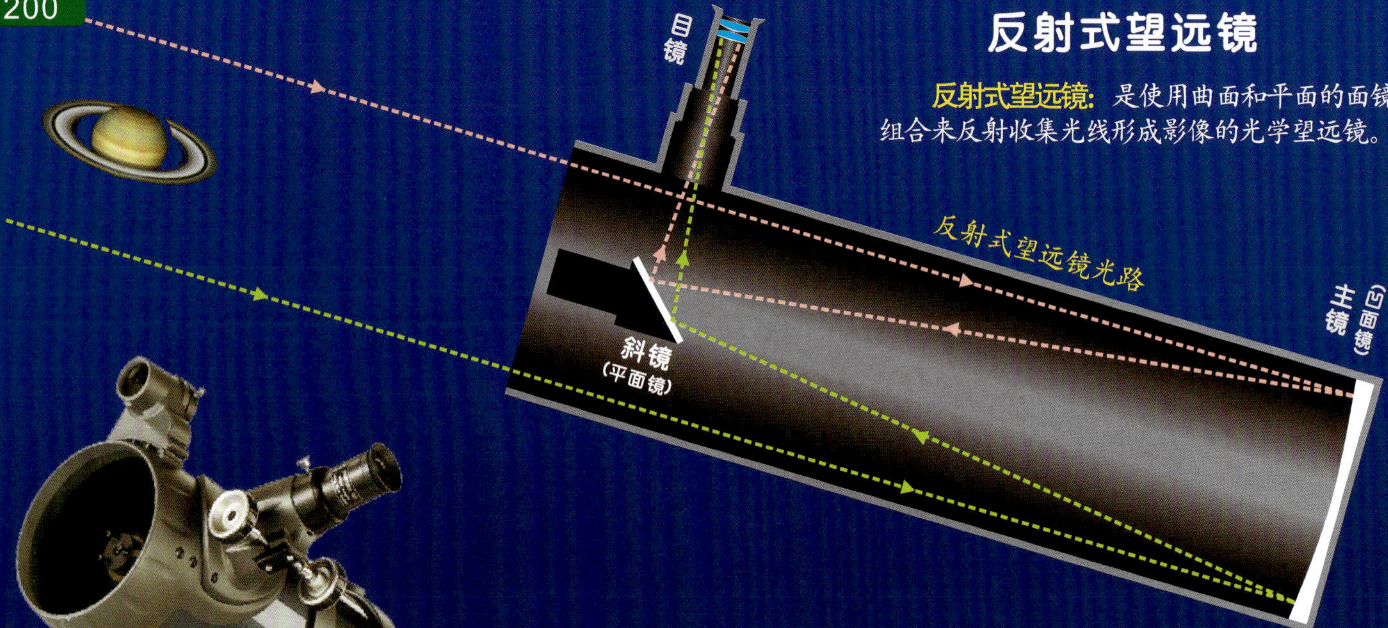

适用性：适合观测行星和月亮，对初学者而言性价比高，但不适合观测地面上的目标。

反射式望远镜优点：

1. 没有色差；
2. 即使是较大口径也不会很贵；
3. 强大的焦比能提供广阔视野；
4. 口径越大聚光效果越好，清晰度越佳。

反射式望远镜缺点：

1. 强光力望远镜，会产生光学"慧差"需用特别的目镜或校准镜进行校正；
2. 多个镜子的组合会使光线损耗得比折射式望远镜多；
3. 第二面镜子对中心的阻挡导致光的衍射和对比损耗；
4. 望远镜越大越笨重；
5. 目镜的位置不方便观测；
6. 反射镜受空气波动和灰尘影响较大。

折反射式望远镜

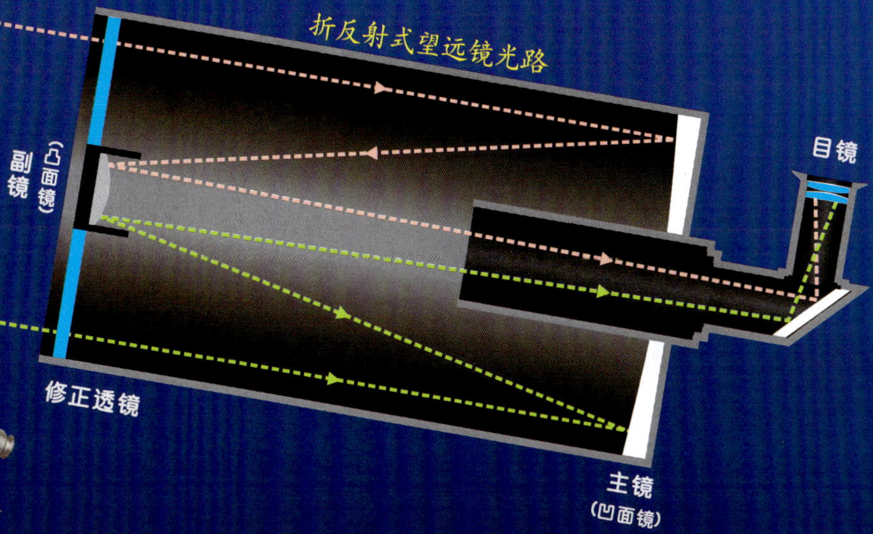

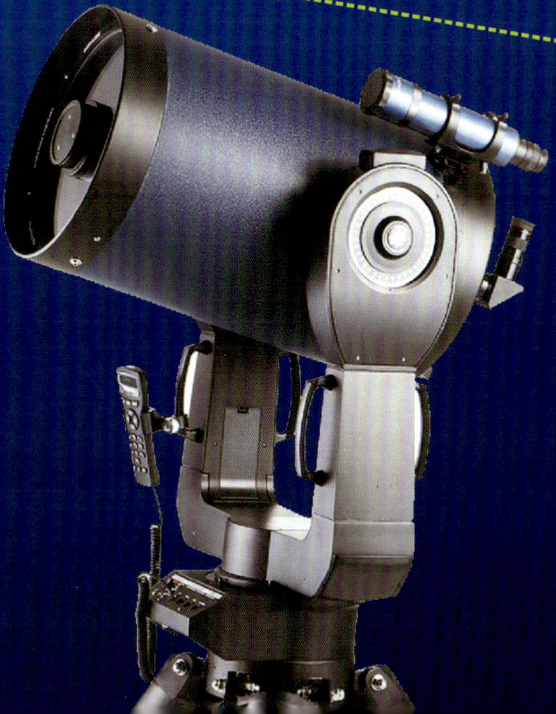

折反射式望远镜: 将折射系统与反射系统相结合的一种光学望远镜，其物镜既包含修正透镜，又包含反射镜，光线同时受到折射和反射。

适用性: 既适合一般天体观测，也适合深空暗天体观测，特别适合天体拍摄。

折反射式望远镜优点:

1. 能把色差降到最低;
2. 有良好的聚光力;
3. 目镜位置舒适;
4. 镜筒短，携带方便。

折反射式望远镜缺点:

1. 价格昂贵，所谓“一寸口径一寸金”;
2. 多种镜子的组合会使光线损耗严重;
3. 镜筒中心装置阻挡镜筒，使光学系统成像变弱。

望远镜的物镜、倍率等

物镜： 望远镜收集光线的装置。分透镜和反射镜两类。按曲面特性分为平面、球面、双曲面、抛物面和椭圆面。

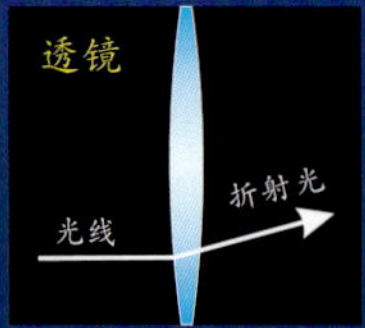

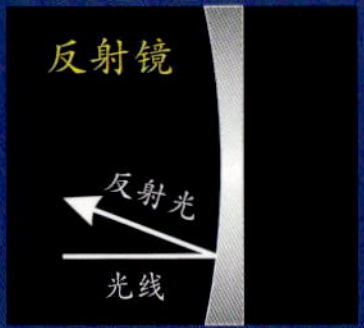

口径： 指望远镜主要集光面(即物镜)的直径，常以毫米表示。口径大小是衡量望远镜性能指标的最重要参数。口径越大，集光能力越强，同时分辨率越高。小口径望远镜成像暗淡模糊，大口径望远镜成像清晰锐利。口径分类如下：

1. 口径小于100 mm为小型望远镜；
2. 口径100～250 mm为中型望远镜；
3. 口径大于250 mm为大型望远镜。

焦距： 收集光线的物镜表面到焦点的距离，以毫米表示。

焦比： 用望远镜的焦距除以口径，得出焦比。在目镜相同的条件下，长焦比放大比例大，但视野较小，而中焦距望远镜可以兼顾高放大比例和较宽的视野。焦比的分类如下：

1. 长焦距折射式望远镜的焦比为16：1，用f/16表示；
2. 中焦距折射式望远镜的焦比为8：1，用f/8表示；
3. 短焦距折射式望远镜的焦比为4：1，用f/4表示。

放大倍率： 望远镜的物镜焦距除以目镜焦距，得出放大倍率，是物体视大小的放大比例。高倍率望远镜放大的物体看起来较大、较近，适合观测月球、行星以及较近的双星；低倍率的望远镜，低放大倍率和短焦距能提供更宽阔的视野，适合观测分散的天体，如彗星、星云和星系等。如目镜焦距相同，则短焦距望远镜能提供较宽阔的视野，但放大倍率也较低。

通过更换目镜可以改变望远镜的放大倍率，但望远镜的放大倍率是有限制的，即不能超过口径单位数值的两倍，即便是大型望远镜，倍率也极少超过500倍，一般都在100～200倍。大型望远镜不是把天体放得更大，而是提供一个较明亮和较清晰的影像，这一般是通过加大望远镜口径来实现的。

透镜透光率： 指透镜透过光的效率。有四个主要特性：透明度、色彩失真度、反光性和清晰度。

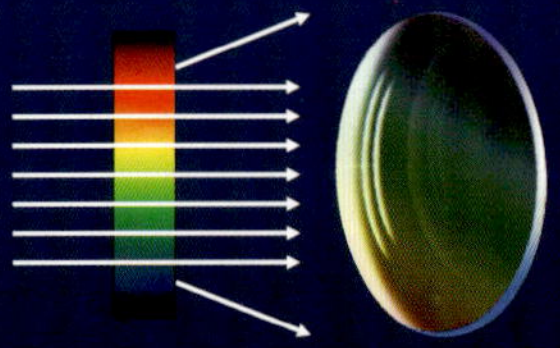

色差： 多色光源通过透镜成像的色像差，由各种色光波长不同而折射不同造成的。有位置色差和放大率色差之分。消除色差是光学系统的主要功能之一。

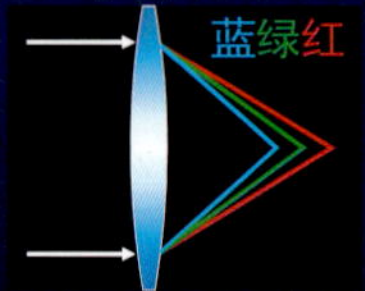

单透镜色差

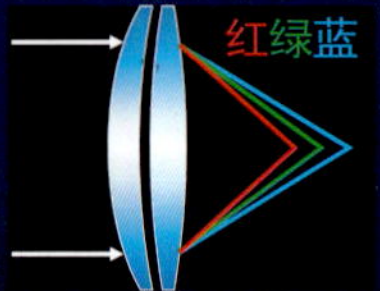

双透镜逆向色差

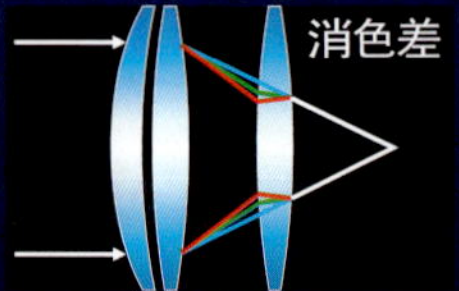

2组2片透镜

望远镜的目镜

目镜： 用来观察前方光学系统所成图像的目视光学器件。为消色差，目镜通常由若干个透镜组合而成，有的组合多达9个，具有较大的视场和视角放大率。目镜的选择应追求最适合，无须追求好的视野。

目镜种类： 有福根目镜、雷斯登目镜、补偿目镜、测微目镜、摄影目镜和广角目镜等。

惠更斯目镜(H/HW)

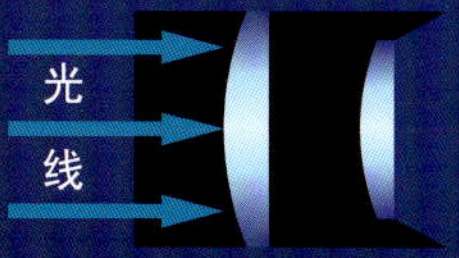

色差降低，场曲严重，出瞳距离过短，视场约40°。

冉斯登目镜(R/SR)

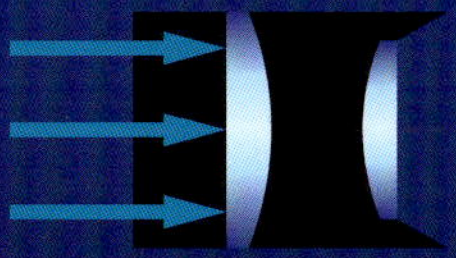

有些色差，场曲较少，视场25°～30°，适用于短焦距和长焦比望远镜。

凯尔勒目镜(K)和凯尔勒目镜(RKE)

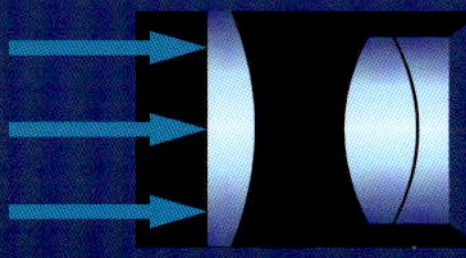

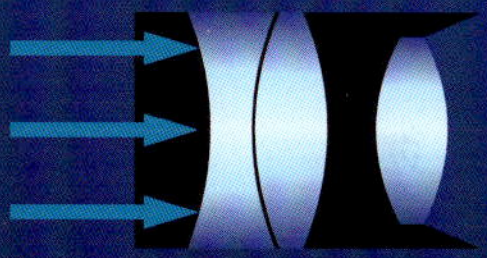

色差和场曲校正出众，像质好，视场35°～45°，适用于长焦距望远镜。

普罗素目镜(PL)

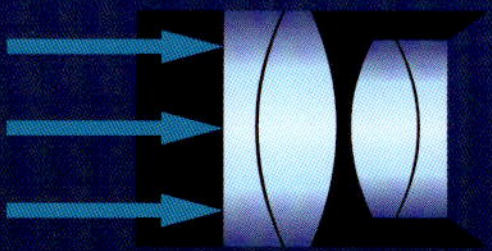

双消色差，视场50°～55°，对比度和清晰度都好。

阿贝无畸变目镜(OR)

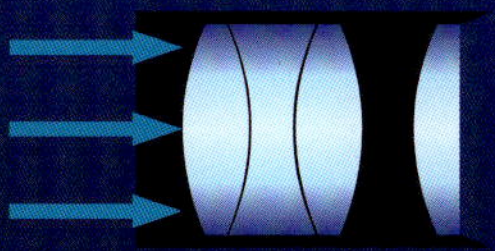

鬼像和形变极小，视场45°，出瞳距离适中，不适深空观测。

巴洛镜

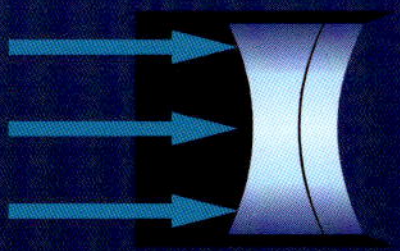

增大焦距，光线变暗，适合观测明亮的目标。

厄尔夫目镜(ER)

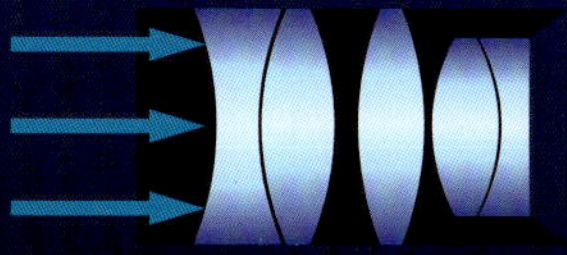

色差和场曲均较易校正，有像散，视场60°～70°。

Meade SWA广角目镜

6片结构，视场67°，性能很好。

Meade UWA极广角目镜

早期Nagler设计的翻版，8片结构，性能很好，视场达84°。

Panoptic目镜

6片结构，视场68°，有枕形形变。

Pentax X1目镜

由厄尔夫目镜的设计加上一个巴洛镜构成，视场65°。

威信的镧系列目镜

5片普罗素目镜加上巴洛镜结构。20毫米的出瞳距离，反差好，成像锐利，视场65°。

Tele-Vue的Nagler系列目镜

12毫米的出瞳距离，图像锐利，像质优秀，视场可达82°。

Tele-Vue的Radian系列目镜

比威信的镧系列目镜稍大，视场60°，性能优异。

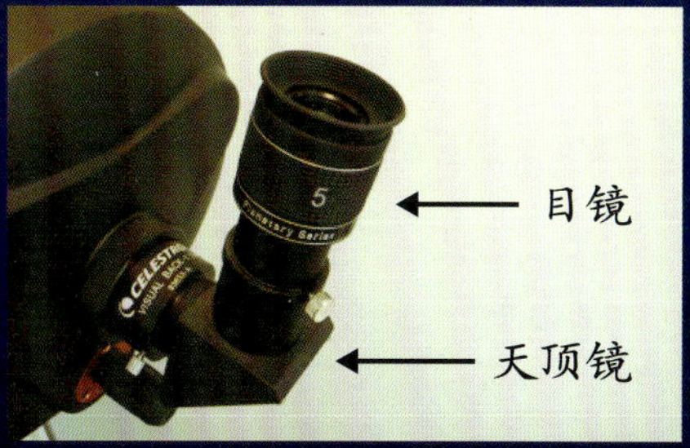

望远镜的极限星等

极限星等：指可观测到的最暗天体的星等。望远镜的物镜口径越大，所能观测的星等越暗。

物镜口径	极限星等
50mm	10.1等
60mm	11.1等
75mm	13.1等
100mm	13.7等
125mm	14.2等
150mm	14.6等
200mm	15.2等
250mm	15.7等
300mm	16.1等
350mm	16.5等
400mm	16.7等
450mm	17.0等
500mm	17.2等
600mm	17.6等
750mm	18.1等
900mm	18.5等

全天星图

星图图例 历元Epoch 2000.0

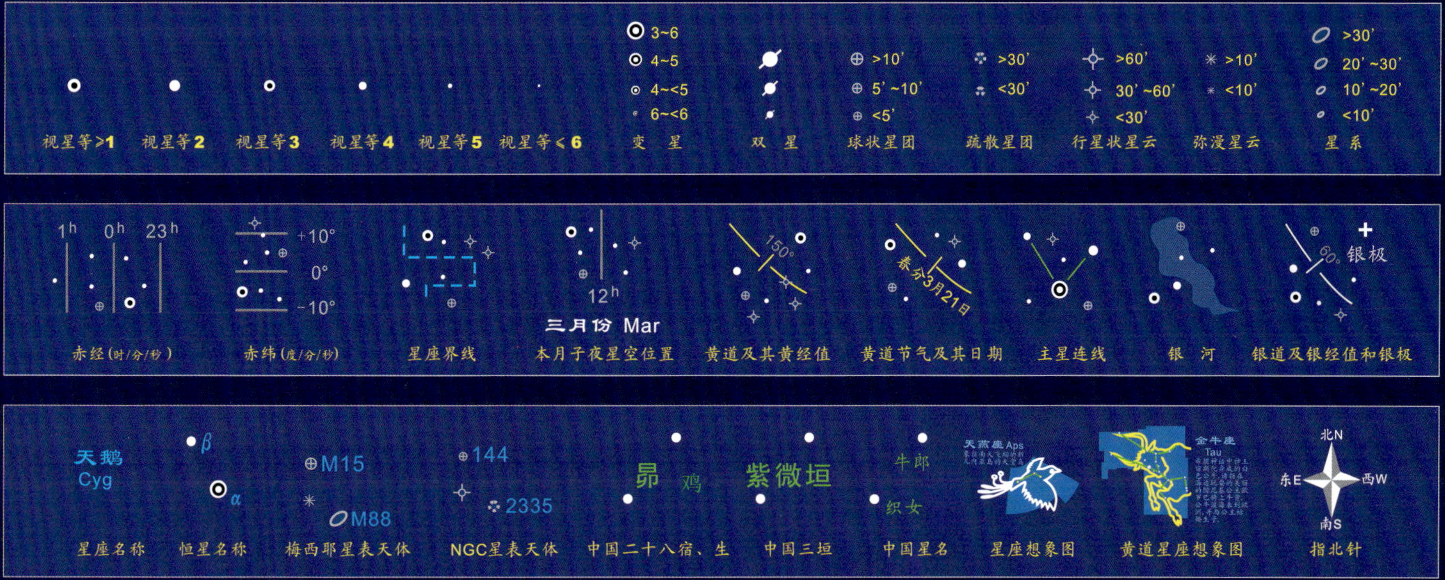

编者注：本星图和星座想象图采自《全天星图》(广东省地图出版社2018年版)。

北天极区

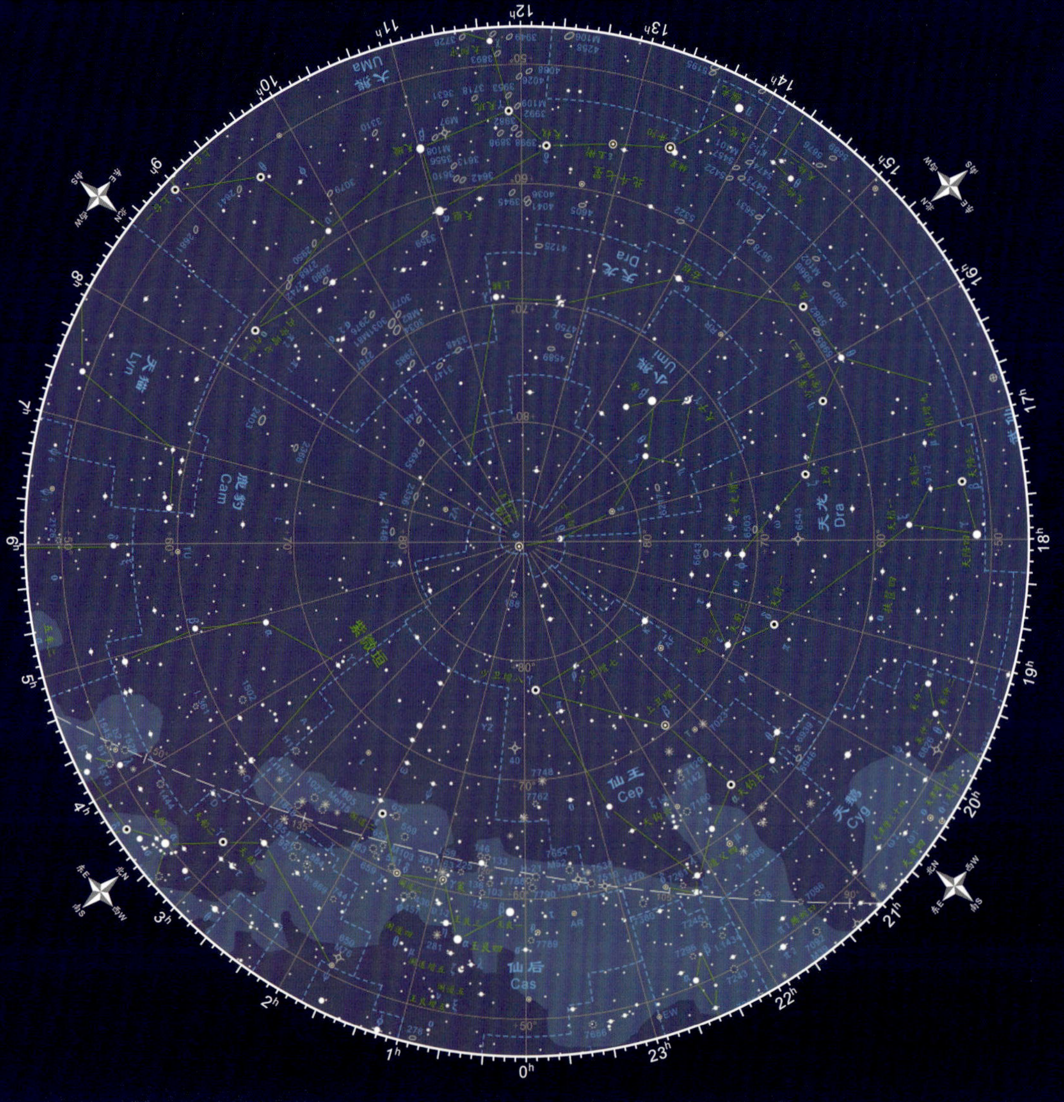

南天极区

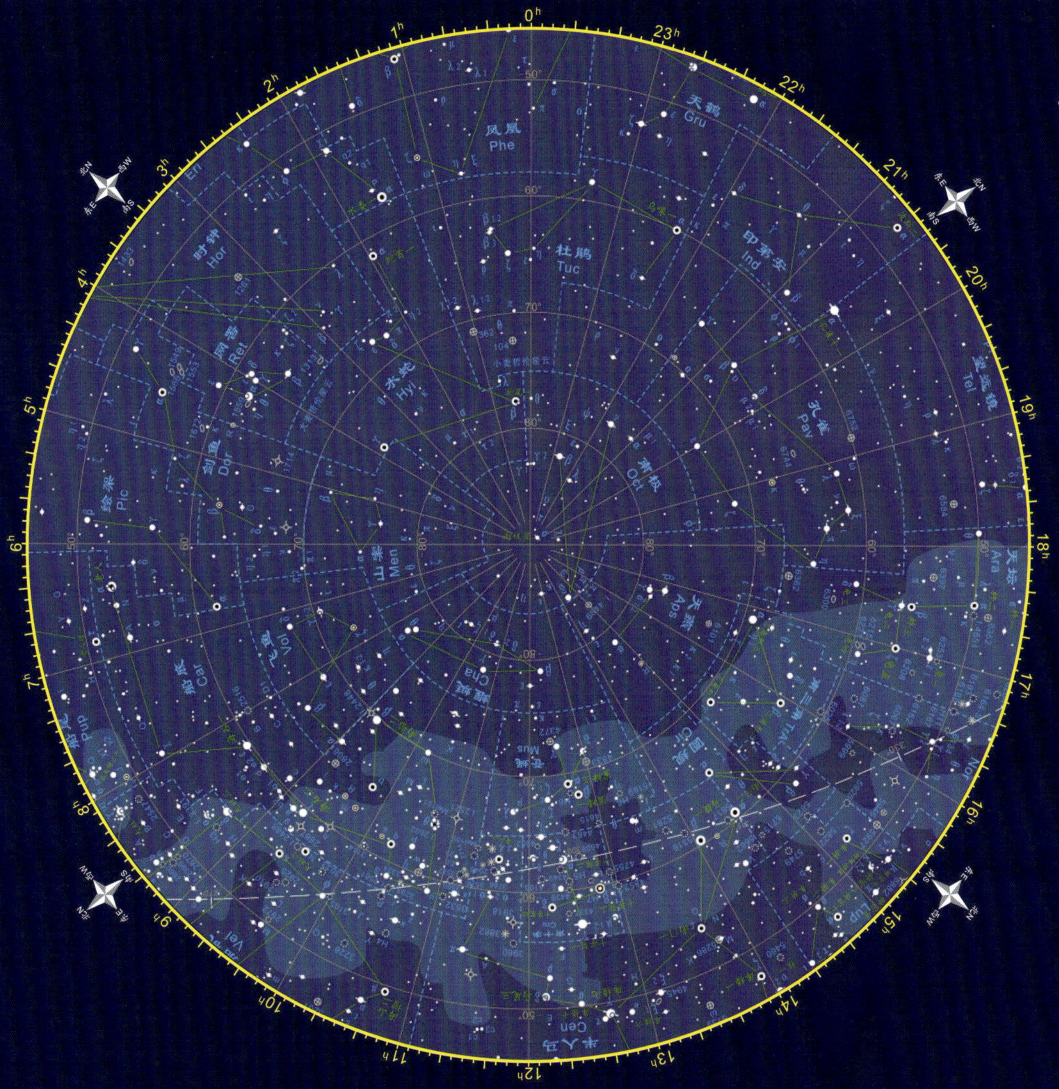
凤凰 Phe
天鹤 Gru
杜鹃 Tuc
印第安 Ind
时钟 Hor
网罟 Ret
水蛇 Hyi
孔雀 Pav
剑鱼 Dor
南极 Oct
绘架 Pic
山案 Men
天燕 Aps
飞鱼 Vol
船底 Car
蝘蜓 Cha
天坛 Ara
半人马 Cen
Eri
Pup
Vel
Mus
Cir
TrA
Nor
Lup
Tel

北天极区
211页

212页

北天极区

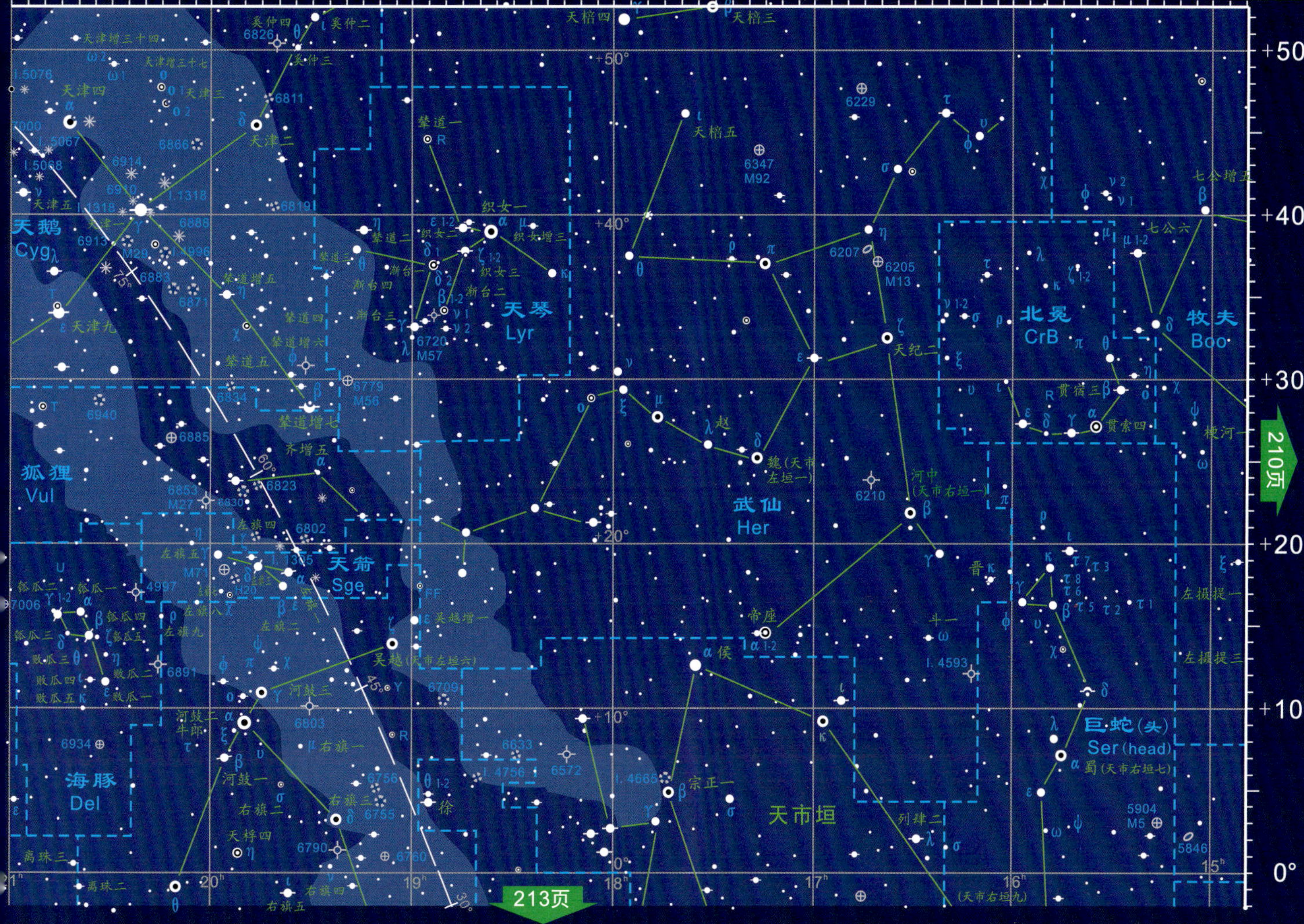

210页

213页

北天极区

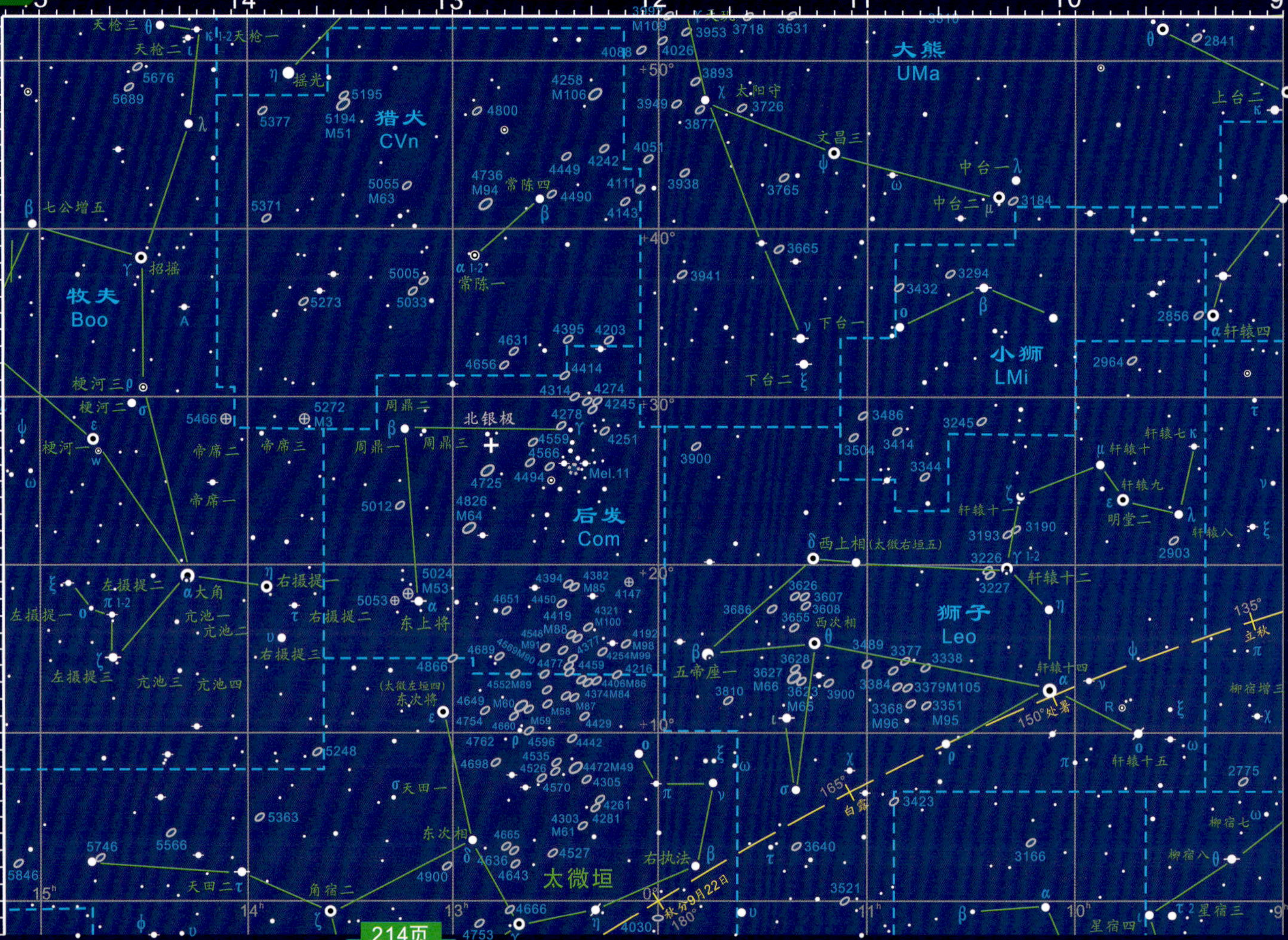

209页

214页

北天极区

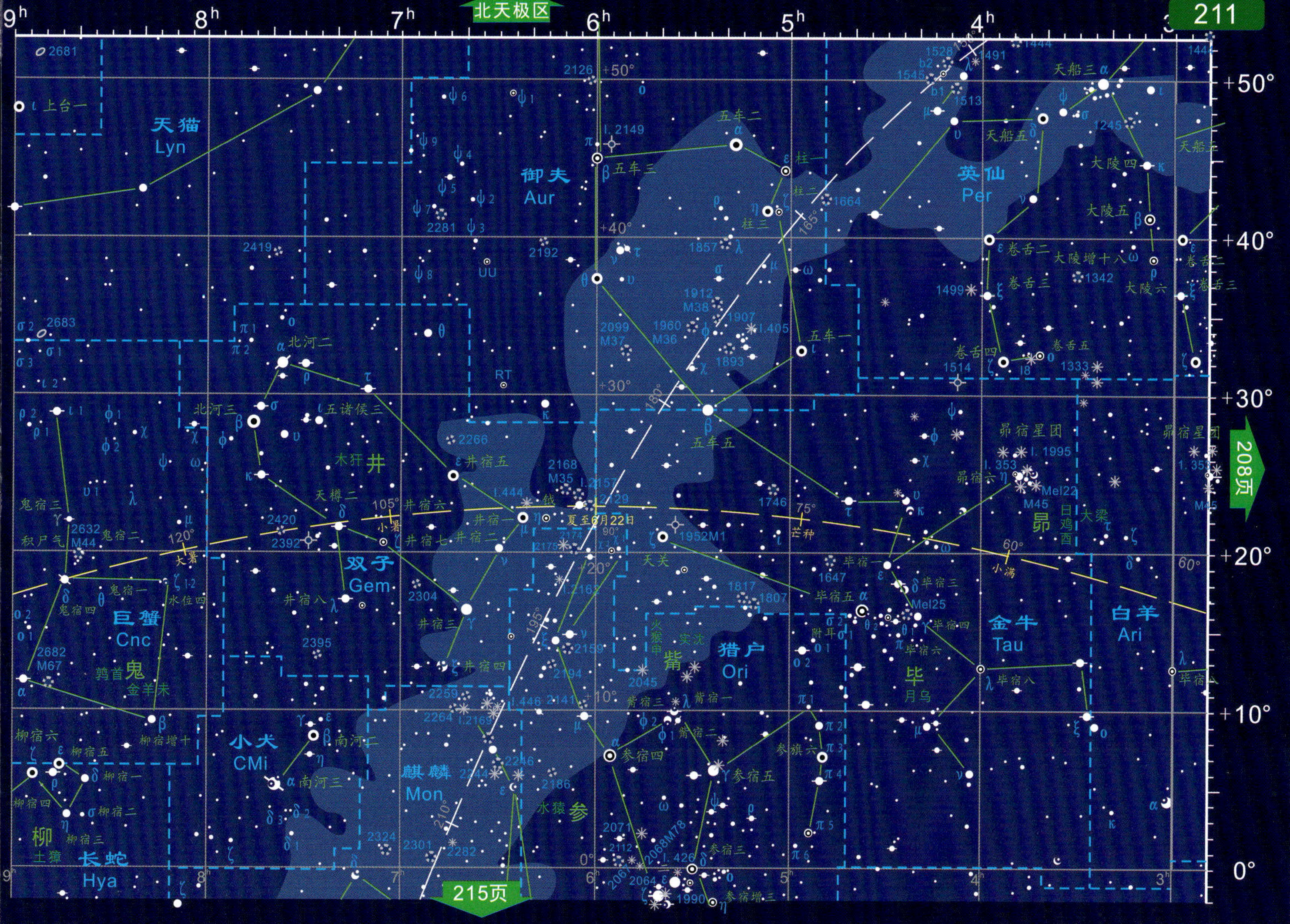

208页

215页

208页

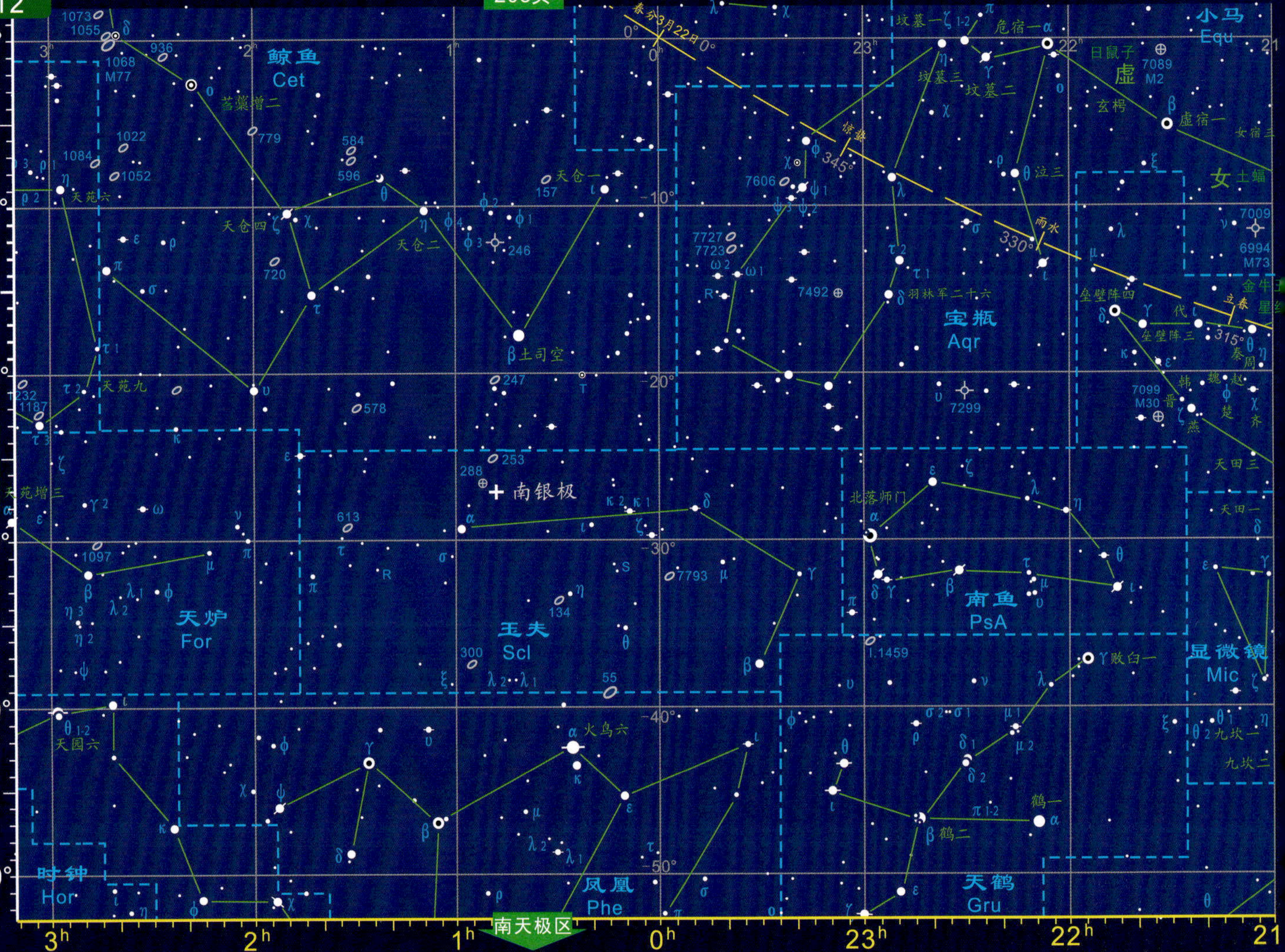

215页

南天极区

209页

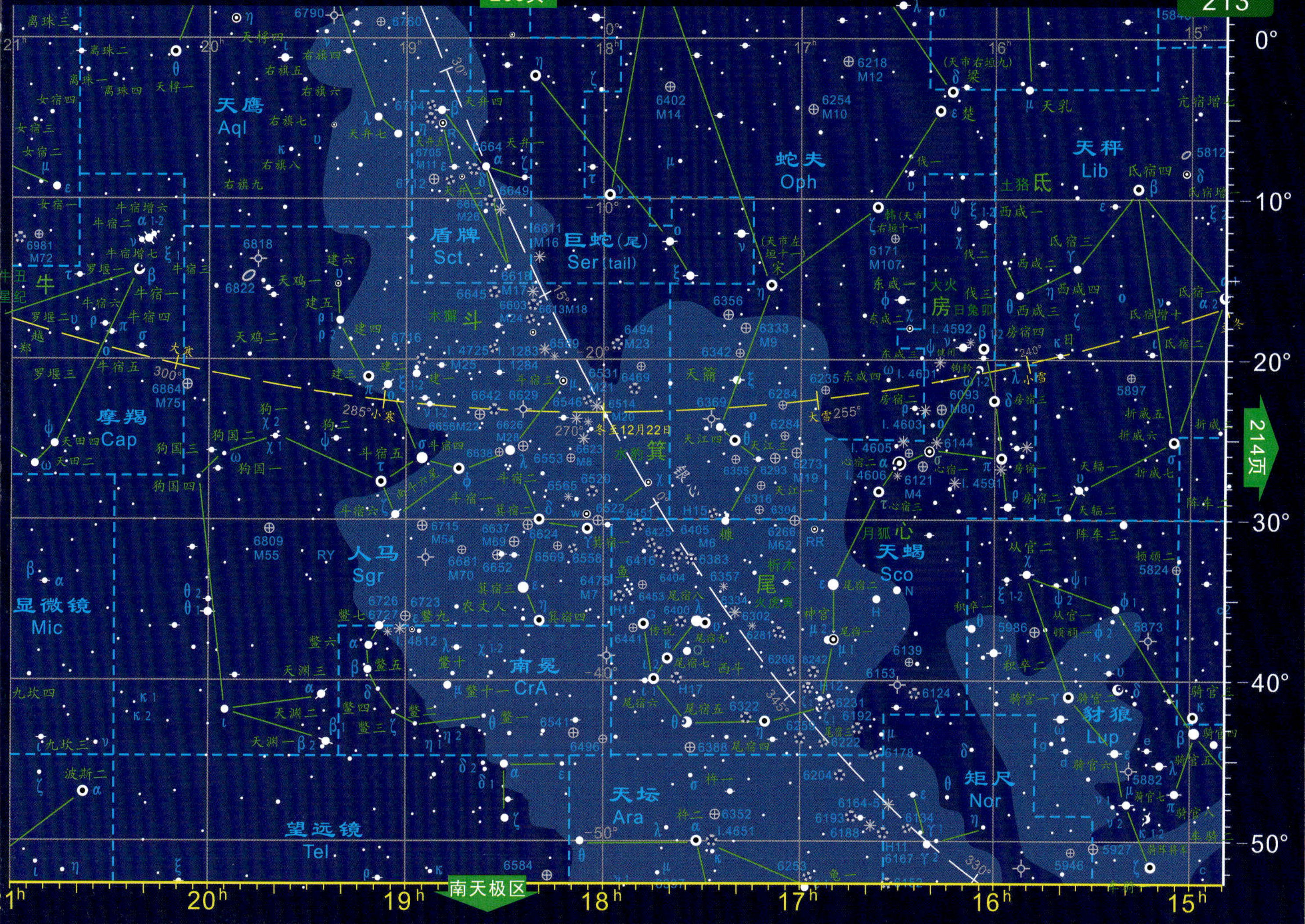

214页
南天极区

210页

213页

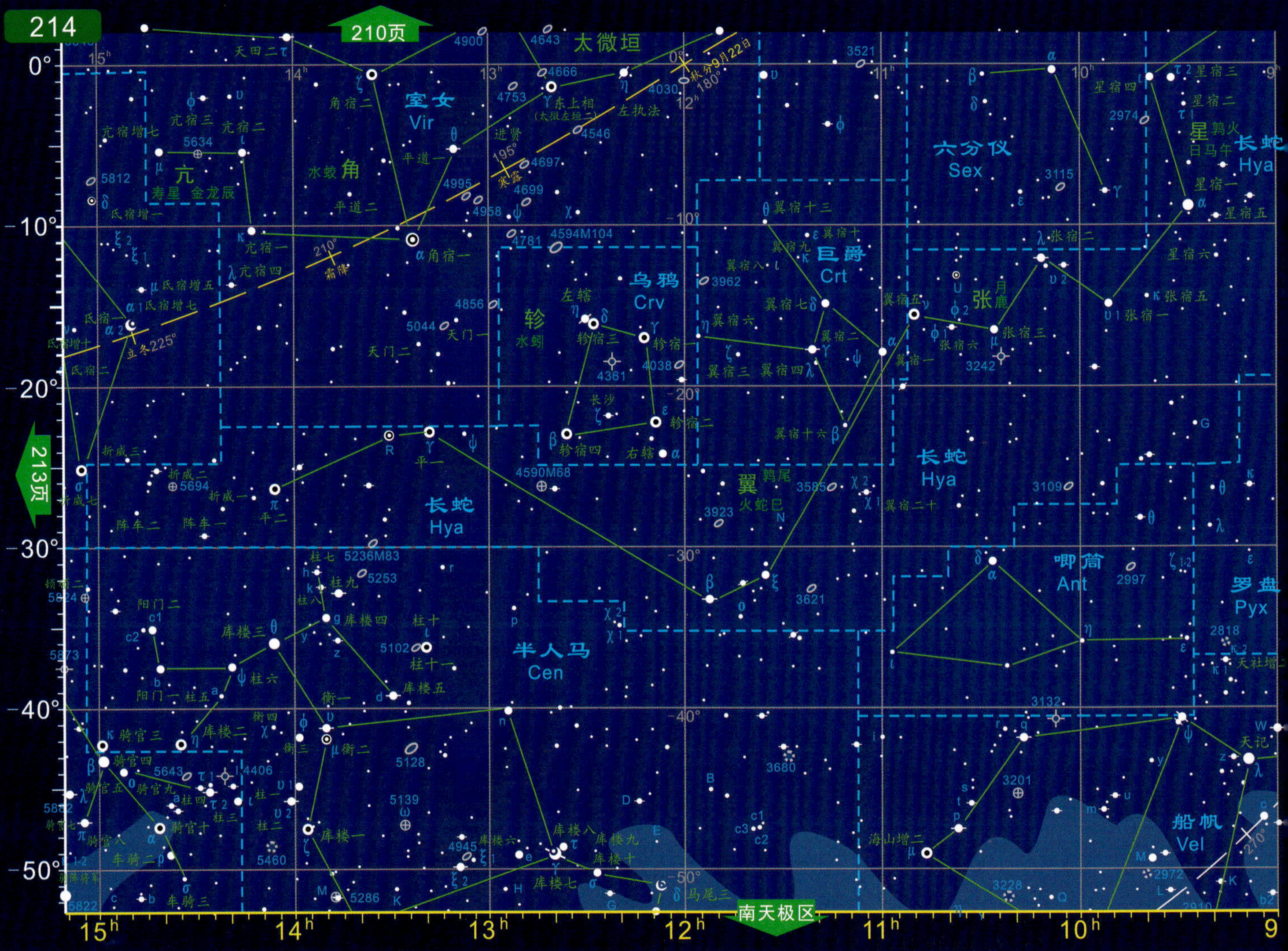

南天极区

211页
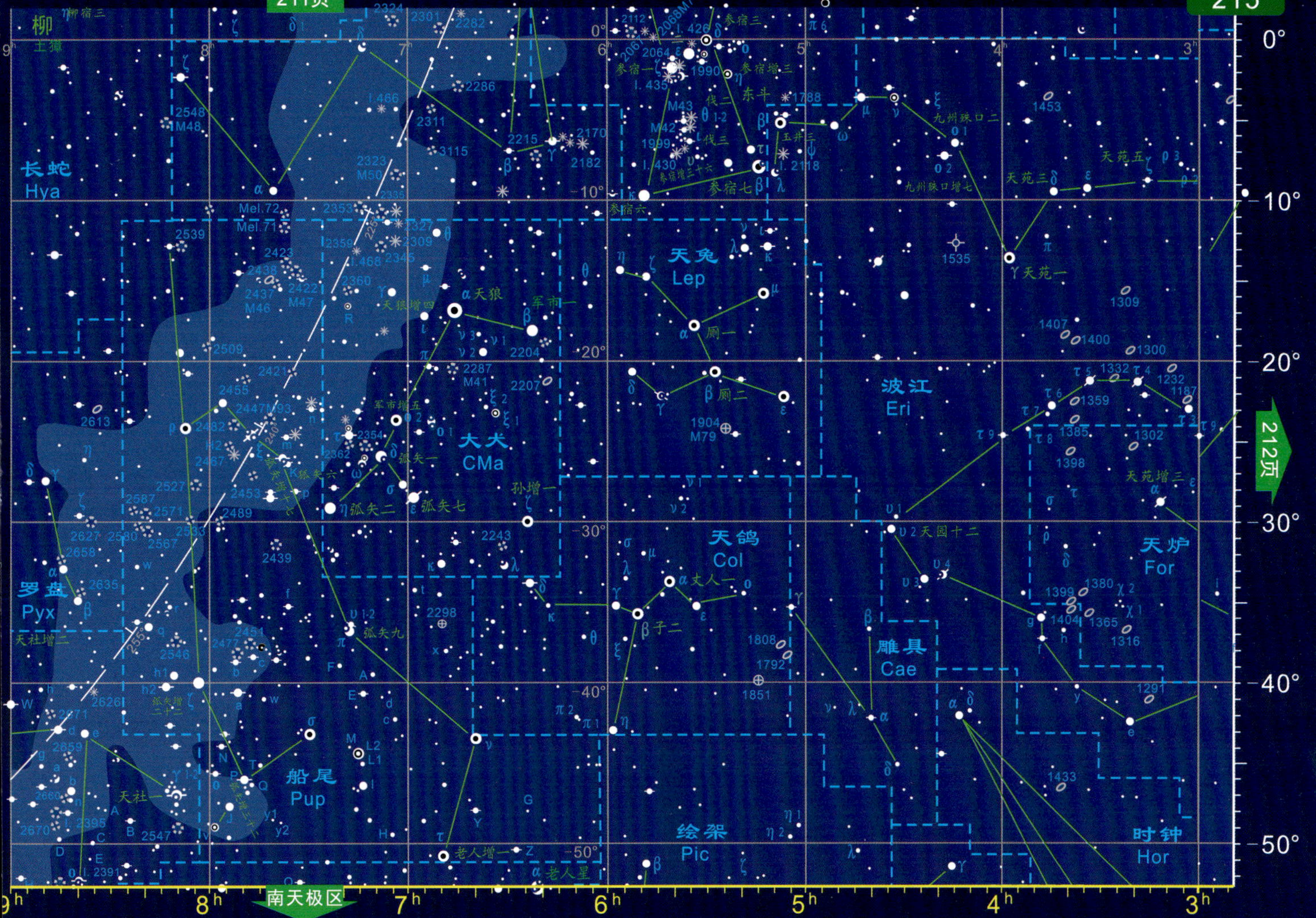

212页
南天极区

全天星座表

拉丁语名称	标准缩写	中文名称	面积排名	占全天面积(%)	赤纬范围（北～南）		赤经范围（西～东）	
Andromeda	And	仙女	19	1. 751	+53°	+21°	22^h56^m	2^h36^m
Antlia	Ant	唧筒	62	0. 579	−24°	−40°	9^h25^m	11^h03^m
Apus	Aps	天燕	67	0. 500	−67°	−83°	13^h46^m	18^h17^m
Aquarius	Aqr	宝瓶	10	2. 375	+3°	−25°	20^h36^m	23^h54^m
Aquila	Aql	天鹰	22	1. 582	+19°	−12°	18^h38^m	20^h36^m
Ara	Ara	天坛	63	0. 575	−45°	−68°	16^h31^m	18^h06^m
Aries	Ari	白羊	39	1. 070	+31°	+10°	1^h44^m	3^h27^m
Auriga	Aur	御夫	21	1. 594	+56°	+28°	4^h35^m	7^h27^m
Bootes	Boo	牧夫	13	2. 198	+55°	+7°	13^h33^m	15^h47^m
Caelum	Cae	雕具	81	0. 303	−27°	−49°	4^h18^m	5^h03^m
Camelopardalis	Cam	鹿豹	18	1. 835	+85°	+53°	3^h11^m	14^h25^m
Cancer	Cnc	巨蟹	31	1. 226	+33°	+7°	7^h53^m	9^h19^m
Canes Venatici	CVn	猎犬	38	1. 128	+53°	+28°	12^h04^m	14^h05^m
Canis Major	CMa	大犬	43	0. 921	−11°	−33°	6^h09^m	7^h26^m
Canis Minor	CMi	小犬	71	0. 445	+13°	0°	7^h04^m	8^h09^m
Capricornus	Cap	摩羯	40	1. 003	−8°	−28°	20^h04^m	21^h57^m
Carina	Car	船底	34	1. 198	−51°	−75°	6^h02^m	11^h18^m
Cassiopeia	Cas	仙后	25	1. 451	+78°	+46°	22^h56^m	3^h36^m
Centaurus	Cen	半人马	9	2. 571	−30°	−65°	11^h03^m	14^h59^m
Cepheus	Cep	仙王	27	1. 425	+89°	+51°	20^h01^m	8^h30^m
Cetus	Cet	鲸鱼	4	2. 985	+10°	−25°	23^h55^m	3^h21^m
Chamaeleon	Cha	蝘蜓	79	0. 319	−75°	−83°	7^h32^m	13^h48^m

全天星座表 （续）

拉丁语名称	标准缩写	中文名称	面积排名	占全天面积(%)	赤纬范围(北～南)		赤经范围(西～东)	
Circinus	Cir	圆规	85	0.226	−54°	−70°	13ʰ35ᵐ	15ʰ26ᵐ
Columba	Col	天鸽	54	0.655	−27°	−43°	5ʰ03ᵐ	6ʰ28ᵐ
Coma Berenices	Com	后发	42	0.937	+34°	+13°	11ʰ57ᵐ	13ʰ33ᵐ
Corona Austrina	CrA	南冕	80	0.310	−37°	−46°	17ʰ55ᵐ	19ʰ15ᵐ
Corona Borealis	CrB	北冕	73	0.433	+40°	+26°	15ʰ14ᵐ	16ʰ22ᵐ
Corvus	Crv	乌鸦	70	0.446	−11°	−25°	11ʰ54ᵐ	12ʰ54ᵐ
Crater	Crt	巨爵	53	0.685	−6°	−25°	10ʰ48ᵐ	11ʰ54ᵐ
Crux	Cru	南十字	88	0.166	−55°	−65°	11ʰ53ᵐ	12ʰ55ᵐ
Cygnus	Cyg	天鹅	16	1.949	+61°	+28°	19ʰ07ᵐ	22ʰ01ᵐ
Delphinus	Del	海豚	69	0.457	+21°	+2°	20ʰ13ᵐ	21ʰ06ᵐ
Dorado	Dor	剑鱼	72	0.434	−49°	−70°	3ʰ52ᵐ	6ʰ36ᵐ
Draco	Dra	天龙	8	2.625	+86°	+48°	9ʰ18ᵐ	21ʰ00ᵐ
Equuleus	Equ	小马	87	0.174	+13°	+2°	20ʰ54ᵐ	21ʰ23ᵐ
Eridanus	Eri	波江	6	2.758	0°	−58°	1ʰ22ᵐ	5ʰ09ᵐ
Fornax	For	天炉	41	0.964	−24°	−40°	1ʰ44ᵐ	3ʰ48ᵐ
Gemini	Gem	双子	30	1.245	+35°	+10°	5ʰ57ᵐ	8ʰ06ᵐ
Grus	Gru	天鹤	45	0.886	−37°	−57°	21ʰ25ᵐ	23ʰ25ᵐ
Hercules	Her	武仙	5	2.970	+51°	+4°	15ʰ47ᵐ	18ʰ56ᵐ
Horologium	Hor	时钟	58	0.603	−40°	−67°	2ʰ12ᵐ	4ʰ18ᵐ
Hydra	Hya	长蛇	1	3.158	+7°	−35°	8ʰ08ᵐ	14ʰ58ᵐ
Hydrus	Hyi	水蛇	61	0.589	−58°	−82°	0ʰ02ᵐ	4ʰ33ᵐ
Indus	Ind	印第安	49	0.713	−45°	−75°	20ʰ25ᵐ	23ʰ25ᵐ

全天星座表 （续）

拉丁语名称	标准缩写	中文名称	面积排名	占全天面积(%)	赤纬范围(北～南)		赤经范围(西～东)	
Lacerta	Lac	蝎虎	68	0.487	+57°	+35°	21^h55^m	22^h56^m
Leo	Leo	狮子	12	2.296	+33°	−6°	9^h18^m	11^h56^m
Leo Minor	LMi	小狮	64	0.562	+42°	+23°	9^h19^m	11^h04^m
Lepus	Lep	天兔	51	0.704	−11°	−27°	4^h54^m	6^h09^m
Libra	Lib	天秤	29	1.304	0°	−30°	14^h18^m	15^h59^m
Lupus	Lup	豺狼	46	0.809	−30°	−55°	14^h13^m	16^h05^m
Lynx	Lyn	天猫	28	1.322	+62°	+33°	6^h13^m	9^h40^m
Lyra	Lyr	天琴	52	0.694	+48°	+25°	18^h12^m	19^h26^m
Mensa	Men	山案	75	0.372	−70°	−85°	3^h20^m	7^h37^m
Microscopium	Mic	显微镜	66	0.508	−28°	−45°	20^h25^m	21^h25^m
Monoceros	Mon	麒麟	35	1.167	+12°	−11°	5^h54^m	8^h08^m
Musca	Mus	苍蝇	77	0.335	−64°	−75°	11^h17^m	13^h46^m
Norma	Nor	矩尺	74	0.401	−42°	−60°	15^h25^m	16^h31^m
Octans	Oct	南极	50	0.706	−75°	−90°	0^h	24^h
Ophiuchus	Oph	蛇夫	11	2.299	+14°	−30°	15^h18^m	18^h42^m
Orion	Ori	猎户	26	1.440	+23°	−11°	4^h41^m	6^h23^m
Pavo	Pav	孔雀	44	0.916	−57°	−75°	17^h37^m	31^h30^m
Pegasus	Peg	飞马	7	2.717	+36°	+2°	21^h06^m	0^h13^m
Perseus	Per	英仙	24	1.491	+59°	+31°	1^h26^m	4^h46^m
Phoenix	Phe	凤凰	37	1.138	−40°	−58°	23^h24^m	2^h24^m
Pictor	Pic	绘架	59	0.598	−43°	−64°	4^h32^m	6^h51^m
Pisces	Psc	双鱼	14	2.156	+33°	−7°	22^h49^m	2^h04^m

全天星座表（续）

拉丁语名称	标准缩写	中文名称	面积排名	占全天面积(%)	赤纬范围(北~南)		赤经范围(西~东)	
Piscis Austrinus	PsA	南鱼	60	0.595	−25°	−37°	21^h25^m	23^h04^m
Puppis	Pup	船尾	20	1.633	−11°	−51°	6^h02^m	8^h26^m
Pyxis	Pyx	罗盘	65	0.535	−17°	−37°	8^h26^m	9^h26^m
Reticulum	Ret	网罟	82	0.276	−53°	−67°	3^h14^m	4^h35^m
Sagitta	Sge	天箭	86	0.194	+21°	+16°	18^h56^m	20^h18^m
Sagittarius	Sgr	人马	15	2.103	−12°	−45°	17^h41^m	20^h25^m
Scorpius	Sco	天蝎	33	1.204	−8°	−46°	15^h44^m	17^h55^m
Sculptor	Scl	玉夫	36	1.151	−25°	−40°	23^h04^m	1^h44^m
Scutum	Sct	盾牌	84	0.265	−4°	−16°	18^h18^m	18^h56^m
Serpens	Ser	巨蛇	23	1.544	+26°	−16°	14^h55^m	18^h56^m
Sextans	Sex	六分仪	47	0.760	+7°	−11°	9^h39^m	10^h49^m
Taurus	Tau	金牛	17	1.933	+31°	0°	3^h20^m	5^h58^m
Telescopium	Tel	望远镜	57	0.610	−45°	−57°	18^h06^m	20^h26^m
Triangulum	Tri	三角	78	0.320	+37°	+25°	1^h29^m	2^h48^m
Triangulum Australe	TrA	南三角	83	0.276	−60°	−70°	14^h50^m	17^h09^m
Tucana	Tuc	杜鹃	48	0.714	−57°	−76°	22^h05^m	1^h22^m
Ursa Major	UMa	大熊	3	3.102	+73°	+29°	8^h05^m	14^h27^m
Ursa Minor	UMi	小熊	56	0.620	+90°	+65°	0^h	24^h
Vela	Vel	船帆	32	1.211	−37°	−57°	8^h02^m	11^h24^m
Virgo	Vir	室女	2	3.138	+14°	−22°	11^h35^m	15^h08^m
Volans	Vol	飞鱼	76	0.343	−64°	−75°	6^h35^m	9^h02^m
Vulpecula	Vul	狐狸	55	0.650	+29°	+19°	18^h56^m	21^h28^m

梅西耶星团星云图表

梅西耶（Charles Messier，1730—1817年），18世纪法国著名彗星观测家，在其观测生涯中编制了星团星云表（M），共103个天体，后人增至110个。

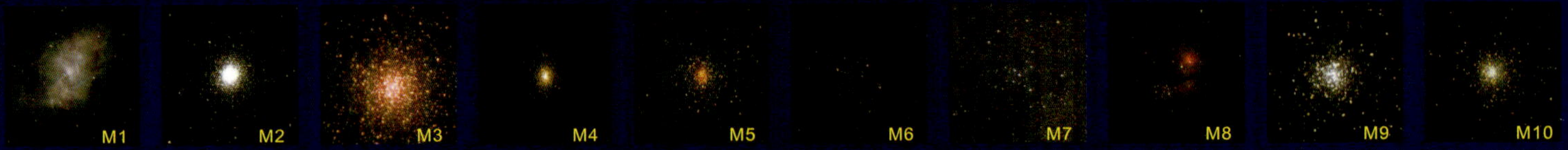

金牛座蟹状星云　宝瓶座球状星团　猎犬座球状星团　天蝎座球状星团　巨蛇座球状星团　天蝎座疏散星团　天蝎座疏散星团　人马座礁湖星云　蛇夫座球状星团　蛇夫座球状星团

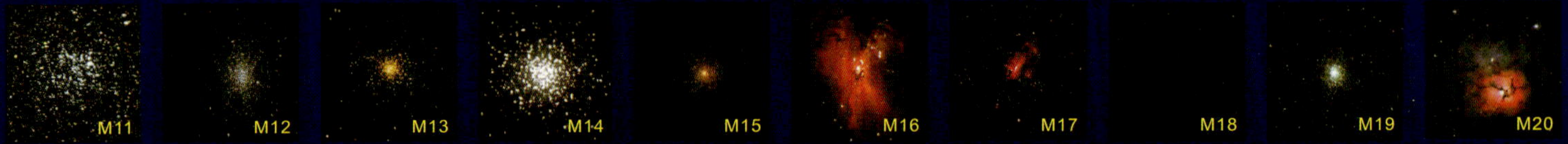

盾牌座疏散星团　蛇夫座球状星团　武仙座球状星团　蛇夫座球状星团　飞马座球状星团　巨蛇座天鹰星云　人马座欧米嘎星云　人马座疏散星团　蛇夫座疏散星团　人马座三叶星云

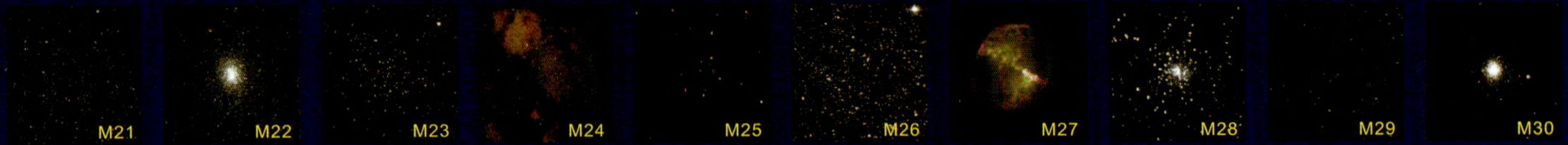

人马座疏散星团　人马座球状星团　人马座疏散星团　人马座疏散星团　人马座疏散星团　盾牌座疏散星团　狐狸座哑铃星云　人马座球状星团　天鹅座疏散星团　摩羯座球状星团

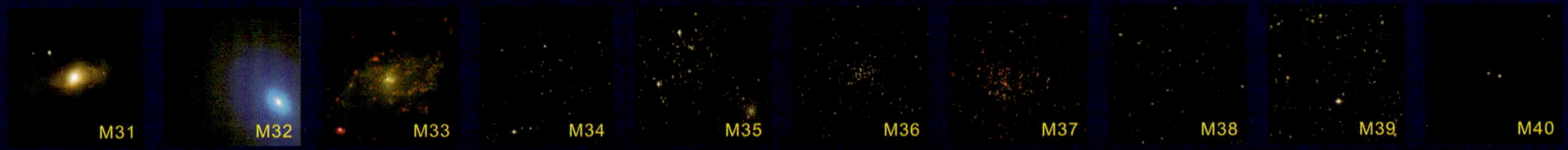

仙女座大星云　仙女座椭圆星系　三角座星系　英仙座疏散星团　双子座疏散星团　御夫座疏散星团　御夫座疏散星团　御夫座疏散星团　天鹅座疏散星团　大熊座双星

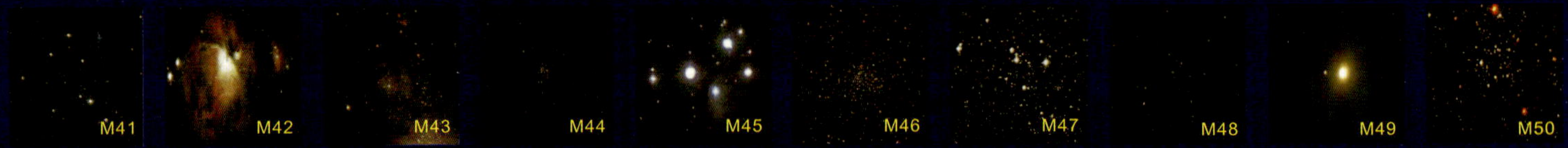

大犬座疏散星团　猎户座大星云　猎户座弥漫星云　巨蟹座疏散星团　金牛座昴星团　船尾座疏散星团　船尾座疏散星团　长蛇座疏散星团　室女座椭圆星系　麒麟座疏散星团

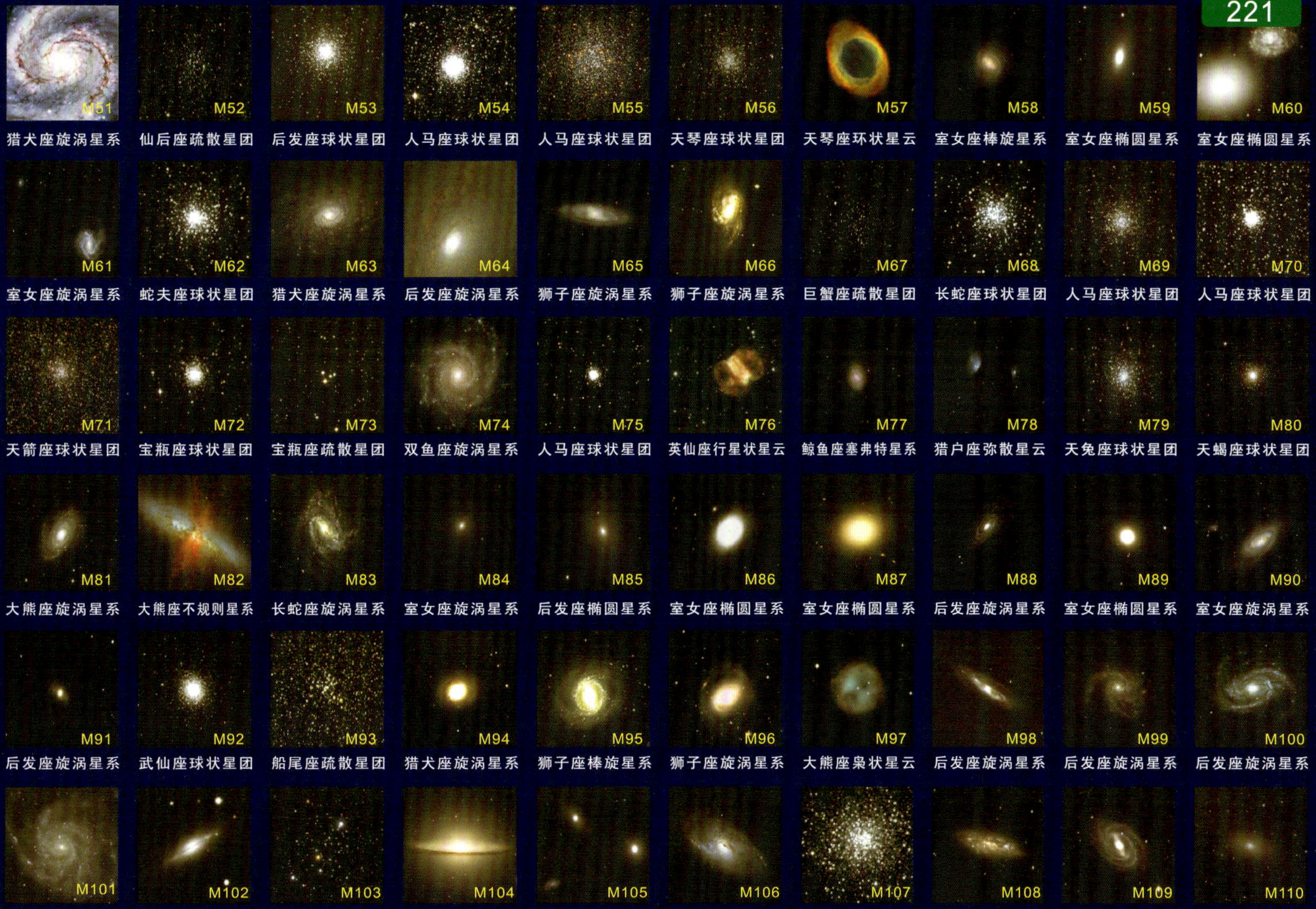
M51
猎犬座旋涡星系
M52
仙后座疏散星团
M53
后发座球状星团
M54
人马座球状星团
M55
人马座球状星团
M56
天琴座球状星团
M57
天琴座环状星云
M58
室女座棒旋星系
M59
室女座椭圆星系
M60
室女座椭圆星系
M61
室女座旋涡星系
M62
蛇夫座球状星团
M63
猎犬座旋涡星系
M64
后发座旋涡星系
M65
狮子座旋涡星系
M66
狮子座旋涡星系
M67
巨蟹座疏散星团
M68
长蛇座球状星团
M69
人马座球状星团
M70
人马座球状星团
M71
天箭座球状星团
M72
宝瓶座球状星团
M73
宝瓶座疏散星团
M74
双鱼座旋涡星系
M75
人马座球状星团
M76
英仙座行星状星云
M77
鲸鱼座塞弗特星系
M78
猎户座弥散星云
M79
天兔座球状星团
M80
天蝎座球状星团
M81
大熊座旋涡星系
M82
大熊座不规则星系
M83
长蛇座旋涡星系
M84
室女座旋涡星系
M85
后发座椭圆星系
M86
室女座椭圆星系
M87
室女座椭圆星系
M88
后发座旋涡星系
M89
室女座椭圆星系
M90
室女座旋涡星系
M91
后发座旋涡星系
M92
武仙座球状星团
M93
船尾座疏散星团
M94
猎犬座旋涡星系
M95
狮子座棒旋星系
M96
狮子座旋涡星系
M97
大熊座枭状星云
M98
后发座旋涡星系
M99
后发座旋涡星系
M100
后发座旋涡星系
M101
大熊座旋涡星系
M102
天龙座椭圆星系
M103
仙后座疏散星团
M104
室女座草帽星系
M105
狮子座椭圆星系
M106
猎犬座旋涡星系
M107
蛇夫座球状星团
M108
大熊座旋涡星系
M109
大熊座旋涡星系
M110
仙女座椭圆星系

已知彗星回归周期表

彗星名称（按周期排序）	周期（年）	发现年份	近期回归	回归次数
恩克	3.30	1786	1984	63
格里格-斯克杰利厄普	5.10	1902	1982	14
杜-托伊特 Ⅱ	5.20	1945	1982	2
坦普尔 Ⅱ	5.27	1873	1987	18
本田-马尔克斯-帕德贾萨科维	5.28	1948	1990	7
施瓦斯曼-瓦赫曼 Ⅲ	5.32	1930	1985	2
诺伊明 Ⅱ	5.40	1916	1981	2
勃劳逊 Ⅱ	5.47	1846	1879	5
坦普尔Ⅰ	5.50	1867	1993	8
克拉克	5.50	1973	1989	3
塔特尔-贾克比尼-克雷萨克	5.58	1858	1989	7
库林	5.82	1939	1986	1
沃塔南	5.87	1947	1991	6
羽根田-坎波斯	5.97	1978	1984	2
威斯特-科胡特克-池村	6.07	1975	1987	3
拉塞尔	6.13	1979	1985	1
怀尔德Ⅱ	6.17	1987	1990	3
阿雷斯特	6.23	1951	1982	14
科胡特克	6.23	1975	1981	2
福布斯	6.27	1929	1993	7
杜-托伊特-诺伊明-德尔波特	6.31	1941	1989	4
特里顿	6.34	1978	1984	2
宠斯-温尼克	6.36	1819	1989	20
坦普尔-斯威夫特	6.41	1969	1982	5
科普夫	6.43	1906	1989	13
施瓦斯曼-瓦赫曼 Ⅱ	6.50	1929	1981	9
贾克比尼-津纳	6.52	1900	1991	11
沃尔夫-哈林顿	6.53	1924	1990	7
丘龙穆夫-杰拉西门科	6.59	1969	1988	4
科瓦尔 Ⅱ	6.51	1979	1991	2
紫金山Ⅰ	6.65	1965	1991	5
吉克拉斯	6.68	1978	1985	1
比拉	6.70	1772	1852	6
哈林顿-威尔逊	6.70	1951	1984	1
雷恩穆特Ⅰ	6.74	1947	1981	6
约翰逊	6.76	1949	1990	7
博雷林	6.77	1905	1987	11
珀赖因-姆尔科斯	6.78	1896	1982	5
哈林顿	6.80	1969	1982	3
冈恩	6.82	1965	1991	4
紫金山 Ⅱ	6.83	1950	1984	6
阿伦-里高克斯	6.83	1953	1987	3
斯皮塔勒	6.89	1890	1986	1
布鲁克斯 Ⅱ	6.90	1889	1987	12
怀尔德 Ⅲ	6.89	1980	1987	1
芬利	6.95	1886	1988	11
泰勒	6.98	1916	1990	3
郎莫尔	6.98	1974	1987	2
霍姆斯	7.06	1892	1993	–
丹尼尔	7.09	1909	1992	7
沙金-沙尔达彻	7.26	1949	1993	4
法伊	7.39	1943	1984	17
德·维科-斯威夫特	7.41	1844	1987	3
阿什布鲁克-杰克逊	7.43	1948	1992	6
惠普尔	7.44	1933	1993	8
舒斯特	7.48	1978	1992	2
哈林顿-艾贝尔	7.58	1954	1990	6
雷恩穆特 Ⅰ	7.59	1928	1988	7
梅特卡夫	7.77	1906	1983	1
小岛	7.86	1970	1992	3
肖尔	7.88	1918	1981	1
格雷尔斯 Ⅱ	7.94	1973	1989	3
阿伦	7.98	1951	1991	6
格雷尔斯 Ⅲ	8.11	1977	1992	3
肖马斯	8.23	1911	1992	7
杰克逊-诺伊明	8.37	1936	1987	3
沃尔夫	8.42	1884	1992	14
斯默诺瓦-彻尼克	8.53	1975	1984	2
科马斯-索拉	8.94	1927	1987	7
基恩斯-克威	9.01	1963	1981	3
丹宁-藤川	9.01	1881	1987	2
斯威夫特-格雷尔斯	9.23	1889	1991	3
诺利明 Ⅲ	10.57	1929	1993	4
盖尔	10.88	1927	1981	2
克莱莫拉	10.95	1965	1987	2
贝辛	11.05	1975	1986	1
维萨拉 Ⅰ	11.28	1939	1992	6
斯劳特-伯纳姆	11.62	1958	1992	4
范·比斯布勒克	12.39	1954	1991	3
桑吉恩	12.52	1977	1990	1
怀尔德	13.29	1960	1986	2
塔特尔	13.68	1790	1992	11
切尔尼克	14.00	1978	1992	1
格雷尔斯 Ⅰ	14.54	1973	1987	1
杜·托伊特Ⅰ	15.00	1944	1988	2
施瓦斯曼-瓦赫曼Ⅰ	15.00	1925	1989	4
科瓦尔	15.10	1977	1992	1
范·豪顿	16.10	1961	1993	1
诺利明Ⅰ	17.90	1913	1984	5
奥特麦	19.30	1942	1958	3
克伦梅林	27.40	1818	1984	5
坦普尔-塔特尔	33.20	1366	1998	4
斯蒂芬-奥特麦	37.70	1867	1980	3
威斯特费尔	61.90	1852	2038	2
杜比亚戈	67.00	1921	1988	1
奥伯斯	69.50	1815	1956	3
庞斯-布鲁克斯	71.90	1812	1954	3
布罗逊-梅特卡夫	70.60	1847	1988	3
德·维科	75.70	1846	1988	1
哈雷	76.00	前466	1986	29
维萨拉Ⅱ	85.40	1942	2027	1
斯维夫特-塔特尔	125.0	1862	1992	2
梅利什	145.0	1917	2062	1
赫歇尔-里戈利特	155.0	1788	2058	2

流星雨表

极盛时间 月 日	流星雨 名称	辐射点 赤经	辐射点 赤纬	流量 ZHR
1月 3日	象限仪座	15^h21^m	+48.5°	80
10日	后发座	11^h40^m	+25°	8
16日	巨蟹座δ	08^h24^m	+20°	7
2月 8日	半人马座α	14^h00^m	-59°	10
26日	狮子座δ	10^h36^m	+19°	24
3月 16日	南冕座	18^h19^m	-42°	8
26日	室女座	12^h24^m	0°	6
4月 9日	室女座α	13^h16^m	-13°	8
17日	狮子座σ	13^h00^m	-5°	12
*1 22日	天琴座四月	18^h06^m	+33.6°	12
23日	船底座π	07^h20^m	-45°	10
25日	室女座μ	14^h44^m	-5°	7
28日	牧夫座α	14^h32^m	+19°	8
5月 1日	牧夫座ϕ	16^h00^m	+51°	6
3日	天蝎座α	16^h00^m	-22°	6
3日	宝瓶座η	22^h22^m	-1.9°	60
6月 3日	武仙座τ	15^h12^m	+39°	15
5日	天蝎座χ	16^h28^m	-13°	10
7日	白羊座白昼	02^h56^m	+23°	50
7日	英仙座ζ白昼	04^h08^m	+23°	40
*2 8日	天秤座	15^h09^m	-28.3°	10
*3 11日	人马座	20^h16^m	-35°	30
13日	蛇夫座θ	17^h48^m	-28°	2
*4 16日	天琴座六月	18^h32^m	+35°	9
*5 26日	乌鸦座	12^h48^m	-19.1°	13
28日	天龙座	16^h55^m	+56°	5
28日	牧夫座六月	14^h36^m	+49°	6
29日	金牛座β白昼	05^h44^m	+19°	25
7月 9日	飞马座ε	22^h40^m	+15°	8
*6 14日	凤凰座七月	02^h05^m	-47.9°	30
16日	天龙座o	18^h04^m	+59°	3
22日	摩羯座	20^h52^m	-23°	4
29日	南宝瓶座δ	22^h12^m	-16.5°	30
*7 30日	摩羯座α	20^h28^m	-10°	30
8月 5日	南宝瓶座ι	22^h13^m	-14.7°	15
12日	英仙座	03^h05^m	+57.4°	95
12日	北宝瓶座δ	22^h36^m	-5°	20
18日	天鹅座κ	19^h04^m	+59°	5
9月 1日	御夫座	05^h39^m	-42°	30
20日	北宝瓶座ι	21^h48^m	-6°	15
20日	南双鱼座	00^h24^m	0°	10
21日	宝瓶座κ	22^h32^m	-5°	5
29日	六分仪座白昼	10^h08^m	0°	30
10月 3日	仙女座周年	00^h20^m	+8°	13
3日	仙女座周年	01^h20^m	+34°	10
9日	天龙座十月	17^h28^m	+54.1°	2
12日	北双鱼座	01^h44^m	+14°	6
19日	双子座ε	06^h56^m	+27°	5
21日	猎户座	06^h18^m	+15.8°	30
24日	小狮座	10^h48^m	+37°	3
11月 3日	南金牛座*8	03^h22^m	+13.6°	7
12日	飞马座	22^h20^m	+21°	5
*8 13日	北金牛座	03^h53^m	+22.3°	7
17日	狮子座	10^h09^m	+22.2°	15
*9 27日	仙女座	01^h40^m	+44°	—
12月 5日	凤凰座十二月	01^h00^m	-55°	100
*10 5日	凤凰座十二月	01^h00^m	-45°	100
10日	麒麟座	06^h39^m	+14°	3
10日	南猎户座χ	05^h40^m	+16°	8
11日	北猎户座χ	05^h36^m	+26°	4
11日	长蛇座σ	08^h26^m	+1.6°	5
11日	白羊座δ	03^h28^m	+22°	5
14日	双子座	07^h29^m	+32.5°	90
22日	小熊座	14^h28^m	+75.85°	20

注：*1 目视观测开始阶段非常微弱；*2 仅1937年出现过；*3 仅1958年出现过；*4 1966年以后才出现；*5 仅1937年出现过；*6 1953—1958年仅雷达观测到；*7 目视观测，与南宝瓶座δ流星雨无法分辨；*8 目视观测，11月这两个流星雨无法分辨；*9 1885年极盛时流量13.000颗/小时；*10 仅1965年出现过。

2016—2100年中国可见日食时间表

日食发生时间	类型	日食发生时间	类型	日食发生时间	类型
2016年 3月 9日	全食	2044年 2月28日	环食	2070年 4月11日	全食
2018年 8月11日	偏食	2047年 1月26日	偏食	2072年 9月12日	全食
2019年 1月 6日	偏食	2048年 6月11日	环食	2073年 2月 7日	偏食
2019年12月26日	环食	2049年11月25日	全环	2074年 1月27日	环食
2020年 6月21日	环食	2051年 4月11日	偏食	2074年 7月24日	环食
2021年 6月10日	环食	2053年 3月20日	环食	2075年 7月13日	环食
2022年10月25日	偏食	2053年 9月12日	全食	2079年 5月 1日	全食
2023年 4月20日	全环	2054年 9月 2日	偏食	2081年 9月 3日	全食
2027年 8月 2日	全食	2057年 7月 1日	环食	2082年 8月24日	全食
2028年 7月22日	全食	2058年11月16日	偏食	2084年 7月 3日	环食
2030年 6月 1日	环食	2059年11月 5日	环食	2085年 6月22日	环食
2031年 5月21日	环食	2060年 4月30日	全食	2086年12月 6日	偏食
2032年11月 3日	偏食	2061年 4月20日	全食	2088年 4月21日	全食
2034年 3月20日	全食	2062年 9月 3日	偏食	2089年10月 4日	全食
2035年 9月 2日	全食	2063年 2月28日	环食	2093年 1月27日	全食
2037年 1月16日	偏食	2063年 8月24日	全食	2094年12月 7日	偏食
2041年10月25日	环食	2064年 2月17日	环食	2095年11月27日	环食
2042年 4月20日	全食	2066年 6月22日	环食	2096年 5月22日	全食
2042年10月14日	环食	2069年 4月21日	偏食	2096年11月15日	环食

罗马数字表

罗马数字	阿拉伯数字
I	1
II	2
III	3
IV	4
V	5
VI	6
VII	7
VIII	8
IX	9
X	10
XI	11
XII	12
XIII	13
XIV	14
XV	15
XVI	16
XVII	17
XVIII	18
XIX	19
XX	20
XL	40
L	50
LX	60
XC	90
C	100
CL	150
CD	400
D	500
M	1000
MMXVII	2017

英语字母表

大写	小写
A	a
B	b
C	c
D	d
E	e
F	f
G	g
H	h
I	i
J	j
K	k
L	l
M	m
N	n
O	o
P	p
Q	q
R	r
S	s
T	t
U	u
V	v
W	w
X	x
Y	y
Z	z

希腊字母表

大写	小写	读音	汉语标音
Α	α	Alpha	阿尔法
Β	β	Beta	贝塔
Γ	γ	Gamma	嘎玛
Δ	δ	Delta	德耳塔
Ε	ε	Epsilon	伊普西隆
Ζ	ζ	Zeta	栽塔
Η	η	Eta	伊塔
Θ	θ	Theta	西塔
Ι	ι	Iota	遥塔
Κ	κ	Kappa	卡帕
Λ	λ	Lambda	兰姆达
Μ	μ	Mu	谬
Ν	ν	Nu	纽
Ξ	ξ	Xi	克赛
Ο	ο	Omicron	奥米克戎
Π	π	Pi	派
Ρ	ρ	Rho	柔
Σ	σ	Sigma	西格玛
Τ	τ	Tau	套
Υ	υ	Upsilon	宇普西隆
Φ	φ	Phi	夫艾
Χ	χ	Chi	契
Ψ	ψ	Psi	普赛
Ω	ω	Omega	欧米嘎

2017—2100年月食时间表

月全食时间（黄字为月偏食）	月全食时间（黄字为月偏食）	月全食时间（黄字为月偏食）	月全食时间（黄字为月偏食）	月全食时间（黄字为月偏食）
2017年 8月 7日	2033年10月 8日	2050年 5月 6日	2066年 1月11日	2083年 7月29日
2018年 1月31日	**2034年 9月28日**	2050年10月30日	**2067年 7月 7日**	2084年 1月22日
2018年 7月27日	**2035年 8月19日**	2051年 4月26日	**2068年 5月17日**	**2084年 7月17日**
2019年 1月21日	2036年 2月11日	2051年10月19日	2068年11月 9日	**2086年 5月28日**
2019年 7月16日	2036年 8月 7日	**2052年10月 8日**	2069年 5月 6日	**2086年11月20日**
2021年 5月26日	2037年 1月31日	2054年 2月22日	2069年10月30日	2087年 5月17日
2021年11月19日	**2037年 7月27日**	2054年 8月18日	**2070年10月19日**	2087年11月10日
2022年 5月16日	**2039年 6月 6日**	2055年 2月11日	2072年 3月 4日	**2088年 5月 5日**
2022年11月08日	**2039年11月30日**	**2055年 8月 7日**	2072年 8月28日	**2088年10月30日**
2023年10月28日	2040年 5月26日	**2057年 6月17日**	2073年 2月22日	2090年 3月15日
2024年 9月18日	2040年11月18日	**2057年12月11日**	2073年 8月17日	2090年 9月 8日
2025年 3月14日	**2041年 5月16日**	2058年 6月 6日	**2075年 6月28日**	2091年 3月 5日
2025年 9月 7日	**2041年11月 8日**	2058年11月30日	**2075年12月22日**	2091年 8月29日
2026年 3月 3日	**2042年 9月29日**	**2059年 5月27日**	2076年 6月17日	**2093年 7月 8日**
2026年 8月28日	2043年 3月25日	**2059年11月19日**	2076年12月10日	**2094年 1月 1日**
2028年 1月12日	2043年 9月19日	2061年 4月 4日	**2077年 6月 6日**	2094年 6月28日
2028年 7月 6日	2044年 3月13日	2061年 9月29日	**2077年11月29日**	2094年12月21日
2028年12月31日	2044年 9月 7日	2062年 3月25日	**2079年 4月16日**	**2095年 6月17日**
2029年 6月26日	**2046年 1月22日**	2062年 9月18日	2079年10月10日	**2095年12月11日**
2029年12月20日	**2046年 7月18日**	**2063年 3月14日**	2080年 4月 4日	**2097年 4月26日**
2030年 6月15日	2047年 1月12日	**2064年 2月 2日**	2080年 9月29日	2097年10月21日
2032年 4月25日	2047年 7月 7日	**2064年 7月28日**	**2081年 3月25日**	2098年 4月15日
2032年10月18日	2048年 1月 1日	2065年 1月22日	**2082年 2月13日**	2098年10月10日
2033年 4月14日	**2048年 6月26日**	2065年 7月17日	2083年 2月 2日	**2099年 4月 5日**

全天88个星座的来源表

托勒密创立的星座		托勒密以后创立增设的星座	
北天21个	小熊 大熊 天龙 仙王 牧夫 北冕 武仙 天琴 天鹅 仙后 英仙 御夫 蛇夫 巨蛇 天箭 天鹰 海豚 小马 仙女 三角 飞马	A · 韦斯普奇于1503年增设的2个	南十字 南三角
		G · 魔卡脱于1551年增设的1个	后发
		P · 普朗修斯于1592和1613年增设的3个	鹿豹 天鸽 麒麟
		J · 赫维留斯于1687年增设的7个	猎犬 天猫 狐狸 蝎虎 盾牌 小狮 六分仪
黄道12个	白羊 金牛 双子 巨蟹 狮子 室女 天秤 天蝎 人马 摩羯 宝瓶 双鱼	N · L · de拉卡伊于1756年增设的17个	唧筒 圆规 山案 南极 罗盘 雕具 天炉 绘架 网罟 船帆 船底 时钟 矩尺 船尾 玉夫 望远镜 显微镜
南天15个	鲸鱼 猎户 波江 天兔 大犬 小犬 南船 长蛇 巨爵 乌鸦 豺狼 天坛 南冕 南鱼 半人马	P · D · 凯泽和F · de豪特曼于1796年增设的11个	天燕 天鹤 苍蝇 杜鹃 蝘蜓 水蛇 孔雀 飞鱼 剑鱼 凤凰 印第安

全天30颗目视亮星排名表

序号	亮星名称	中国名称	目视星等	绝对星等	光谱光度	序号	亮星名称	中国名称	目视星等	绝对星等	光谱光度	序号	亮星名称	中国名称	目视星等	绝对星等	光谱光度
1	大犬α	天狼	−1.46	1.42	A1V	11	半人马β	马腹一	0.61	−5.1	B1III	21	狮子α	轩辕十四	1.35	−0.6	B7V
2	船底α	老人	−0.72	−2.4	F0II	12	天鹰α	河鼓二/牛郎	0.77	2.2	A7IV	22	大犬ε	弧矢七	1.50	−4.4	B2II
3	半人马α	南门二	−0.27	4.4	G2V	13	南十字α	十字架二	0.79	−3.8	B0.5IV	23	双子α	北河二	1.58	1.1	A1V
4	牧夫α	大角	−0.04	−0.3	K2III	14	金牛α	毕宿五	0.85	−0.6	K5III	24	南十字γ	十字架一	1.63	−0.5	M4III
5	天琴α	织女一	0.03	0.5	A0V	15	天蝎α	心宿二	0.96	−4.7	M1I	25	天蝎λ	尾宿八	1.63	−3.0	B2IV
6	御夫α	五车二	0.08	0.1	G8III	16	室女α	角宿一	0.98	−3.5	B1III	26	猎户γ	参宿五	1.64	−3.6	B2III
7	猎户β	参宿七	0.12	−7.1	B8Ia	17	双子β	北河三	1.14	1.0	K0IIIb	27	金牛β	五车五	1.65	−1.6	B7III
8	小犬α	南河三	0.38	2.6	F5IV	18	南鱼α	北落师门	1.16	2.0	A3V	28	船底β	南船二	1.68	−0.6	A1III
9	波江α	水委一	0.46	−1.6	B3Vpe	19	南十字β	十字架三	1.25	−5.0	B0.5III	29	猎户ε	参宿二	1.70	−6.2	B0Ia
10	猎户α	参宿四	0.50	−5.6	M1Ia	20	天鹅α	天津四	1.25	−7.5	A2Ia	30	天鹅α	鹤一	1.74	−0.2	B7IV

黄道星宫和星座的日期

黄道十二星宫及日期	黄道十三星座及日期
摩羯座(山羊座) 12月22日—1月19日	摩羯座 1月19日—2月15日
宝瓶座(水瓶座) 1月20日—2月18日	宝瓶座 2月16日—3月11日
双鱼座 2月19日—3月20日	双鱼座 3月12日—4月18日
白羊座 3月21日—4月20日	白羊座 4月19日—5月13日
金牛座 4月21日—5月20日	金牛座 5月14日—6月19日
双子座 5月21日—6月21日	双子座 6月20日—7月20日
巨蟹座 6月22日—7月22日	巨蟹座 7月21日—8月9日
狮子座 7月23日—8月22日	狮子座 8月10日—9月15日
室女座(处女座) 8月23日—9月22日	室女座 9月16日—10月30日
天秤座 9月23日—10月23日	天秤座 10月31日—11月22日
天蝎座 10月24日—11月22日	天蝎座 11月23日—11月29日
	蛇夫座 11月30日—12月17日
人马座(射手座) 11月23日—12月21日	人马座 12月18日—1月18日

宇宙天体的组成

宇宙的构成

- 宇宙
  - 本超星系团
    - 本星系团
      - 银河系
        - 太阳系
          - 太阳 —— 太阳系中心天体
          - 八大卫星系
            - 水星（没有卫星）
            - 金星（没有卫星）
            - 地球与其1颗卫星（月球）
            - 火星与其2颗卫星
            - 木星与其67颗卫星
            - 土星与其62颗卫星
            - 天王星与其27颗卫星
            - 海王星与其14颗卫星
          - 矮行星系
            - 谷神星（没有卫星）
            - 冥王星与其5颗卫星
            - 妊神星与其2颗卫星
            - 鸟神星（没有卫星）
            - 阋神星与其1颗卫星
          - 行星际物质
            - 彗星（能观测到的约有1,600颗）
            - 小行星带（约50万颗小行星，分布于火星轨道和木星轨道之间）
            - 流星体
        - 其他恒星
        - 恒星际物质
      - 河外星系
      - 星系际物质
    - 其他星系团
  - 其他超星系团

天体系统分级

一级天体　可观测宇宙（旧称总星系）
→ 二级天体　超星系团（如本超星系团）
→ 三级天体　星系团/群（如本星系群）
→ 四级天体　恒星系（如银河系）
→ 五级天体　行星系（如太阳系）
→ 六级天体　卫星系（如地月系）

天体种类

可观测宇宙
超星系团
星系团/群
星系、星系际物质
恒星、矮星、星团、星云、恒星际物质
大行星、矮行星、小行星、彗星、流星、行星际物质
卫星、行星环
充满各类天体间的红外源、紫外源、射电源、X射线源、γ射线源